5G 标准中 PCC 极化码技术及演进

江 涛 著

科 学 出 版 社

北 京

内 容 简 介

校验级联(PCC)极化码通过引入一定数量的分散校验比特，实时校验译码信息，有效提升了中短码长下的纠错性能，成功入选 5G 信道编码标准。本书详细介绍了 PCC 极化码原理及关键技术，主要包括极化码原理、PCC 极化码编码、PCC 极化码译码、PCC 极化码硬件实现、PCC 极化码技术演进及 PCC 极化码应用与展望。

本书可作为高等院校通信等专业的本科生、研究生教材，也可供移动通信等相关领域的科研人员和工程技术人员参考学习。

图书在版编目(CIP)数据

5G标准中PCC极化码技术及演进 / 江涛著. —北京：科学出版社，2023.1

ISBN 978-7-03-074672-6

Ⅰ. ①5… Ⅱ. ①江… Ⅲ. ①信道编码-通信理论 Ⅳ. ①TN911.22

中国版本图书馆CIP数据核字(2022)第257805号

责任编辑：朱英彪　赵徽徽 / 责任校对：任苗苗
责任印制：赵　博 / 封面设计：无极书装

科学出版社 出版
北京东黄城根北街 16 号
邮政编码: 100717
http://www.sciencep.com
北京科印技术咨询服务有限公司数码印刷分部印刷
科学出版社发行　各地新华书店经销
*
2023 年 1 月第　一　版　开本：720 × 1000　1/16
2024 年 6 月第三次印刷　印张：13 1/2
字数：264 000

定价：98.00 元

(如有印装质量问题，我社负责调换)

序

2019 年 8 月，我以评审专家组组长的身份参加了国家技术发明奖的会评工作，也因此深入了解了由江涛教授领衔的科研团队所报送上来的非常出色的研究成果。正是在这份研究成果之中，入选第五代移动通信(5G)信道编码标准的 PCC 极化码(polar codes)引起了评审专家组的极大注意——这是实现极化码工程化的一次重要突破，也是为未来移动通信发展奠定的又一块重要基石。

众所周知，信道编码是保障通信容量和可靠性的核心环节。土耳其学者 Erdal Arikan 在 2009 年提出的经典极化码给信道编码领域带来历史性突破——极化码是当前唯一理论上可证明达到香农限的结构化编码方法。优良的纠错性能和低编译码复杂度使得极化码开始被学术界接纳。但是，经典极化码达到香农限的前提条件是：码长趋于无穷大，信道趋于完全极化，通信可靠性无限提高。然而，在实际应用中，尤其在中短码长的情况下，信道难以充分极化，编码性能无法达到理想效果。我也注意到，我国的很多通信企业和科研团队，也在不断地努力攻克这一“堡垒”。2016 年 11 月在美国 Reno 召开的 3GPP RAN1 #87 会议上，华为技术有限公司依托江涛教授科研团队所提出的 PCC 极化码，实现了在中短码长也能达到理想效果，打破了欧美垄断，使极化码成功入选 5G 信道编码标准——这种胜利充分说明国家战略型科研力量与龙头企业的结合是多么重要！当然，我国能在 5G 领域取得举世瞩目的成就，江涛教授与他的科研团队作出了不可或缺的原始创新贡献，应当让世人知晓并给予公正的评价！

PCC 极化码正是由江涛教授领衔的科研团队十余年磨一剑、潜心研究而首次提出的原始创新成果，后经华为技术有限公司推广而成为 5G 信道编码标准。江涛教授领衔的科研团队报送上来的研究成果，既展示了我国高校的创新能力，也体现了我国学术界和产业界相互支撑的巨大潜力。为慎重起见，我和评审专家组余少华院士、闻库司长等专家一起深入讨论，仔细审阅了华为技术有限公司人员向江涛教授科研团队学习 PCC 极化码的来往邮件，并请中国移动通信集团公司核实，最终确定 5G 标准中 PCC 极化码的最初提出者是江涛教授领衔的科研团队。正是出于这一原因，我们最终将国家技术发明奖颁给了华中科技大学，以及江涛教授领衔的科研团队。江涛教授本人也因此入选了 IEEE Fellow。

这一编码方案，是在参与编码的信息比特之外，引入一定数量的校验比特，并将这些校验比特离散地分布在极化码的信息比特序列之中；在译码过程中，校验比特提供的额外信息能够有效提升极化码在中短码长下的纠错性能。由此可见，

PCC极化码在极化不完全的信道中仍然能够发挥好的纠错能力，是利用未充分极化信道的普适形式，与循环冗余校验(CRC)极化码相比，具有前向性、分散性、增强性等明显特征，且理论和实验均论证了该方案的有效性。

2015年12月，江涛教授领衔的科研团队申请了第一个PCC极化码专利：一种极化码和多比特奇偶校验码级联的纠错编码方法(ZL201510995761.X)。2016年12月，关于这一编码方案的论文“Parity-check-concatenated polar codes”正式发表在*IEEE Communications Letters*，被全球学者广泛认可和引用。这不仅发展了极化码理论，更重要的是，让极化码理论有了工程化的实现可能。

必须承认的是，PCC极化码入选5G信道编码标准得益于华为技术有限公司主导并积极推进，使我国移动通信技术在国际标准中取得了重大突破，这也是我国学术界和产业界取得的重要成果，深刻体现了我国在移动通信领域由跟跑、并跑到领跑的重大进步，表明了我国在移动通信领域话语权的提升，值得铭记。

为了全面梳理极化码的理论和方法实践，展现极化码的最新前沿研究工作，以及进一步推动当今移动通信技术的发展，江涛教授将其科研团队十多年来从事极化码研究工作所取得的科研结晶整理出版，其基本思想和出发点是通过对PCC极化码进行系统总结和深刻阐述，帮助读者全面深入了解极化码的基本原理等，并借此推动我们继续在信道编码方面作出更大贡献。因此，这是一部难得的兼备基础性、实战性、前沿性的著作。

极化码的研究让我得以认识江涛教授。这位从文都桐城走出来的青年学者，深具当地的谦恭、礼让，以及好学的优良作风——这在我们日后的交往中，体现得淋漓尽致。希望江涛教授能再接再厉，在我国移动通信事业上继续攀登，就像他的名字一样，如惊涛拍岸，卷起千堆雪。

中国工程院院士

2022年9月

前　　言

信道编码是所有现代通信系统的基石。自香农 1948 年创立信息论以来，探索纠错性能可达香农限且具有低复杂度的编码方案已成为信道编码领域“皇冠上的明珠”。70 多年来，各种信道编码方案被提出，其中，涡轮(Turbo)码和低密度奇偶校验(LDPC)码均以逼近香农限的纠错性能而引起学术界和工业界广泛关注。Turbo 码更是入选为第三代/第四代移动通信(3G/4G)系统信道编码的技术标准。尽管如此，学术界在对 Turbo 码、LDPC 码长达几十年的研究中，并不能严格证明这两类编码具有理论上逼近香农限的性能。直到 2009 年，土耳其 Erdal Arikan 教授提出的极化码给信道编码领域带来历史性突破——极化码是目前唯一可理论证明达到香农限的结构化编码方法，且编码、译码均具有较低的实现复杂度。

得益于纠错性能和复杂度方面的独特优势，极化码一经提出就被学术界广泛接纳。极化码构造编码的基本思想是利用信道的两极分化现象，把承载信息的比特放在“高质量/理想”信道中传输，而把已知/冻结比特放在“低质量/非理想”信道中传输。然而，信道极化随着码长的缩短变得难以充分，无法保证理想的纠错性能，直接限制了极化码的实际应用。因此，如何在中短码长的情况下，依然能够保证移动通信可靠性，是极化码理论实现工程化面临的最主要挑战。

针对这一重大需求，我们科研团队十余年磨一剑，潜心研究提出了 PCC 极化码。该方案采用校验码为外码、极化码为内码的级联编码结构，在信息比特之外引入一定数量的分散校验比特，使得译码器能够根据校验比特提供的额外信息及时检测和删除错误路径，从而有效提升极化码在中短码长下的纠错性能。该方案是在极化码中短码长下高效利用未被充分极化的信道资源的普适性方法，其有效性在理论和实验上均得到论证。2015 年 12 月我们申请了国际上第一个 PCC 极化码专利：一种极化码和多比特奇偶校验码级联的纠错编码方法(ZL201510995761.X)。对应的论文[①]在 2017 年 4 月被 3GPP 提案 Polar Codes for Control Channels(Nokia, RAN1 #88, Spokane, USA)所引用。2017 年 12 月发布的 3GPP TS 38.212 V1.2.1(2017-12)(3GPP“复用与信道编码标准文档”)正式采纳我们科研团队的研究成果，即 PCC 极化码，作为第五代移动通信(5G)系统新空中接口标准的组成部分。

此后，我们科研团队在 PCC 极化码的编码构造、快速译码、技术演进及硬件实现等方面的工作都获得了一定进展。历经十余年，在屈代明教授、肖丽霞

---

① Wang T, Qu D, Jiang T. Parity-check-concatenated polar codes. IEEE Communications Letters, 2016, 20(12): 2342-2345.

教授、王涛博士和诸多研究生等共同努力下，我们成功地将 PCC 极化码应用到 Beyond-5G 测试平台和极弱链接环境的通信系统中，并和中国电子科技集团公司第三十八研究所、第五十四研究所等单位进行了具体技术对接，为 PCC 极化码在高轨、低轨卫星通信等系统中的应用奠定基础。

当今世界正处于百年未有的大变局之中，移动通信行业也面临着加速迭代，需要不断地让人类关于未来的想象都变成真切现实。作为移动通信的核心，基于极化码的信道编码技术正在迅速发展，方方面面的学术论文散见于诸多的学术期刊和国际会议。因此，我们迫切需要对极化码的理论与方法进行全面的梳理总结，为极化码的进一步发展贡献力量。本书主要内容源于我们科研团队在国家 863 计划(编号：2015AA01A710)、国家杰出青年科学基金(编号：61325004)和国家重点研发计划(编号：2019YFB1803400)等项目的研究成果，由我们科研团队这些年来在 PCC 极化码等方面的原始创新工作整理总结而成，是作者与学生、合作者多年来研究成果的结晶，其间得到了屈代明教授、肖丽霞教授、王涛博士、刘光华博士、刘洋洋、郑宇、冯中秀、牛聪等大力的支持和帮助，力图通过对 PCC 极化码全面而深入的介绍，向读者和科研工作者呈现出极化码等信道编码的研究历程及前沿发展脉络。

本书共包括 7 章。

第 1 章，简述移动通信发展简史、信道编码基本原理和信道编码技术演进。

第 2 章，详细介绍极化码原理，包括信道容量、信道极化、极化码编码、极化码译码，以及级联极化码(包括 CRC 极化码和 PCC 极化码)。

第 3 章，重点论述 PCC 极化码的基本原理、三个物理性质(分散性、前向性和增强性)、三个代数性质(线性分组码、不降低原极化码最小码间距、最小码间距可确定)、三种编码构造方式以及编码优势。

第 4 章，详细介绍 PCC 极化码译码算法，包括校验辅助串行抵消列表(SCL)译码、校验辅助自适应 SCL 译码、校验辅助置信传播(BP)译码、校验辅助置信传播列表(BPL)译码、校验辅助比特翻转译码、校验辅助软消除译码等。

第 5 章，从极化码编码架构设计、译码架构设计和硬件实现三个方面重点介绍 PCC 极化码编码、译码的设计思路和实现方案。

第 6 章，重点阐述 PCC 极化码的几种技术演进，包括 RC 极化码、CRC-RC 极化码、CRC-PCC 极化码、混合自动重传请求中码率兼容 PCC 极化码等。

第 7 章，简单介绍 PCC 极化码在 5G 标准和其他场景中的应用与展望。

限于作者的知识水平，书中难免存在不足之处，敬请各位读者批评指正。

江涛

2022 年 10 月

目　录

序
前言
第 1 章　绪论 …… 1
1.1　移动通信发展简史 …… 1
1.2　信道编码基本原理 …… 3
1.3　信道编码技术演进 …… 4
1.3.1　汉明码 …… 5
1.3.2　RM 码 …… 5
1.3.3　循环码 …… 6
1.3.4　卷积码 …… 7
1.3.5　Turbo 码 …… 7
1.3.6　LDPC 码 …… 8
1.3.7　极化码 …… 9
1.4　本书结构 …… 11
参考文献 …… 12
第 2 章　极化码原理 …… 15
2.1　信道容量 …… 15
2.2　信道极化 …… 17
2.2.1　信道合并 …… 17
2.2.2　信道拆分 …… 18
2.2.3　极化现象 …… 20
2.3　极化码编码 …… 22
2.3.1　编码原理 …… 22
2.3.2　构造方法 …… 24
2.4　极化码译码 …… 27
2.4.1　SC 译码 …… 28
2.4.2　BP 译码 …… 32
2.4.3　译码复杂度 …… 34
2.5　级联极化码 …… 35
2.5.1　CRC 极化码 …… 35

2.5.2 PCC极化码……36
2.6 本章小结……37
参考文献……37
第3章 PCC极化码编码……40
3.1 编码原理……40
3.2 编码性质……42
3.2.1 物理性质……42
3.2.2 代数性质……43
3.3 编码构造……48
3.3.1 随机构造……48
3.3.2 启发式构造……49
3.3.3 CPEP最小构造……51
3.3.4 实验分析……63
3.4 编码优势……64
3.5 本章小结……66
参考文献……67
第4章 PCC极化码译码……68
4.1 校验辅助SCL译码……68
4.1.1 SCL译码原理……68
4.1.2 PCA-SCL译码……70
4.2 校验辅助自适应SCL译码……73
4.2.1 自适应SCL译码原理……73
4.2.2 PCA-ASCL译码……74
4.3 校验辅助BP译码……76
4.4 校验辅助BPL译码……80
4.4.1 BPL译码原理……80
4.4.2 PCA-BPL译码……81
4.5 校验辅助比特翻转译码……83
4.5.1 比特翻转译码原理……84
4.5.2 PCA-SC-Flip译码……85
4.6 校验辅助软消除译码……89
4.6.1 软消除译码原理……89
4.6.2 PCA-SCAN译码……92
4.7 本章小结……94
参考文献……94

第 5 章　PCC 极化码硬件实现……96
5.1　极化码编码架构设计……96
5.1.1　并行架构……97
5.1.2　半并行架构……99
5.2　极化码译码架构设计……102
5.2.1　译码器量化方案……102
5.2.2　SC 译码架构……109
5.2.3　SCL 译码架构……126
5.2.4　BP 译码架构……140
5.3　PCC 极化码编译码器实现……144
5.3.1　编码器实现方案……144
5.3.2　译码器实现方案……147
5.4　本章小结……150
参考文献……150
第 6 章　PCC 极化码技术演进……152
6.1　RC 极化码……152
6.1.1　RC 极化码编码……152
6.1.2　RC 极化码构造……154
6.1.3　RC 极化码译码……156
6.2　CRC-RC 极化码……158
6.2.1　CRC-RC 极化码编码……158
6.2.2　CRC-RC 极化码译码……158
6.3　CRC-PCC 极化码……160
6.3.1　CRC-PCC 极化码编码……160
6.3.2　CRC-PCC 极化码译码……161
6.3.3　公用外编码器编码……161
6.3.4　公用外编码器辅助译码……162
6.4　HARQ 中码率兼容 PCC 极化码……163
6.4.1　码率兼容 PCC 极化码设计……164
6.4.2　传统打孔模式构造……166
6.4.3　非灾难性打孔模式构造……167
6.5　实验分析……175
6.5.1　编码性能……175
6.5.2　在 IR-HARQ 传输中的性能……178
6.6　本章小结……182
参考文献……182

第7章　PCC极化码应用与展望 ······ 184
7.1　5G标准中应用简介 ······ 184
7.1.1　编译码基本流程 ······ 184
7.1.2　校验比特设计 ······ 186
7.2　其他场景的潜在应用 ······ 188
7.2.1　卫星互联网 ······ 188
7.2.2　无源背向散射通信 ······ 189
7.2.3　多机器人通信 ······ 191
7.2.4　地下磁感应通信 ······ 193
7.3　PCC极化码技术展望 ······ 194
7.3.1　高性能编码构造 ······ 194
7.3.2　低复杂度译码 ······ 195
7.3.3　级联优化 ······ 196
7.3.4　融合新兴物理层技术 ······ 196
7.3.5　AI编译码 ······ 199
7.3.6　高效率硬件实现 ······ 202
7.4　本章小结 ······ 202
参考文献 ······ 203

第1章　绪　　论

1.1　移动通信发展简史

为满足人们对信息速率和容量越来越高的需求，移动通信技术从仅支持语音通话的第一代移动通信(the first generation mobile communication，1G)系统持续演进到支持增强移动宽带、海量连接和超低时延可靠传输的第五代移动通信(the fifth generation mobile communication，5G)系统。随着虚拟现实、工业互联网、车联网、远程医疗、智慧城市等“5G+”应用的发展，现有5G技术将面临新的挑战，以空天地一体化通信实现万物互联为目标的第六代移动通信(the sixth generation mobile communication，6G)系统已经踏上征程。图1.1.1展示了移动通信及其关键技术发展历史。

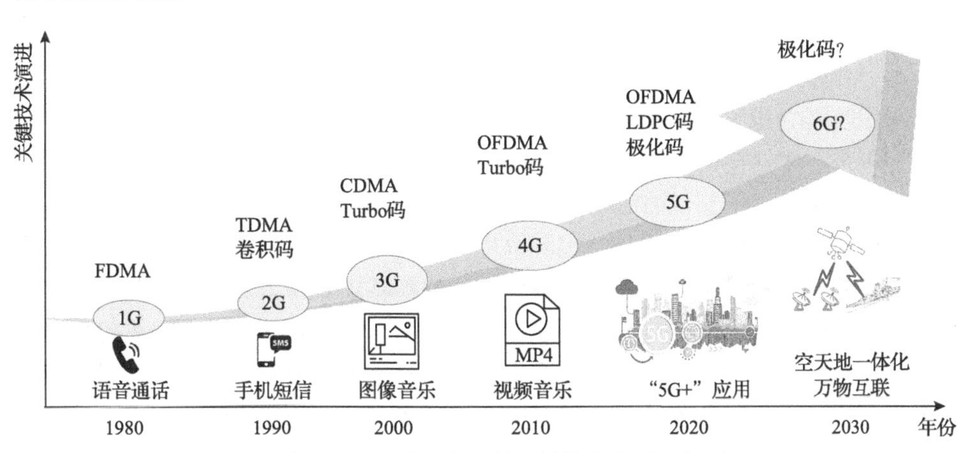

图1.1.1　移动通信及其关键技术发展历史

1G系统诞生于20世纪80年代，主要采用模拟技术，提供模拟语音业务。为降低用户间干扰，采用了频分多址(frequency division multiple access，FDMA)技术，并首次引入蜂窝网小区的概念，实现了频谱资源的空分复用。

随着需求的不断提高，人们发现使用模拟信号进行数据传输存在许多弊端，如频谱利用不够、业务种类有限、无高速数据业务、保密性差以及设备成本高等。为解决1G系统中存在的根本技术缺陷，第二代移动通信(the second generation mobile communication，2G)系统顺势而出，主要引入数字调制，采用时分多址(time division multiple access，TDMA)技术，以及当时先进的信道编码——卷积码[1]，有效增大了系统容量并提升了语音通话的质量。

随着网络技术的进步，数据和多媒体业务飞速发展，第三代移动通信(the third generation mobile communication，3G)系统于2001年进入商用阶段，不仅能有效处理图像、音乐、视频流等多种媒体业务，还能提供电话会议、电子商务等多种信息服务。3G系统采用了码分多址(code division multiple access，CDMA)技术，通过使用高频段增加带宽来提高数据传输速率。信道编码方案不仅采用了主流的卷积码，还根据信道特性结合了先进Turbo码[2]，进一步提升传输可靠性。国际电信联盟确定3G系统的三大主流接口标准分别是北美的CDMA2000技术、欧洲和日本的宽带码分多址(wideband code division multiple access，WCDMA)技术以及我国的时分同步码分多址(time division-synchronous code division multiple access，TD-SCDMA)技术。

第四代移动通信(the fourth generation mobile communication，4G)系统在3G系统的基础上不断优化、创新，不仅频率升为超高频，通信速度也有显著提升，很大程度上实现了智能化的操作。3GPP组织确定了LTE-Advanced和802.16m作为4G国际标准。在技术方面，4G系统采用正交频分复用多址(orthogonal frequency-division multiplexing access，OFDMA)及多输入多输出(multiple-input multiple-output，MIMO)等关键技术，大大提高了频谱效率。在信道编码方面，控制信道主要采用咬尾卷积码，数据信道采用Turbo码[3]。

近年来，多样化的新型任务、泛在的智能终端以及物联网的广泛使用等都对移动通信技术提出了超低时延、超高可靠及支持海量业务等新要求，极大促进了5G系统的快速发展。2015年，国际电信联盟根据业务的传输速率、时延和可靠性等需求明确了5G的三大应用场景，即增强型移动宽带、海量机器类通信和超高可靠低时延通信[4]。增强型移动宽带通信是现有4G网络的延续，提供更广域的覆盖及更高的数据传输率，为用户带来更高速、更极致的服务体验。海量机器类通信旨在提供海量设备连接，为智慧城市、环境监测、智能农业、远程监控等提供物联网服务，具有小数据包、低功耗等特点。超高可靠低时延通信主要针对时延和可靠性要求极高的控制场景，如自动驾驶、无人机、工业自动化等。

在技术方面，5G系统主要采用大规模MIMO技术、OFDMA技术等提升传输速率和系统容量。在信道编码方面，与4G标准相似，根据信道类型选择信道编码方案。具体地，在增强型移动宽带通信场景下，数据信道采用低密度奇偶校验(low density parity check，LDPC)码；控制信道主要采用极化码，包括循环冗余校验(cyclic redundancy check，CRC)极化码与校验级联(parity check concatenated，PCC)①极化码[5-7]。

① 本书中将“parity check concatenated”统一翻译为校验级联。

综上所述，随着移动通信标准化进程的发展，人们对移动通信容量和速度的需求也在不断增长，进而对无线通信技术提出新的需求。信道编码技术作为无线通信物理层的关键技术，在移动通信标准化进程中扮演着至关重要的角色。

1.2　信道编码基本原理

在移动通信系统中，信息需要通过各种无线信道传输，容易受噪声、干扰、器件非理想等因素影响失真而被接收机误判，导致传输差错。为了增强信息抵抗信道干扰的能力，提高信息传输的准确性，需要采用具备发现错误和校正错误的差错控制方案。其中，信道编码是有效的差错控制方法，主要通过在原始信息中添加冗余信息来检测、纠正传输差错，从而提高可靠性。如图 1.2.1 所示，信源比特序列(1,1,0,0)按照某种规则增加冗余比特序列(0,1,0)，得到编码序列(1,1,0,0,0,1,0)，经过信号调制后在无线信道中传输。由于干扰和噪声的影响，解调后的二进制信号容易存在差错比特。因此，可以通过科学地设计信道编码的冗余信息，在信道译码时发现错误并纠正错误，从而减少传输差错，提高通信可靠性。这样，怎样设计冗余信息并用它纠错就成为信道编码译码的关键。

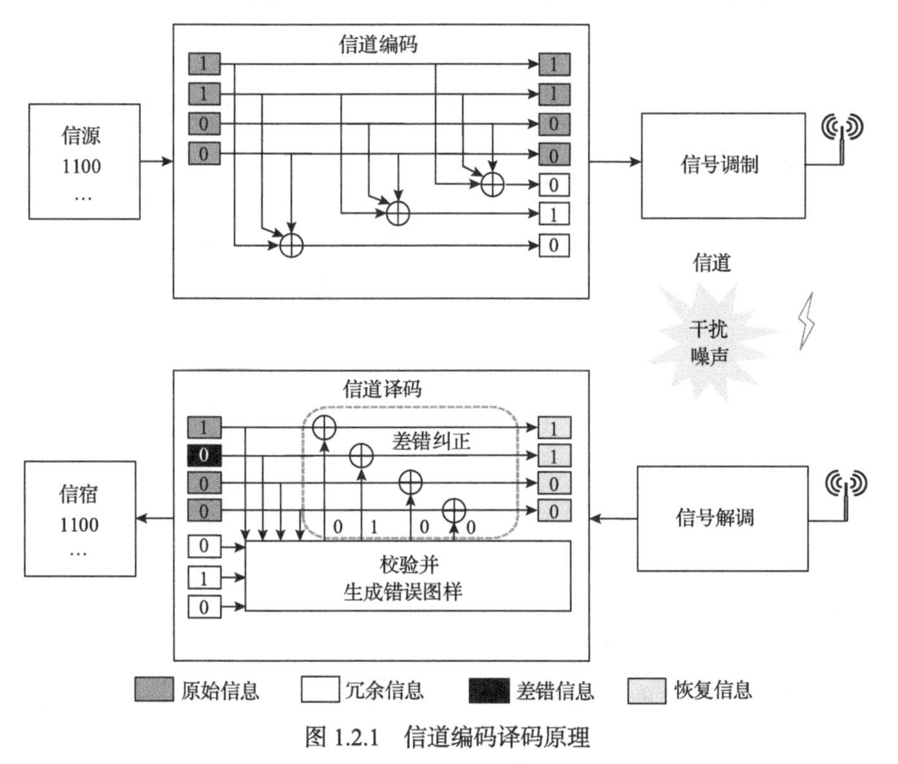

图 1.2.1　信道编码译码原理

在理论上，香农第二定理(有噪信道编码定理)指出，若离散无记忆平稳信道

容量为 C，编码序列长度为 N，只要待传输的信息速率不大于 C，总能存在一种编码方案，当 N 足够大时，译码错误概率任意小；反之，当所传输信息速率大于 C 时，对于任何长度的编码，译码的错误概率必大于零[8]。需要注意的是，信道编码定理只是一个存在定理。它指出只要所传输信息速率不超过信道容量，接收端就可以几乎无失真地恢复出发送信息。

自有噪信道编码定理提出以来，构造可达香农限性能、兼具有低复杂度的编码方案就成为信道编码领域问题中“皇冠上的明珠”，进而涌现出一大批优秀的编码方案。

根据信息比特与监督比特是否存在线性关系，信道编码可以分为线性码和非线性码。根据信息比特处理方式，信道编码可以分为分组码和卷积码。具体地，在分组码中，输入信息比特划分为几组，每组长度为 K。按照一定编码规则生成 r 个监督比特，且监督比特只与本组的 K 位信息比特有关。根据信息比特和监督比特可以获得长度为 $N=K+r$ 的编码码字。进一步，如果监督比特与信息比特呈线性关系，则该码称为线性分组码。在卷积码中，监督比特不仅取决于本组的信息比特，还取决于前面的信息比特。

1.3　信道编码技术演进

自 1948 年香农提出数字通信信息论以来，信道编码经历了几十年的发展历程，一系列优良的信道编码方案被提出，如图 1.3.1 所示，由早期的汉明码、卷积码、BCH(Bose-Chaudhuri-Hocquenghem)码、RS(Reed-Solomon)码，演变到后来的 Turbo 码、LDPC 码和极化码等，纠错性能逐步提升，从接近香农限到逼近香农限，再到理论可达香农限。接下来，将详细介绍分组码和卷积码的演进历史。

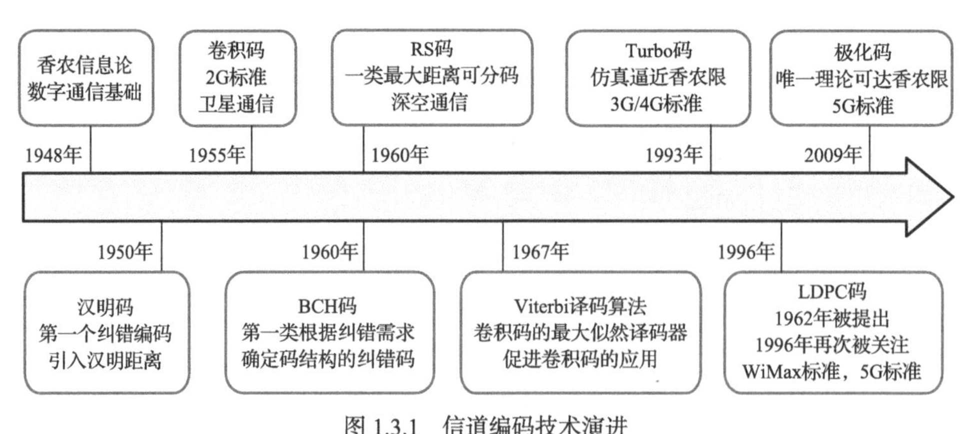

图 1.3.1　信道编码技术演进

1.3.1 汉明码

汉明码是 Hamming 于 1950 年提出的一种能纠正一位错误的线性分组码[9]，即编码后的信息比特与监督比特之间呈线性关系，可用一组线性代数方程表示。对于任意正整数 $m \geqslant 3$，存在具有下列参数的二进制汉明码：码长 $N = 2^m - 1$ 比特，信息位数 $K = 2^m - m - 1$ 比特，监督位数 $r = N - K = m$ 比特。给定 m 后，可从建立校验矩阵 $\boldsymbol{H}$ 入手构造汉明码 (N,K)。$\boldsymbol{H}$ 矩阵的列数即为码长，行数等于 r。例如，若取 $m=3$，根据二进制汉明码的参数可以计算出 $N=7$，$K=4$，为 $(7,4)$ 汉明码，其校验矩阵 $\boldsymbol{H}$ 可表示为

$$\boldsymbol{H}_{(7,4)} = \begin{bmatrix} 0 & 0 & 0 & 1 & 1 & 1 & 1 \\ 0 & 1 & 1 & 0 & 0 & 1 & 1 \\ 1 & 0 & 1 & 0 & 1 & 0 & 1 \end{bmatrix} \tag{1.3.1}$$

此时，$\boldsymbol{H}$ 矩阵每列比特对应的十进制数正好为 1～7。相应的生成矩阵可以通过校验矩阵获得。根据线性分组码原理，将信息序列与生成矩阵相乘即可完成编码。在译码端，根据接收序列与校验矩阵相乘获得的伴随式中 1 的位置来定位错误。

汉明码使冗余比特得到了充分利用，且编码、译码方式简单，比较容易实现。由于其纠错性能有限，在通信系统中较少单独使用。为获得更好的纠错能力，常与其他编码方案级联应用。

1.3.2 RM 码

Reed-Muller 码简称 RM 码，由 Reed 和 Muller 于 1954 年提出，是一类经典的线性分组码[10]，可以同时纠正多个错误。

同一般的线性分组码一样，RM 码可以通过生成矩阵来编码。对于两个正整数 r 和 m，存在一个 r 阶码长为 $N = 2^m$ 的 RM 码。$K \times N$ 的生成矩阵为 $\boldsymbol{G} = [\boldsymbol{G}_0^{\mathrm{T}}, \boldsymbol{G}_1^{\mathrm{T}}, \cdots, \boldsymbol{G}_r^{\mathrm{T}}]^{\mathrm{T}}$，其中，$(\cdot)^{\mathrm{T}}$ 为转置操作；$\boldsymbol{G}_0$ 的维度为 $1 \times N$，由全 1 向量构成；$\boldsymbol{G}_1$ 的维度为 $m \times N$，由所有 m 重二进制列向量组成；$\boldsymbol{G}_i (i = 2,3,\cdots,r)$ 的维度为 $C_m^r \times N$，由 $\boldsymbol{G}_1$ 的所有 i 个不同行向量的叉积构成，C_m^r 为二项式系数。当 $\boldsymbol{G}$ 的各行线性无关时，r 阶 RM 码的信息比特最小码距为 2^{m-r}。例如当 $m=3$、$r=1$ 时，存在 $(8,4)$ RM 码。

一阶 RM 码凭借其特殊的结构可以实现快速最大似然译码，是实际使用最广泛的一种 RM 码。常用的 RM 码译码算法是 Reed 算法，它是一种大数逻辑译码，也就是对于任意接收序列，通过计算该序列与码字集合中所有码字的距离，将距离最小的码字作为译码结果。RM 码凭借优异的纠错性能，在 20 世纪 60 年代后

期和 70 年代初期，广泛应用于深空通信。

1.3.3 循环码

循环码是线性分组码的一个重要子类，是研究较为成熟的编码方案[11,12]。对于 (N,K) 线性分组码 $\boldsymbol{C}$，如果它的任意一个码字循环移位后，仍然是 $\boldsymbol{C}$ 中的一个码字，则称 $\boldsymbol{C}$ 为循环码。循环码的描述方式有很多，最常用的是多项式描述。设循环码的一个码字为 $(c_N,c_{N-1},\cdots,c_1)$，则其相应的多项式为 $C(x)=c_N x^{N-1}+c_{N-1}x^{N-2}+\cdots+c_1$，即码字 $(c_N,c_{N-1},\cdots,c_1)$ 与码多项式 $C(x)$ 各项系数一一对应。

根据循环码的循环特性，在 (N,K) 循环码中，若阶数为 $N-K$ 的多项式记为 $g(x)$，则将 $g(x)$ 经过 $K-1$ 次移位后得到的 K 个码多项式可构成如下生成矩阵：

$$\boldsymbol{G}(x)=\begin{bmatrix} x^{K-1}g(x) \\ x^{K-2}g(x) \\ \vdots \\ g(x) \end{bmatrix} \tag{1.3.2}$$

根据线性分组码的特点，获取生成矩阵后，循环码可由生成矩阵与信息序列相乘得到。可见，循环码发展到现在，理论基本成熟，可以利用循环特性通过多项式的乘、除法进行编码、译码，实现简单。常见的循环码有 BCH 码和 RS 码等。

1. BCH 码

BCH 码是一类用途广泛的能够纠正多个随机错误的循环码，由 Bose、Chaudhuri、Hocquenghem 在 1960 年各自独立发现的[13]。BCH 码的基本特点是生成多项式 $g(x)$ 包含 $2t$ 个连续幂次根。根据这类 $g(x)$ 生成的循环码，其纠错能力不小于 t。BCH 码可根据纠错需求确定码的结构，可以是二进制码也可以是多进制码。具体地，二进制 BCH 码具有如下定理[14]：对任何正整数 m 和 t，存在以 $\alpha,\alpha^3,\cdots,\alpha^{2t-1}$ 为根的二进制 BCH 码，其码长为 $N=2^m-1$，纠正随机错误个数为 t，监督比特数目满足 $N-K\leqslant mt$。

此外，BCH 码的码长和码率可以根据纠错需求灵活设计，而且其编码译码电路简单，易于工程实现，在数字视频广播等系统中被广泛采用[15]。

2. RS 码

Reed-Solomon 码简称 RS 码，是一类 q $(q>2)$ 进制的 BCH 码，由 Reed 和 Solomon 于 1960 年提出[16]。能纠正 t 个错误的 (N,K) RS 码具有如下参数：码长 $N=q-1$，校验比特长度 $r=2t$，最小码距 $d_{\min}=2t+1$[16]。RS 码属于特殊的 BCH

码，编码方式与其类似，可以根据多项式 $g(x)$ 来完成，也可以通过带反馈的移位寄存器来实现。

凭借较强的纠正突发错误的能力，RS 码在深空通信、卫星通信等领域得到广泛应用[17]。

1.3.4 卷积码

前面讨论的几种编码均属于线性分组码，在编码和译码过程中，前后各码组都是无关的。线性分组码可以通过增加码长提升纠错能力。但是，编译码复杂度也随之显著增加。为了使码字在 N、K 较小时纠错能力仍然较强，卷积码于 1955 年由 Elias[18]提出。与线性分组码不同，它是一种记忆码，其编码器的 N 个输出与当前时刻的 K 个输入及存储的前 P 个时刻输入均相关。基于此，卷积码可表示为 (N,K,P) 码，其中，P 为编码约束度。图 1.3.2 展示了卷积码编码，长度为 K 的输入信息序列 $\boldsymbol{m}=(m_1,m_2,\cdots,m_K)$，经过由 P 节移位寄存器构成的有限状态记忆网络后得到长度为 N 的编码序列 $\boldsymbol{c}=(c_1,c_2,\cdots,c_N)$。译码时，联合约束长度内的接收序列估计当前时刻输入信息比特。

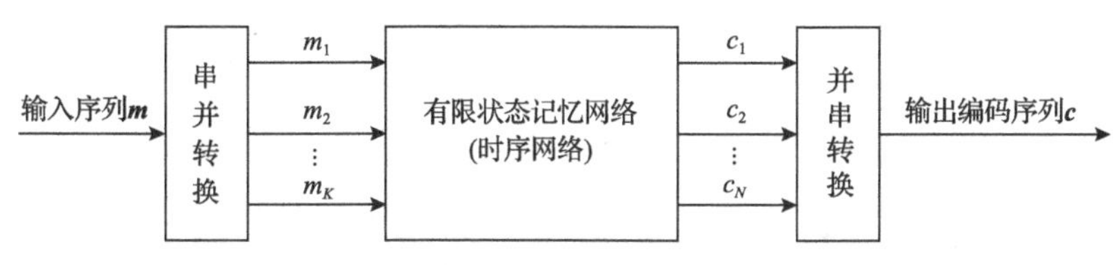

图 1.3.2 卷积码编码

为便于读者理解，通常用解析法和图形法来描述卷积码。解析法多用于描述编码，主要包括离散卷积、生成矩阵和码多项式等方法。图形法多用于描述译码，主要包括状态图、树图和格图等方法。

在译码方面，1967 年提出的 Viterbi 译码算法是卷积码经典的译码算法，采用动态规划的思想，选择对数似然函数值最大的码字。在二进制对称信道上，Viterbi 译码又称为最小码距译码。Viterbi 译码算法的基本思想是依次在不同时刻，对格图中对应列的每个点，按最大似然原则比较所有以其为终点的路径，只保留一条具有最大对数似然比的路径作为幸存路径，而删除其他路径。下一时刻对幸存路径进行延伸，继续比较和删选，直到译码完成。Viterbi 译码算法的提出极大促进了卷积码在深空通信、卫星通信及蜂窝移动通信中的应用。

1.3.5 Turbo 码

对于串行结构的级联码，总体的纠错能力由内码纠错能力与外码纠错能力共同决定。在采用交织随机化的卷积码级联结构后，性能优异的 Turbo 码诞生了。

Turbo 码于 1993 年被首次提出，1/2 码率的 Turbo 码在加性高斯白噪声 (additive white Gaussian noise，AWGN) 信道上的误比特率低于 10^{-5}，与香农限仅相差 0.7dB[19]。当前应用最广泛的 Turbo 编码是并行级联卷积码结构。图 1.3.3 为并行级联卷积码编码结构，由两个卷积编码器级联而成。卷积编码器 2 的输入为交织后的信息，两个卷积编码器输出信息通过删余矩阵后与初始输入信息复接，再次交织便可得到最终输出结果。

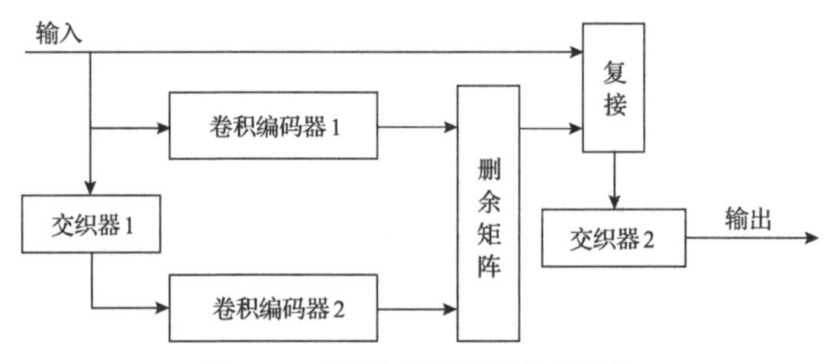

图 1.3.3　并行级联卷积码编码结构

图 1.3.3 中卷积码编码器 1、卷积码编码器 2 称为编码器，二者可以相同，也可以不同，但在工程实践中二者大多相同。可见，Turbo 码使用了两个编码器，产生的冗余比特会比一般情况多一倍。为进一步提升码率，可以设计删余矩阵去除冗余的校验比特。

在译码方面，Turbo 译码器采用反馈结构进行迭代译码。Turbo 译码器包含两个独立的卷积码子译码器，与 Turbo 编码器的两个编码器相对应。每个译码器都采用软输入、软输出迭代译码算法。相比硬输出，软输出信息用似然比来表示，既包含了硬估值，也包括了估值的可信度。译码过程中，两个分量译码器通过交换和迭代信息提升译码可靠性。其中一个译码器的输出反馈给另一个译码器当成输入信息。如此迭代，直至两个译码器得到的外信息趋于稳定，即可输出外信息进行判决完成译码过程。

Turbo 码具有接近香农限的性能，自提出后，被深空通信、卫星通信、蜂窝移动通信等系统广泛应用。

1.3.6　LDPC 码

LDPC 码由 Gallager[20]于 1962 年提出。由于当时硬件条件有限，LDPC 码并未引起人们的重视。直到 20 世纪 90 年代 MacKay 等发现 LDPC 码和 Turbo 码一样有逼近香农限的潜力[21]，人们才开始对 LDPC 码进行深入研究。

LDPC 码是一种特殊的线性分组码。它的校验矩阵 $\boldsymbol{H}$ 具有稀疏性，可以用 Tanner 图进行表征，如图 1.3.4 所示，其中，c_i (i=1,2,⋯,M) 表示校验节点，v_j (j=1,

$2, \cdots, N$)表示变量节点，二者的连线代表校验矩阵中值为 1 的元素。从一个校验节点(变量节点)出发，经过几条线之后又回到了该校验节点(变量节点)，进而构成一个环。经过的边数称为环长，其中，Tanner 图中的最小环长称为该 LDPC 码的围长。围长直接影响 LDPC 码的纠错性能。一般在构造校验矩阵时，需要满足围长尽可能大。

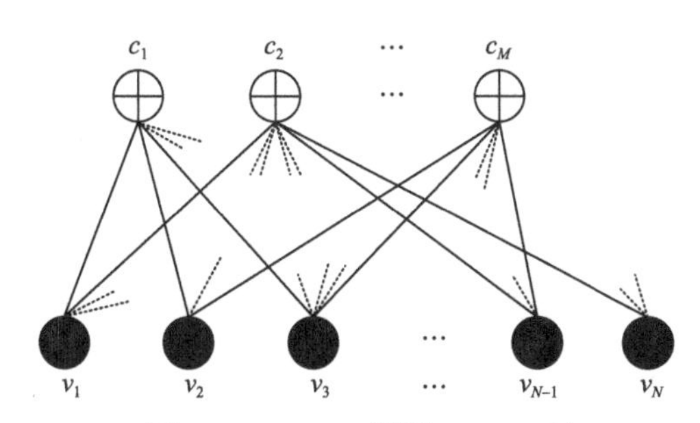

图 1.3.4　LDPC 码的 Tanner 图

LDPC 码校验矩阵的构造方法有两类：随机化构造和结构化构造。具体地，随机化构造包括 Gallager 构造、MacKay 构造、Davey 构造、渐近边增长构造等方法。随机化构造方法在码长足够长时能构造出性能最优的 LDPC 码，但编码复杂度极大，硬件难以实现。结构化构造包括有限几何构造、组合设计、π 旋转构造和准循环构造等方法。相较于随机化构造，结构化构造的 LDPC 码具有确定的结构以及循环或准循环的特性，编码实现简单。早期的 LDPC 码都是采用随机构造的方式。其中，最经典的是基于渐近边增长算法来构造校验矩阵，根据给定的度分布以及最大围长规则来进行校验矩阵中非零元素的选择(Tanner 图中边的选择)。

LDPC 码的译码一般采用软信息、迭代判决的译码方式。二元 LDPC 码有置信传播(belief propagation，BP)译码、和积译码、最小和译码等方式。多元 LDPC 码的译码一直都是研究热点，包括多元 BP 译码、扩展最小和译码等方法。然而，多元 LDPC 过高的译码复杂度，成为其实际应用的瓶颈。

LDPC 码具有灵活的码长码率兼容特性，被广泛应用于第二代卫星数字电视广播系统、无线局域网及 5G 标准。

1.3.7　极化码

为了进一步探索可达香农限的信道编码，2009 年，土耳其 Arikan 教授提出了第一个被理论证明在二进制输入无记忆对称信道中可达信道容量的编码方案——极化码[22]。极化码的诞生是信道编码理论的重大突破，引起了工业界和学术界的广泛关注。近年来，极化码在编码构造和译码方面都取得了显著进展[23,34]。

极化码编码思想主要是基于信道极化现象。信道极化是指通过对 N 个独立的信道进行信道合并与拆分的操作，得到 N 个相互之间具有一定联系的比特信道，且一部分信道容量趋近于 1，另一部分信道容量趋近于 0，而总的信道容量不变，如图 1.3.5 所示。信道合并是指将 N 个相互独立且容量相同的信道 W 合并成一个信道 W_N。信道拆分是指将合并的信道 W_N 拆分成 N 个彼此相关且容量两极分化的比特信道 $W_N^{(i)}$，$i=1,2,\cdots,N$。经过信道合并和信道拆分后，总的信道容量保持不变。

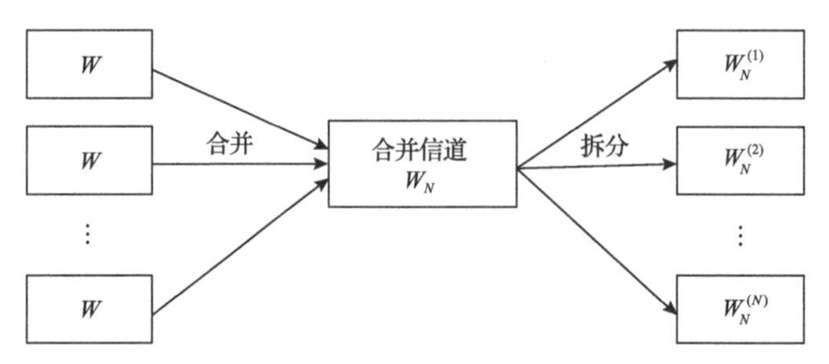

图 1.3.5　信道合并与拆分

基于信道极化现象，挑选容量趋近于 1 的比特信道传输信息比特，容量趋近于 0 的比特信道传输收发端已知的冻结比特。完成比特映射后，根据极化码的原理进行编码。极化码是一种线性分组码，其编码可以表示为信息序列与生成矩阵相乘的形式。如图 1.3.6 所示，在极化码编码过程中，首先，根据已知传输信息码长、信道环境等因素计算每个比特信道的可靠性；其次，根据极化后比特信道容量可靠性的排序，得到信息比特位置；然后，进行冻结比特和信息比特的混合映射，将信息比特映射至可靠性较高的比特信道，其余比特信道则传输冻结比特，得到混合序列 $\boldsymbol{u}_1^N=(u_1,u_2,\cdots,u_N)$；最后，将混合序列 $\boldsymbol{u}_1^N$ 与生成矩阵 $\boldsymbol{G}_N$ 相乘得到编码码字 $\boldsymbol{c}_1^N=\boldsymbol{u}_1^N\boldsymbol{G}_N$。

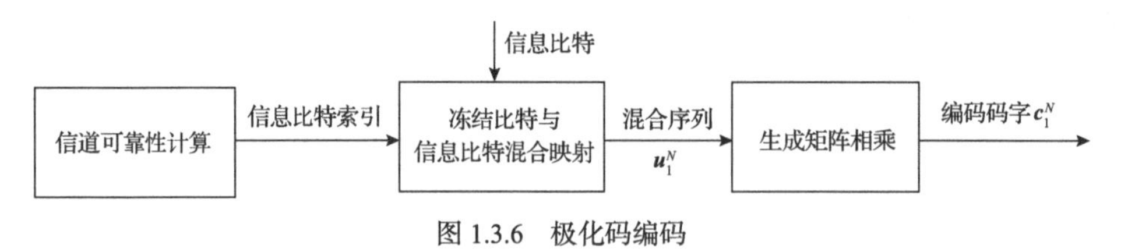

图 1.3.6　极化码编码

由此可见，如何获得比特信道容量排序，即将信息比特置于高容量比特信道上传输是极化码编码的关键。在比特信道容量排序方面，有巴氏参数[22]、密度进化[25]、高斯近似[26]和人工智能[27-31]等方法。

在极化码译码方面，Arikan 教授在提出极化码的同时也设计了串行抵消(successive cancellation，SC)译码算法[22]。SC 译码算法采用串行译码的机制，是一种基于极化码本身编码结构的译码算法，主要根据之前比特的译码判决值估计当前位置比特。如果当前位置比特判断错误，则会严重影响后续比特判决，导致错误传递。为了减弱这种错误传递的影响，文献[32]提出了串行抵消列表(successive cancellation list，SCL)译码算法，该算法主要根据路径度量值扩展可能路径，避免正确路径被提前淘汰。当全部码字译码完毕后，再根据路径度量值选取最可靠的路径，进而输出对应的比特序列。SC 译码算法、SCL 译码算法都是基于编码原理设计的串行译码算法。除此之外，还存在 BP[33]、置信传播列表(belief propagation list，BPL)[34]等并行译码算法。

极化码在码长趋于无穷大时理论可达香农限，然而，有限码长下的纠错性能不够理想，阻碍了其工程化应用。为了提升有限码长下的极化码纠错性能，不同极化码编码和构造方案纷纷涌现，其中，级联极化码根据现有信道编码方案来优化极化码，是非常有效的途径。在级联极化码中，PCC 极化码纠错性能尤为突出，于 2017 年应用于 5G 增强型移动宽带场景下的控制信道[5]。

1.4　本 书 结 构

为了便于读者理解 5G 标准中的 PCC 极化码，本书将详细介绍其编码原理、译码算法、拓展及应用。具体结构介绍如下。

第 1 章全面回顾移动通信发展简史，简要介绍信道编码基本原理及技术演进，包括汉明码、RM 码、循环码、卷积码、Turbo 码、LDPC 码及极化码的基本概念和应用现状。

第 2 章介绍极化码原理。首先，介绍信道容量理论；其次，通过信道合并、信道拆分及容量计算阐述信道极化现象；接着，概述极化码编码原理及构造方法；然后，重点介绍极化码的串行 SC 和并行 BP 译码算法；最后，简要介绍两种典型的级联极化码：CRC 极化码和 PCC 极化码。

第 3 章介绍 PCC 极化码编码。首先，通过示例描述 PCC 极化码编码原理；其次，分析总结 PCC 极化码编码性质，包括物理性质和代数性质等；然后，重点阐述 PCC 极化码构造，包括随机构造、启发式构造和码字簇成对误概率(cluster pairwise error probability，CPEP)最小构造等；最后，介绍 PCC 极化码编码优势。

第 4 章介绍 PCC 极化码译码，包括校验辅助 SCL 译码、校验辅助自适应 SCL 译码、校验辅助 BP 译码、校验辅助 BPL 译码、校验辅助比特翻转译码及校验辅助软消除译码等算法。首先，依次介绍上述译码算法的基本原理；其次，重点阐述如何针对 PCC 极化码编码特征设计对应的校验辅助译码算法；最后，通过实验仿真对比不同译码算法的纠错性能，并证明校验辅助译码算法可以有效提升极化码的纠错性能。

第 5 章介绍 PCC 极化码硬件实现。首先，从并行架构和半并行架构两个方面介绍极化码编码架构设计；其次，从译码器量化方案、SC 译码架构、SCL 译码架构、BP 译码架构等四个方面阐述极化码串行译码与并行译码的通用架构；最后，在通用架构基础上，介绍 PCC 极化码编码、译码硬件实现的关键技术及思路。

第 6 章介绍 PCC 极化码技术演进，包括重复级联(repetition concatenated，RC)极化码、CRC-RC 极化码、CRC-PCC 极化码及混合自动重传请求(hybrid automatic repeat request，HARQ)中码率兼容 PCC 极化码等。首先，介绍低复杂度 RC 极化码，包括编码结构、构造方法及译码算法；其次，介绍 CRC-RC 极化码；然后，重点论述 CRC-PCC 极化码，包括独立外编码器的编码、译码方案及低复杂度公用外编码器的编码、译码方案；最后，详细分析极化码的非灾难性打孔模式，设计基于非灾难性打孔的 PCC 极化码混合自动重传请求传输机制。

第 7 章介绍 PCC 极化码应用与展望。首先，简要介绍 PCC 极化码在 5G 标准中的应用；其次，介绍 PCC 极化码在其他场景包括卫星互联网、无源背向散射通信、多机器人通信、地下磁感应通信中的潜在应用；最后，展望 PCC 极化码的未来研究方向。

参考文献

[1] UNE-EN 300909 V7.3.1-2006. Digital cellular telecommunications system(Phase 2+)(GSM); Channel coding(GSM 05.03 version 7.3.1 Release 1998)[S]. Madrid: The Spanish Association for Standardization and Certification, 2006.

[2] ITU-R V1-2006. Migration to IMT-2000 systems-supplement 1 of the handbook on deployment of IMT-2000 Systems[S]. Geneva: ITU Publications, 2006.

[3] 3GPP TS 36.212 V13.2.0-2016. Multiplexing and channel coding[S]. Sophia Antipolis: European Telecommunications Standards Institute, 2016.

[4] ITU-R. IMT Vision—Framework and overall objectives of the future development of IMT for 2020 and beyond[R]. Geneva: Mobile, Radiodetermination, Amateur and Related Satellite Services, 2015.

[5] 3GPP TS 38.212 V16.4.0-2020. Multiplexing and channel coding[S]. Sophia Antipolis: European Telecommunications Standards Institute, 2020.

[6] 屈代明, 王涛, 江涛. 一种极化码和多比特偶校验码级联的纠错编码方法: CN105680883A[P]. 2016-06-15.

[7] Wang T, Qu D, Jiang T. Parity-check-concatenated polar codes[J]. IEEE Communications Letters, 2016, 20(12): 2342-2345.

[8] Shannon C E . A mathematical theory of communication[J]. The Bell System Technical Journal, 1948, 27(3): 379-423.

[9] Hamming R W. Error detecting and error correcting codes[J]. The Bell System Technical Journal, 1950, 29(2): 147-160.

[10] Muller D E. Application of Boolean algebra to switching circuit design and to error detection[J]. Transactions of the IRE Professional Group on Electronic Computers, 1954, (3): 6-12.

[11] Eugene P. Cyclic error-correcting codes in two symbols. AFCRC-TN-57[R]. Cambridge: Air Force Cambridge Research Center, 1957.

[12] Peterson W W, Brown D T. Cyclic codes for error detection[J]. Proceedings of the IRE, 1961, 49(1): 228-235.

[13] Bose R C, Raychaudhuri D K. On a class of error correcting binary group codes[J]. Information and Control, 1960, 3(1): 68-79.

[14] 赵晓群. 现代编码理论[M]. 武汉: 华中科技大学出版社, 2008.

[15] ETSI EN 302 755 V1.3.1-2011. Digital video broadcasting(DVB): Frame structure channel coding and modulation for a second generation digital terrestrial television broadcasting system (DVB-T2)[S]. Geneva: European Broadcasting Union, 2011.

[16] Reed I S, Solomon G. Polynomial codes over certain finite fields[J]. Journal of the Society for Industrial and Applied Mathematics, 1960, 8(2): 300-304.

[17] ETSI EN 300 421 V1.1.2-1997. Digital Video Broadcasting(DVB): Framing structure, channel coding and modulation for 11/12 GHz satellite services[S]. Geneva: European Broadcasting Union, 1997.

[18] Elias P. Coding for noisy channels[J]. IRE Convention Record, 1955, 3: 37-46.

[19] Berrou C, Glavieux A. Near optimum error correcting coding and decoding: Turbo-codes[J]. IEEE Transactions on Communications, 1996, 44(10): 1261-1271.

[20] Gallager R. Low-density parity-check codes[J]. IRE Transactions on Information Theory, 1962, 8(1): 21-28.

[21] Davey M C, MacKay D J C. Low density parity check codes over GF(q)[C]. Information Theory Workshop, Killarney, 1998: 70-71.

[22] Arikan E. Channel polarization: A method for constructing capacity-achieving codes for symmetric binary-input memoryless channels[J]. IEEE Transactions on Information Theory, 2009, 55(7): 3051-3073.

[23] Wang T, Qu D, Jiang T. An incremental redundancy hybrid ARQ scheme with non-catastrophic puncturing of polar codes[C]. The 12th International ITG Conference on Systems, Communications and Coding, Rostock, 2019: 1-6.

[24] 王涛. 校验级联极化码及其构造[D]. 武汉: 华中科技大学, 2019.

[25] Mori R, Tanaka T. Performance of polar codes with the construction using density evolution[J]. IEEE Communications Letters, 2009, 13(7): 519-521.

[26] Trifonov P. Efficient design and decoding of polar codes[J]. IEEE Transactions on Communications, 2012, 60(11): 3221-3227.

[27] Elkelesh A, Ebada M, Cammerer S, et al. Decoder-tailored polar code design using the genetic algorithm[J]. IEEE Transactions on Communications, 2019, 67(7): 4521-4534.

[28] Huang L, Zhang H, Li R, et al. AI coding: Learning to construct error correction codes[J]. IEEE Transactions on Communications, 2019, 68(1): 26-39.

[29] Zhou H, Gross W J, Zhang Z, et al. Low-complexity construction of polar codes based on genetic algorithm[J]. IEEE Communications Letters, 2021, 25(10): 3175-3179.

[30] Li Y, Chen Z, Liu G, et al. Learning to construct nested polar codes: An attention-based set-to-element model[J]. IEEE Communications Letters, 2021, 25(12): 3898-3902.

[31] Liao Y, Hashemi S A, Cioffi J M, et al. Construction of polar codes with reinforcement learning[J]. IEEE Transactions on Communications, 2021, 70(1): 185-198.

[32] Tal I, Vardy A. List decoding of polar codes[J]. IEEE Transactions on Information Theory, 2015, 61(5): 2213-2226.

[33] Arikan E. A performance comparison of polar codes and Reed-Muller codes[J]. IEEE Communications Letters, 2008, 12(6): 447-449.

[34] Elkelesh A, Ebada M, Cammerer S, et al. Belief propagation list decoding of polar codes[J]. IEEE Communications Letters, 2018, 22(8): 1536-1539.

第 2 章　极化码原理

极化码是目前唯一理论上可达香农限的编码方法，主要包括信道合并、信道拆分和信道极化过程。本章从信道容量、信道极化、极化码编码、极化码译码等方面全面阐述极化码原理。

2.1　信道容量

信道是传输信号的通道，是通信系统的重要组成部分。广义上，按照信道的功能特点可以分为编码信道、调制信道和实际物理信道等多种类型。其中，编码信道是指从编码器输出到译码器输入之间的通道。在研究编码译码时，可根据编码信道的传输特性将其抽象成普适的数学模型。

Arikan 教授提出极化码之初，采用了二进制输入离散无记忆信道[1,2]，即输入只有 0 和 1 两种符号，且任一时刻的输出只与对应时刻的输入有关，如图 2.1.1 所示，$W:\mathcal{X}\to\mathcal{Y}$，其中，$\mathcal{X}$、$\mathcal{Y}$ 分别为信道 W 的输入、输出符号集合，并且 $\mathcal{X}=\{0,1\}$。

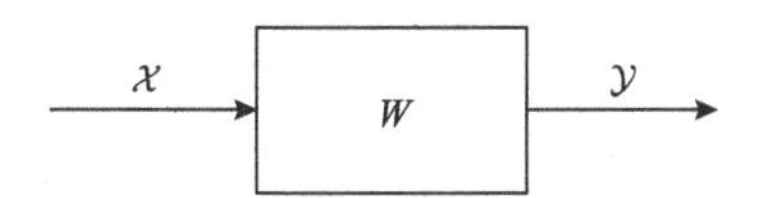

图 2.1.1　二进制输入离散无记忆信道

若信道 W 的转移函数表示为 $W(y|x)$，其中 $x\in\mathcal{X}$，$y\in\mathcal{Y}$，则 x、y 的平均互信息可以表示为

$$I(x,y)=\sum_{x\in\mathcal{X}}p(x)\sum_{y\in\mathcal{Y}}W(y|x)\log_2\frac{W(y|x)}{\sum_{x\in\mathcal{X}}p(x)W(y|x)} \tag{2.1.1}$$

式中，$p(x)$ 为输入符号集合 $\mathcal{X}$ 中元素 x 的概率分布。信道容量定义为

$$I(W)=\max I(x,y) \tag{2.1.2}$$

对于二进制输入离散无记忆信道，当输入符号等概率分布时，即 $p(x=0)=p(x=1)=0.5$，$I(x,y)$ 可取最大值，则信道容量为

$$I(W)=\sum_{x\in\{0,1\}}\sum_{y\in\mathcal{Y}}\frac{1}{2}W(y|x)\log_2\frac{W(y|x)}{\frac{1}{2}W(y|0)+\frac{1}{2}W(y|1)} \tag{2.1.3}$$

为了方便读者对本章后续“信道极化”部分的理解，下面介绍两种典型的二进制输入离散无记忆信道：二进制对称信道和二进制删除信道。

如图 2.1.2 所示，二进制对称信道的输入符号集合 $\mathcal{X}=\{0,1\}$，输出符号集合 $\mathcal{Y}=\{0,1\}$。若单个符号传输错误的概率为 p，传输正确的概率为 $1-p$，则信道转移概率表达为

$$\begin{aligned}&W(y=0\mid x=0)=W(y=1\mid x=1)=1-p\\&W(y=0\mid x=1)=W(y=1\mid x=0)=p\end{aligned}\tag{2.1.4}$$

根据式(2.1.3)，二进制对称信道容量为

$$\begin{aligned}I(W)&=\sum_{x\in\{0,1\}}\sum_{y\in\{0,1\}}\frac{1}{2}W(y\mid x)\log_2\frac{W(y\mid x)}{\frac{1}{2}W(y\mid 0)+\frac{1}{2}W(y\mid 1)}\\&=1+(1-p)\log_2(1-p)+p\log_2 p\end{aligned}\tag{2.1.5}$$

如图 2.1.3 所示，二进制删除信道的输入符号集合为 $\mathcal{X}=\{0,1\}$，输出符号集合为 $\mathcal{Y}=\{0,1,\varepsilon\}$，其中，$\varepsilon$ 表示接收到除 0、1 之外的其他符号(删除符号)，并且单个符号被删除的概率为 p，传输正确的概率为 $1-p$。

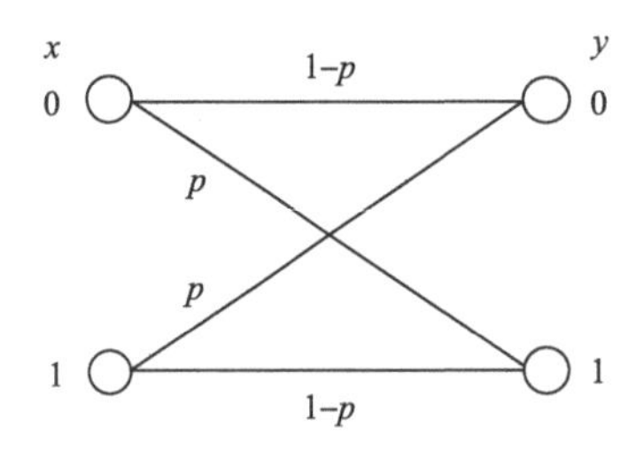

图 2.1.2　二进制对称信道

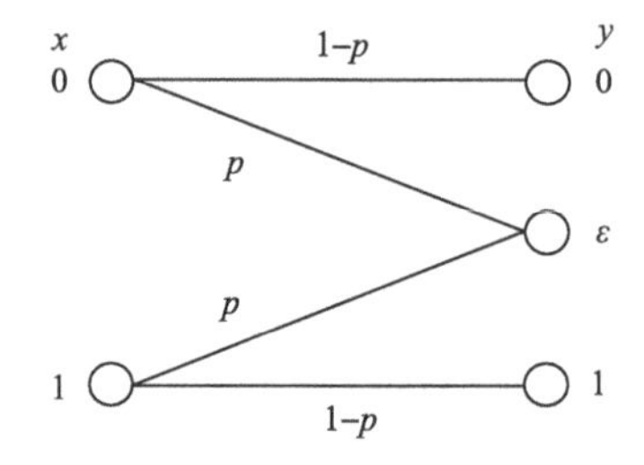

图 2.1.3　二进制删除信道

信道转移概率可表示如下：

$$\begin{aligned}&W(y=0\mid x=0)=W(y=1\mid x=1)=1-p\\&W(y=\varepsilon\mid x=0)=W(y=\varepsilon\mid x=1)=p\end{aligned}\tag{2.1.6}$$

根据式(2.1.3)，可得二进制删除信道容量为

$$\begin{aligned}I(W)&=\sum_{x\in\{0,1\}}\sum_{y\in\{0,1,\varepsilon\}}\frac{1}{2}W(y\mid x)\log_2\frac{W(y\mid x)}{\frac{1}{2}W(y\mid 0)+\frac{1}{2}W(y\mid 1)}\\&=1-p\end{aligned}\tag{2.1.7}$$

2.2 信道极化

信道极化是极化码编码的基本前提，包括信道合并和信道拆分两个过程。通过信道极化，N 个相互独立且容量相同的信道 W，会变为彼此相关且容量两极分化的 N 个比特信道 $W_N^{(i)}$ ，$i=1,2,\cdots,N$ ，而总的信道容量保持不变。为便于读者理解，本节基于二进制输入离散无记忆信道展开描述，并记向量 $\boldsymbol{y}_1^j=(y_1,y_2,\cdots,y_j)$ ，$\boldsymbol{u}_1^j=(u_1,u_2,\cdots,u_j)$ ， $j=1,2,\cdots,N$ 。

2.2.1　信道合并

信道合并是指通过特定的线性变换，将 N 个独立信道 W 合并为信道 W_N。图 2.2.1 为两信道合并示意图。其中，图 2.2.1(a)为合并之前的信道状态，由两个独立的信道 W 组成；图 2.2.1(b)为合并后的信道状态，通过对二进制输入符号实施模 2 加法，将两个信道 W 合并产生一个信道 W_2。

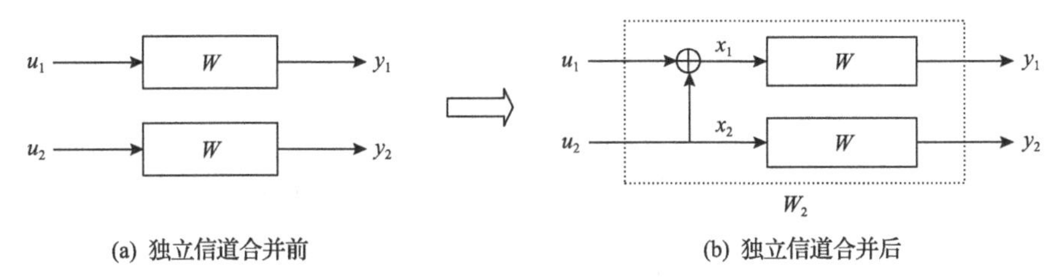

(a) 独立信道合并前　　(b) 独立信道合并后

图 2.2.1　两信道合并

合并后信道 W_2 的转移概率为

$$
\begin{aligned}
&W_2(\boldsymbol{y}_1^2\mid\boldsymbol{u}_1^2)\\
&=W(y_1\mid x_1)W(y_2\mid x_2)\\
&=W(y_1\mid u_1\oplus u_2)W(y_2\mid u_2)
\end{aligned}
\tag{2.2.1}
$$

类似地，图 2.2.2 为四信道合并示意图。图中 $\boldsymbol{R}_4$ 是一种排序运算，用于改变输入比特顺序。合并后的信道 W_4 的转移概率为

$$
\begin{aligned}
&W_4(\boldsymbol{y}_1^4\mid\boldsymbol{u}_1^4)\\
&=W_2(\boldsymbol{y}_1^2\mid u_1\oplus u_2,u_3\oplus u_4)W_2(\boldsymbol{y}_3^4\mid u_2,u_4)\\
&=W(y_1\mid u_1\oplus u_2\oplus u_3\oplus u_4)W(y_2\mid u_3\oplus u_4)W(y_3\mid u_2\oplus u_4)W(y_4\mid u_4)
\end{aligned}
\tag{2.2.2}
$$

以此类推，N 信道合并示意图如图 2.2.3 所示，由两个信道 $W_{N/2}$ 合并成一个信道 W_N，其中，$\boldsymbol{R}_N$ 为排序运算。

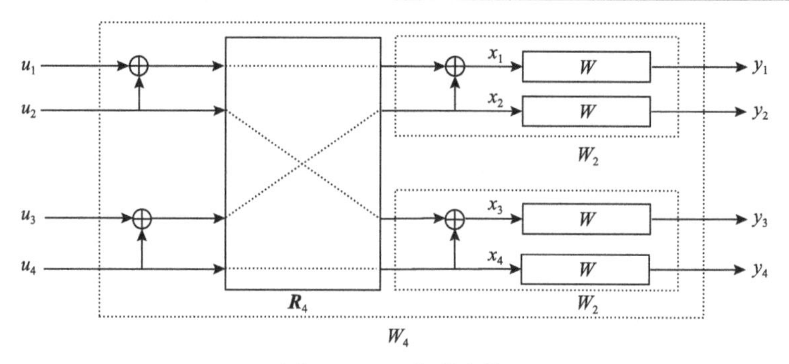

图 2.2.2　四信道合并

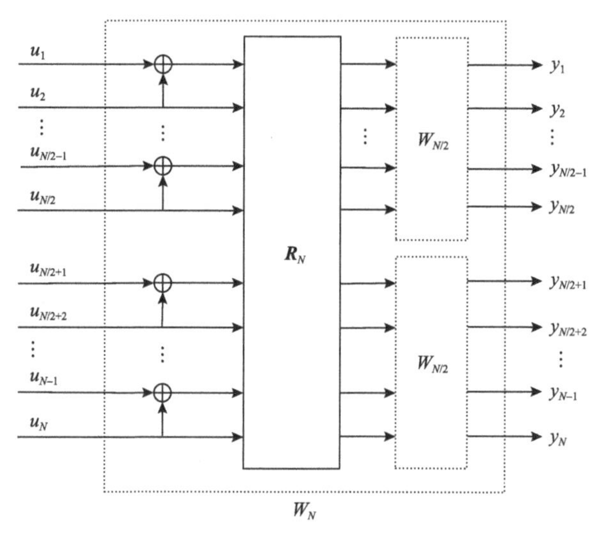

图 2.2.3　N 信道合并

2.2.2　信道拆分

假设发送序列 $\boldsymbol{u}_1^N$ 中的元素等概率分布，可将信道 W_N 拆分成 N 个比特信道 $W_N^{(i)}:\mathcal{X}\to\mathcal{Y}^N\times\mathcal{X}^{i-1}$，$i=1,2,\cdots,N$，且第 i 个比特信道的转移概率表达为

$$\begin{aligned}&W_N^{(i)}(\boldsymbol{y}_1^N,\boldsymbol{u}_1^{i-1}\,|\,u_i)\\&=\sum_{\boldsymbol{u}_{i+1}^N\in\mathcal{X}^{N-i}}\frac{W(\boldsymbol{y}_1^N,\boldsymbol{u}_1^N)}{W(u_i)}\\&=\sum_{\boldsymbol{u}_{i+1}^N\in\mathcal{X}^{N-i}}\frac{1}{2^{N-1}}W_N(\boldsymbol{y}_1^N\,|\,\boldsymbol{u}_1^N)\end{aligned}\tag{2.2.3}$$

为便于读者理解，图 2.2.4 展示了信道 W_2 拆分。

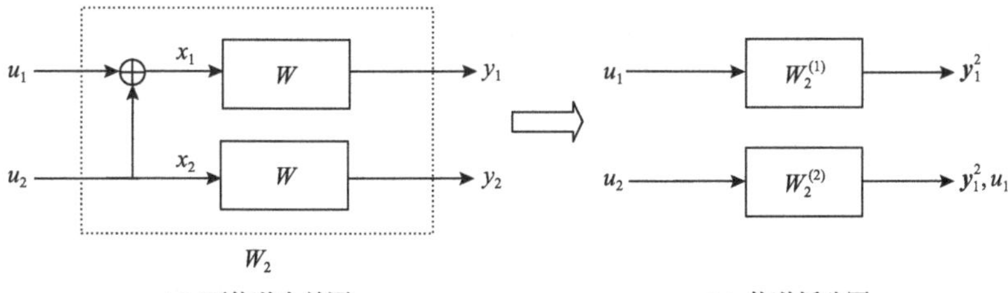

(a) 两信道合并图　　(b) 信道拆分图

图 2.2.4　信道 W_2 拆分

明显地，拆分后比特信道 $W_2^{(1)}$ 的转移概率为

$$\begin{aligned}&W_2^{(1)}(\boldsymbol{y}_1^2 \mid u_1)\\&=\sum_{u_2}\frac{1}{2}W_2(\boldsymbol{y}_1^2 \mid \boldsymbol{u}_1^2)\\&=\sum_{u_2}\frac{1}{2}W(y_1 \mid u_1 \oplus u_2)W(y_2 \mid u_2)\end{aligned} \tag{2.2.4}$$

比特信道 $W_2^{(2)}$ 的转移概率为

$$\begin{aligned}&W_2^{(2)}(\boldsymbol{y}_1^2, u_1 \mid u_2)\\&=\frac{1}{2}W_2(\boldsymbol{y}_1^2 \mid \boldsymbol{u}_1^2)\\&=\frac{1}{2}W(y_1 \mid u_1 \oplus u_2)W(y_2 \mid u_2)\end{aligned} \tag{2.2.5}$$

对于一般情况，比特信道的转移概率为

$$\begin{aligned}&W_N^{(2i-1)}(\boldsymbol{y}_1^N, \boldsymbol{u}_1^{2i-2} \mid u_{2i-1})\\&=\sum_{u_{2i}}\frac{1}{2}W_{N/2}^{(i)}(\boldsymbol{y}_1^{N/2}, \boldsymbol{u}_{1,\mathrm{o}}^{2i-2} \oplus \boldsymbol{u}_{1,\mathrm{e}}^{2i-2} \mid u_{2i-1} \oplus u_{2i})W_{N/2}^{(i)}(\boldsymbol{y}_{N/2+1}^N, \boldsymbol{u}_{1,\mathrm{e}}^{2i-2} \mid u_{2i})\end{aligned} \tag{2.2.6}$$

以及

$$\begin{aligned}&W_N^{(2i)}(\boldsymbol{y}_1^N, \boldsymbol{u}_1^{2i-1} \mid u_{2i})\\&=\frac{1}{2}W_{N/2}^{(i)}(\boldsymbol{y}_1^{N/2}, \boldsymbol{u}_{1,\mathrm{o}}^{2i-2} \oplus \boldsymbol{u}_{1,\mathrm{e}}^{2i-2} \mid u_{2i-1} \oplus u_{2i})W_{N/2}^{(i)}(\boldsymbol{y}_{N/2+1}^N, \boldsymbol{u}_{1,\mathrm{e}}^{2i-2} \mid u_{2i})\end{aligned} \tag{2.2.7}$$

式中，$\boldsymbol{u}_{1,\mathrm{o}}^{2i-2}$ 表示序列 $\boldsymbol{u}_1^{2i-2}$ 中奇数索引对应的子向量；$\boldsymbol{u}_{1,\mathrm{e}}^{2i-2}$ 表示序列 $\boldsymbol{u}_1^{2i-2}$ 中偶数索引对应的子向量；$\boldsymbol{u}_{1,\mathrm{o}}^{2i-2} \oplus \boldsymbol{u}_{1,\mathrm{e}}^{2i-2}$ 表示向量 $\boldsymbol{u}_{1,\mathrm{o}}^{2i-2}$ 和 $\boldsymbol{u}_{1,\mathrm{e}}^{2i-2}$ 按位模 2 加运算。

根据式(2.2.6)和式(2.2.7)，基数为 N 的比特信道的转移概率可以通过基数为 $N/2$ 的信道转移概率递推计算得到；基数为 $N/2$ 的比特信道的转移概率可以通

过基数为 $N/4$ 的信道转移概率递推计算得到；如此递推下去，可以获取各个比特信道的转移概率 $W_N^{(i)}$，$i=1,2,\cdots,N$。

2.2.3 极化现象

2.2.2 节介绍了信道合并和信道拆分的详细过程，并给出了拆分后比特信道转移概率的计算方法。为进一步理解信道极化，本节以二进制删除信道且删除概率 $p=0.5$ 为例，阐述比特信道所呈现出的信道极化现象。

1. 两信道极化

图 2.2.5 展示了两信道极化。经过信道合并与拆分后，得到极化后的比特信道 $W_2^{(1)}$ 和 $W_2^{(2)}$。

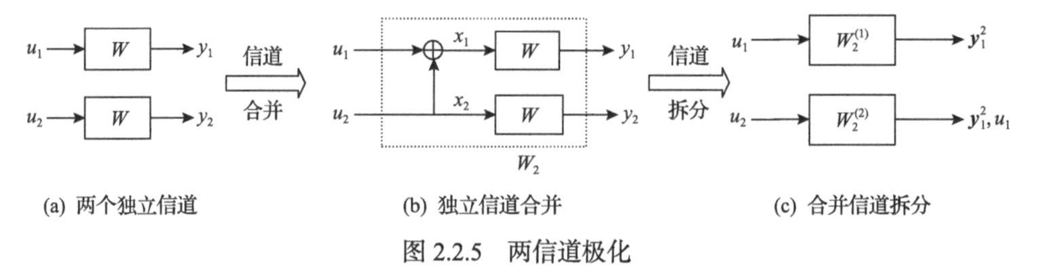

图 2.2.5 两信道极化

对于二进制删除信道，由式(2.1.6)和式(2.1.7)可知，存在如下关系：

$$\begin{cases} W(y=0\,|\,x=0)=1-p \\ W(y=1\,|\,x=1)=1-p \\ W(y=\varepsilon\,|\,x=0)=p \\ W(y=\varepsilon\,|\,x=1)=p \\ I(W)=1-p \end{cases} \tag{2.2.8}$$

图 2.2.6 展示了比特信道 $W_2^{(1)}$ 示意图及概率分布表，其中，ε 表示接收到除 0、

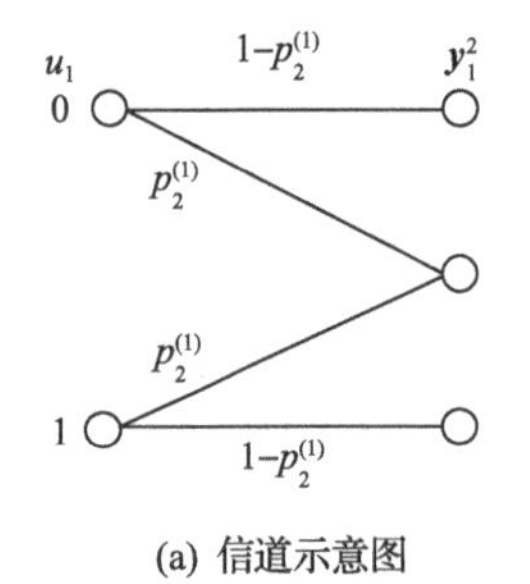

(a) 信道示意图

u_1 \ y_1^2	{(00), (11)}	{(01), (10)}	{(0ε), (1ε), (ε0), (ε1), (εε)}
0	$1-p_2^{(1)}$	0	$p_2^{(1)}$
1	0	$1-p_2^{(1)}$	$p_2^{(1)}$

(b) 概率分布表

图 2.2.6 比特信道 $W_2^{(1)}$ 示意图及概率分布表

1之外的其他符号，即删除符号，并且单个符号被删除的概率为$p_2^{(1)}$，传输正确的概率为$1-p_2^{(1)}$。不难得到

$$W(\boldsymbol{y}_1^2=00,11)=\frac{(1-p)^2}{2} \tag{2.2.9}$$

当$\boldsymbol{y}_1^2$等于(00)或(11)时，必有u_1等于0，则

$$W(\boldsymbol{y}_1^2=00,11\,|\,u_1=0)=\frac{W(\boldsymbol{y}_1^2=00,11)}{W(u_1=0)}=(1-p)^2 \tag{2.2.10}$$

因此，比特信道$W_2^{(1)}$容量计算为

$$\begin{aligned}I(W_2^{(1)})&=1-p_2^{(1)}\\&=W(\boldsymbol{y}_1^2=00,11\,|\,u_1=0)\\&=\frac{W(\boldsymbol{y}_1^2=00,11)}{W(u_1=0)}\\&=(1-p)^2\\&=I^2(W)\end{aligned} \tag{2.2.11}$$

同理，比特信道$W_2^{(2)}$示意图及概率分布表如图2.2.7所示。

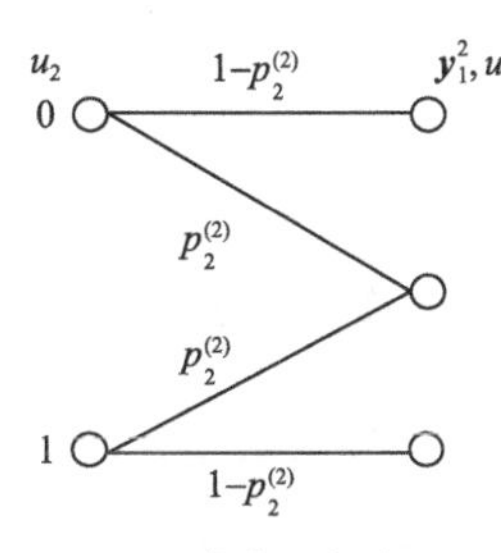

(a) 信道示意图

u_2 \ y_1^2, u_1	{(000), (101), (ε00) (ε01), (0ε0), (1ε1)}	{(010), (111), (ε10) (ε11), (0ε1), (1ε0)}	其他
0	$1-p_2^{(2)}$	0	$p_2^{(2)}$
1	0	$1-p_2^{(2)}$	$p_2^{(2)}$

(b) 概率分布表

图2.2.7　比特信道$W_2^{(2)}$示意图及概率分布表

明显地，可得

$$W(\boldsymbol{y}_1^2,u_1=000,101,\varepsilon 00,\varepsilon 01,0\varepsilon 0,1\varepsilon 1)=(1-p)-\frac{(1-p)^2}{2} \tag{2.2.12}$$

因此，比特信道$W_2^{(2)}$容量计算为

$$
\begin{aligned}
& I(W_2^{(2)}) \\
& = 1 - p_2^{(2)} \\
& = W(\boldsymbol{y}_1^2, u_1 = 000, 101, \varepsilon 00, \varepsilon 01, 0\varepsilon 0, 1\varepsilon 1 \mid u_2 = 0) \\
& = \frac{W(\boldsymbol{y}_1^2, u_1 = 000, 101, \varepsilon 00, \varepsilon 01, 0\varepsilon 0, 1\varepsilon 1)}{W(u_2 = 0)} \\
& = 2(1-p) - (1-p)^2 \\
& = 2I(W) - I^2(W)
\end{aligned}
\tag{2.2.13}
$$

可见，当删除概率为 $p = 0.5$ 时，比特信道容量计算如下：

$$
\begin{cases}
I(W_2^{(1)}) = W_2^{(1)} = (1-p)^2 = 0.25 \\
I(W_2^{(2)}) = W_2^{(2)} = 2(1-p) - (1-p)^2 = 0.75
\end{cases}
\tag{2.2.14}
$$

由式(2.2.14)明显地看出，信道拆分后比特信道容量发生改变，且 $I(W_2^{(2)}) > I(W_2^{(1)})$。

2. N 信道极化

对于二进制删除信道，由式(2.2.11)和式(2.2.13)可得 N 个比特信道容量的递推计算式，即

$$
\begin{cases}
I(W_N^{(2i-1)}) = I^2(W_{N/2}^{(i)}) \\
I(W_N^{(2i)}) = 2I(W_{N/2}^{(i)}) - I^2(W_{N/2}^{(i)})
\end{cases}
\tag{2.2.15}
$$

当删除概率 $p = 0.5$ 时，二进制删除信道极化后各比特信道容量如图 2.2.8 所示。

可见，当 N 趋于无穷大时，N 个信道 W 经过合并和拆分后会极化为部分无噪声信道，以及部分纯噪声信道。为保障信息比特的可靠传输，极化码编码时可选择信道容量接近 1 的无噪声信道传输信息比特，信道容量接近 0 的纯噪声信道用于传输收发双方已知的冻结比特。

2.3 极化码编码

2.3.1 编码原理

根据信道极化原理，极化码编码的码长 N 被严格定义为 2 的幂次方，即对于任意正整数 n，存在码长为 $N = 2^n$ 的极化码。如 1.3.7 节所述，对于码长为 N 的极

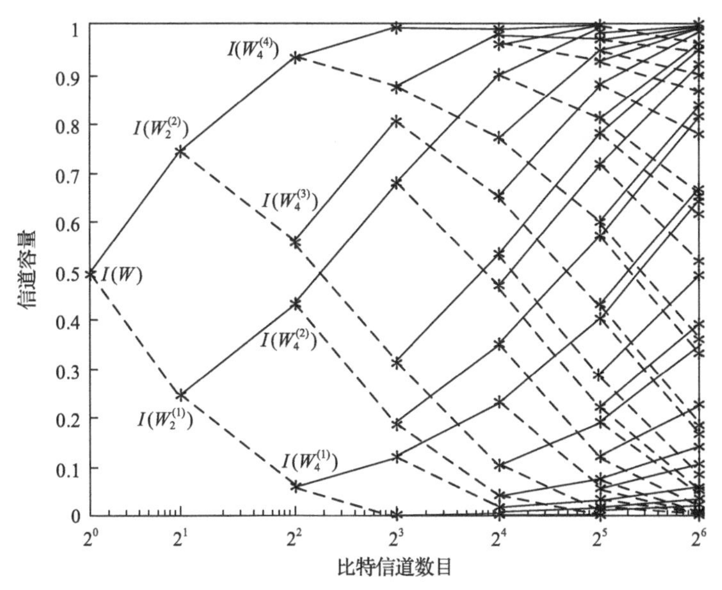

图 2.2.8　二进制删除信道极化后各比特信道容量($p=0.5$)

化码，其输入序列 $\boldsymbol{u}_1^N$ 包含长度为 K 的信息比特和长度为 $N-K$ 的冻结比特。在确定了输入序列 $\boldsymbol{u}_1^N$ 后，与极化码生成矩阵 $\boldsymbol{G}_N$ 相乘可得编码序列为

$$\boldsymbol{c}_1^N=\boldsymbol{u}_1^N\boldsymbol{G}_N \tag{2.3.1}$$

进一步地，将序列 $\boldsymbol{u}_1^N$ 和生成矩阵 $\boldsymbol{G}_N$ 拆分为两个部分，即 $\boldsymbol{u}_1^N=(\boldsymbol{u}_{\mathcal{I}},\boldsymbol{u}_{\mathcal{I}^c})$，$\boldsymbol{G}_N=(\boldsymbol{G}_{\mathcal{I}},\boldsymbol{G}_{\mathcal{I}^c})$，编码过程还可以表示为

$$\boldsymbol{c}_1^N=\boldsymbol{u}_{\mathcal{I}}\boldsymbol{G}_{\mathcal{I}}\oplus\boldsymbol{u}_{\mathcal{I}^c}\boldsymbol{G}_{\mathcal{I}^c} \tag{2.3.2}$$

式中，$\mathcal{I}$ 表示用于传输信息比特的比特信道索引集合；$\mathcal{I}^c$ 为 $\mathcal{I}$ 的补集，表示用于传输冻结比特的比特信道索引集合；$\oplus$ 表示模 2 加法；$\boldsymbol{u}_{\mathcal{I}}$ 与 $\boldsymbol{u}_{\mathcal{I}^c}$ 分别表示信息序列与冻结比特序列；$\boldsymbol{G}_{\mathcal{I}}$ 为 $\boldsymbol{G}_N$ 中行序列为 $\mathcal{I}$ 的子矩阵；$\boldsymbol{G}_{\mathcal{I}^c}$ 为 $\boldsymbol{G}_N$ 中行序列为 $\mathcal{I}^c$ 的子矩阵。根据信道合并过程，$\boldsymbol{G}_N$ 可表示为

$$\boldsymbol{G}_N=\boldsymbol{B}_N\boldsymbol{F}^{\otimes n},\quad \boldsymbol{F}=\begin{bmatrix}1 & 0\\ 1 & 1\end{bmatrix} \tag{2.3.3}$$

式中，矩阵 $\boldsymbol{B}_N$ 表示比特翻转矩阵；$\otimes$ 为克罗内克积；$\boldsymbol{F}^{\otimes n}$ 为矩阵 $\boldsymbol{F}$ 的 n 阶克罗内克积。比特翻转矩阵 $\boldsymbol{B}_N$ 可通过如下递推公式得到：

$$\boldsymbol{B}_N=\boldsymbol{R}_N(\boldsymbol{I}_2\otimes\boldsymbol{R}_{N/2})(\boldsymbol{I}_4\otimes\boldsymbol{R}_{N/4})\cdots(\boldsymbol{I}_{N/2}\otimes\boldsymbol{R}_2) \tag{2.3.4}$$

且可简化为$\boldsymbol{B}_N = \boldsymbol{R}_N(\boldsymbol{I}_2 \otimes \boldsymbol{B}_{N/2})$，式中$\boldsymbol{I}_k$表示$k$维单位阵。

为便于读者理解，接下来给出码长$N=4$的编码示例。其中，信息比特长度$K=2$，$\mathcal{I}=\{3,4\}$，$\boldsymbol{u}_{\mathcal{I}^c}=(0,0)$，$\boldsymbol{u}_{\mathcal{I}}=(1,1)$。根据式(2.3.1)～式(2.3.4)，编码序列计算如下：

$$\boldsymbol{c}_1^4 = \underbrace{(0\ \ 0\ \ 1\ \ 1)}_{\boldsymbol{u}_1^4}\underbrace{\begin{bmatrix}1&0&0&0\\1&0&1&0\\1&1&0&0\\1&1&1&1\end{bmatrix}}_{\boldsymbol{G}_4}=(0\ \ 0\ \ 1\ \ 1) \tag{2.3.5}$$

即经过极化码编码后的序列为$\boldsymbol{c}_1^4=(0\ \ 0\ \ 1\ \ 1)$。

2.3.2 构造方法

由极化码编码原理可知，如何确定输入序列$\boldsymbol{u}_1^N$中的信息比特位置是极化码编码的关键。为提升极化码纠错能力，用极化后信道容量大的比特信道传输信息比特。将寻找信道容量大的比特信道的过程称为极化码构造。常见的极化码构造方法包括巴氏参数法[2]、蒙特卡罗法[2]、密度进化法[3,4]、高斯近似法[5]和部分排序法[3,6]等。

1. 巴氏参数法

巴氏参数法由 Arikan 教授[2]提出。对于任意一个二进制输入离散无记忆信道，巴氏参数定义式为

$$Z(W) \overset{\text{def}}{=} \sum_{y\in\mathcal{Y}} \sqrt{W(y\,|\,0)W(y\,|\,1)} \tag{2.3.6}$$

式中，$Z(W)$表示最大似然判决的错误概率上界。$Z(W)$数值越小，说明信道传输的可靠性越高。对于极化码，存在如下关系：

$$Z(W_{2N}^{(2i-1)}) \leqslant 2Z(W_N^{(i)}) - Z^2(W_N^{(i)}) \tag{2.3.7}$$

$$Z(W_{2N}^{(2i)}) = Z^2(W_N^{(i)}) \tag{2.3.8}$$

式(2.3.7)仅在二进制删除信道条件下取等。针对非二进制删除信道，比特信道的巴氏参数难以精确求解。

2. 蒙特卡罗法

巴氏参数法主要针对二进制删除信道，在其他信道如 AWGN 信道下难以适

用。为此，Arikan 教授提出了蒙特卡罗法。具体地，通过大量仿真统计每个比特信道的错误概率并排序。错误概率最低的 K 个比特信道被选择传输信息比特，其他比特信道传输冻结比特。

蒙特卡罗法的精度与信噪比和仿真次数相关。仿真次数越大，构造精确度越高，但计算复杂度也相应增加。

3. 密度进化法

借鉴 LDPC 码密度进化的思想，Mori 等[3]提出了密度进化构造方法。如图 2.3.1 所示，该方法主要基于因子图进行设计，圆圈表示变量节点，方块表示校验节点。变量节点的比特取值只有两种：0 或 1。因此，存储变量节点的消息可用对数似然比(log-likelihood ratio，LLR)值表示

$$\mathrm{LLR}_N^{(i)}(\boldsymbol{y}_1^N,\boldsymbol{u}_1^{i-1})=\ln\left(\frac{W_N^{(i)}(\boldsymbol{y}_1^N,\boldsymbol{u}_1^{i-1}\,|\,u_i=0)}{W_N^{(i)}(\boldsymbol{y}_1^N,\boldsymbol{u}_1^{i-1}\,|\,u_i=1)}\right)\tag{2.3.9}$$

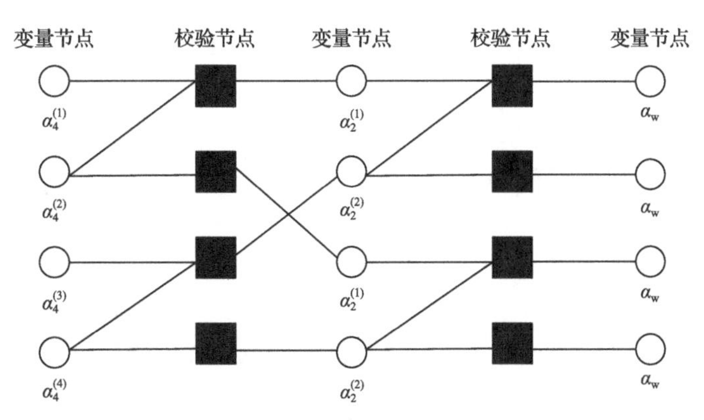

图 2.3.1　极化码因子图($N=4$)

由于图中各个校验节点与变量节点存在关联，所有节点 LLR 值的概率密度函数(probability density function，PDF) $\alpha_N^{(i)}$ 通过递推计算得到，即

$$\begin{cases}\alpha_N^{(2i-1)}=\alpha_{N/2}^{(i)}\odot\alpha_{N/2}^{(i)}\\ \alpha_N^{(2i)}=\alpha_{N/2}^{(i)}*\alpha_{N/2}^{(i)}\\ \alpha_1^{(1)}=\alpha_{\mathrm{w}}\end{cases}\tag{2.3.10}$$

式中，α_{w} 表示信道输入到最右侧变量节点 LLR 值的 PDF；$\odot$ 表示校验节点域的卷积运算；$*$ 表示变量节点域的卷积运算。

根据 $\alpha_N^{(i)}$ 值，各个比特信道传输出错的概率 $P_e^{(i)}$ 计算如下：

$$P_e^{(i)}=\int_{-\infty}^{0}\alpha_N^{(i)}(z)\mathrm{d}z \tag{2.3.11}$$

最后，选择较小 $P_e^{(i)}$ 值对应的比特信道传输信息比特。

4. 高斯近似法

在实现时，密度进化法需要存储高维向量概率密度函数 $\alpha_N^{(i)}$ 。为保证计算结果的精确，该向量的维度通常取到 10^6 量级，计算复杂度非常高。为降低密度进化构造复杂度，Trifonov 教授[5]针对 AWGN 信道提出了高斯近似法。

对于服从 $\mathcal{N}(\alpha,\sigma^2)$ 分布的二进制高斯信道，每个比特信道的 LLR 值也服从高斯分布，且其方差为均值的两倍。因此，LLR 值概率密度函数 $\alpha_N^{(i)}$ 的计算可转化为对 LLR 均值的计算。假设 $E(\mathrm{LLR}_N^{(i)})$ 表示 LLR 值的期望，$\alpha_N^{(i)}$ 服从 $\mathcal{N}(E(\mathrm{LLR}_N^{(i)}),2E(\mathrm{LLR}_N^{(i)}))$ 的高斯分布，通过递推可得到期望的计算公式：

$$\begin{cases}E(\mathrm{LLR}_N^{(2i-1)})=\varphi^{-1}\left(1-\left(1-\varphi(E(\mathrm{LLR}_{N/2}^{(i)}))\right)^2\right)\\ E(\mathrm{LLR}_N^{(2i)})=2E(\mathrm{LLR}_{N/2}^{(i)})\\ E(\mathrm{LLR}_1^{(1)})=\dfrac{2}{\sigma^2}\end{cases} \tag{2.3.12}$$

式中，函数 φ 可简化表示为

$$\varphi(x)=\begin{cases}\sqrt{\dfrac{\pi}{x}}\left(1-\dfrac{10}{7x}\right)\mathrm{e}^{-\frac{x}{4}}, & x\geqslant 10\\ \mathrm{e}^{-0.4527x^{0.86}+0.0218}, & 0<x<10\end{cases} \tag{2.3.13}$$

显然地，高斯近似法避免了高维卷积运算，有效简化了计算过程。此时，各个比特信道传输出错的概率 $P_e^{(i)}$ 计算如下：

$$P_e^{(i)}=\int_{-\infty}^{0}\frac{1}{2\sqrt{\pi E(\mathrm{LLR}_N^{(i)})}}\mathrm{e}^{\frac{-(x-E(\mathrm{LLR}_N^{(i)}))^2}{4E(\mathrm{LLR}_N^{(i)})}}\mathrm{d}x \tag{2.3.14}$$

5. 部分排序法

在给定信道 W 上完成码长为 N 的极化码构造，需精确计算每个比特信道的容量 $I(W)$ 或巴氏参数 $Z(W)$，复杂度极高。由于极化码合并信道之间存在容量大小

排序，研究发现利用这种顺序，能以低复杂度实现任意对称二进制输入无记忆信道的极化码构造[3,6]。

下面简要介绍两种典型的部分排序构造方式。对于第 i 和第 j 比特信道，$0 \leqslant i, j \leqslant N-1$，其二进制展开形式可分别表达为 $\langle i \rangle = (b_{n-1}^{(i)}, b_{n-2}^{(i)}, \cdots, b_0^{(i)})$，$\langle j \rangle = (b_{n-1}^{(j)}, b_{n-2}^{(j)}, \cdots, b_0^{(j)})$，$n = \log_2 N$。第一种类型的部分排序构造法[3]：若 $\langle j \rangle$ 中任意一个满足 $b_k^{(j)} = 1 (0 \leqslant k \leqslant n-1)$ 的位置 k，对于 $\langle i \rangle$ 均有 $b_k^{(i)} = 1$，那么第 j 比特信道相对于第 i 比特信道是统计退化的，第 j 比特信道的可靠性弱于第 i 比特信道。第二种类型部分排序构造法[6]：若将 $\langle j \rangle$ 中一个高位的 1 和一个低位的 0 交换后得到二进制序列 $\langle j \rangle$，则第 j 比特信道的可靠性弱于第 i 比特信道。基于上述两种部分排序构造法，当获取一个比特信道 $W_N^{(i)}$ 的可靠性后，根据 i 和 j 二进制展开值的关系即可获得比特信道 $W_N^{(i)}$ 与比特信道 $W_N^{(j)}$ 的可靠性排序，简化了极化码构造时的排序计算。

2.4　极化码译码

如 1.3.7 节所述，极化码的译码算法大致可分为 SC 译码和 BP 译码[7]。为进一步提升译码性能或降低译码复杂度，相关学者针对 SC 和 BP 两类译码算法进行了拓展，如图 2.4.1 所示。具体地，简化串行抵消(simplified successive cancellation，SSC)和快速简化串行抵消(fast-simplified successive cancellation，Fast-SSC)通过简

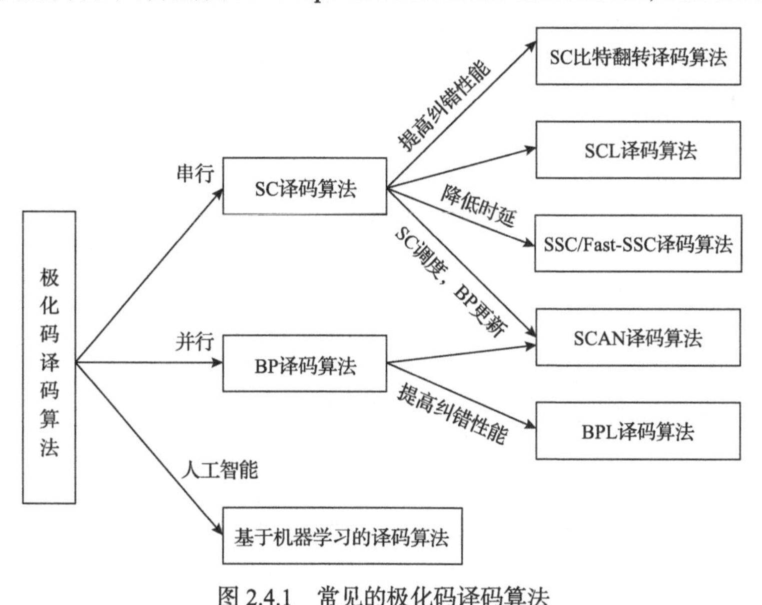

图 2.4.1　常见的极化码译码算法

化 SC 译码流程，降低译码时延以实现快速译码，称为快速简化译码算法[8]。SCL 译码算法通过扩展 SC 译码路径，保留多组译码结果以提升纠错性能。软消除(soft cancellation, SCAN)译码算法将 SC 算法的译码顺序和 BP 算法的译码规则相融合，可以在迭代次数较少的前提下达到 SC 译码效果。BPL 译码算法采用 L 个因子图互不相同的 BP 译码器同时译码，从中选择最优结果进行输出。除了上述常见的算法，SC 和 BP 两类译码算法均可与比特翻转技术相结合，通过尝试翻转可能出错位置上的比特进一步提升纠错性能。此外，还有与机器学习相结合的译码算法、基于堆栈的译码算法和基于线性规划的译码算法。

下面将围绕极化码的 SC 译码和 BP 译码展开详细介绍，并归纳其译码复杂度。为方便描述，设定极化码码长为 N，信息比特长度为 K，信息比特索引集合为 $\mathcal{I}$，冻结比特索引集合为 $\mathcal{I}^{\mathrm{c}}$，冻结比特为全 0 序列。待编码的序列用 $\boldsymbol{u}_1^N$ 表示，编码后的序列用 $\boldsymbol{c}_1^N$ 表示，经过信道后接收端的接收序列用 $\boldsymbol{y}_1^N$ 表示，译码结果序列用 $\hat{\boldsymbol{u}}_1^N$ 表示。

2.4.1 SC 译码

1. 基于概率的 SC 译码

SC 译码算法的基本思想：对序列 $\boldsymbol{u}_1^N$ 中的比特按照从 u_1 到 u_N 的顺序依次判决。当 $u_i (i \in \mathcal{I}^{\mathrm{c}})$ 为冻结比特时，u_i 将直接判决为 $\hat{u}_i = 0$。当 $u_i (i \in \mathcal{I})$ 为信息比特时，根据接收序列 $\boldsymbol{y}_1^N$ 和估计的 $\hat{\boldsymbol{u}}_1^{i-1}$，计算信道转移概率 $W_N^{(i)}(\boldsymbol{y}_1^N, \hat{\boldsymbol{u}}_1^{i-1} \mid \hat{u}_i = 0)$ 和 $W_N^{(i)}(\boldsymbol{y}_1^N, \hat{\boldsymbol{u}}_1^{i-1} \mid \hat{u}_i = 1)$，并根据两者的大小关系进行判决。若 $\hat{u}_i$ 为 u_i 的译码判决值，则 $\hat{u}_i$ 判决准则如下：

$$\hat{u}_i = \begin{cases} 0, & i \in \mathcal{I}^{\mathrm{c}} \\ h_i(\boldsymbol{y}_1^N, \hat{\boldsymbol{u}}_1^{i-1}), & i \in \mathcal{I} \end{cases} \tag{2.4.1}$$

式中，$h_i(\boldsymbol{y}_1^N, \hat{\boldsymbol{u}}_1^{i-1})$ 为

$$h_i(\boldsymbol{y}_1^N, \hat{\boldsymbol{u}}_1^{i-1}) = \begin{cases} 0, & \dfrac{W_N^{(i)}(\boldsymbol{y}_1^N, \hat{\boldsymbol{u}}_1^{i-1} \mid \hat{u}_i = 0)}{W_N^{(i)}(\boldsymbol{y}_1^N, \hat{\boldsymbol{u}}_1^{i-1} \mid \hat{u}_i = 1)} \geqslant 1 \\ 1, & \text{其他} \end{cases} \tag{2.4.2}$$

为便于读者理解，图 2.4.2 描述了 $N = 4$ 时的 SC 译码过程。假设 $\boldsymbol{u}_1^4$ 均为信息比特，按照串行译码规则，对序列 $\boldsymbol{u}_1^4$ 中的比特按照从 u_1 到 u_4 的顺序依次进行判决，图中节点上方代表计算该节点转移概率所需的信息。具体译码步骤如下。

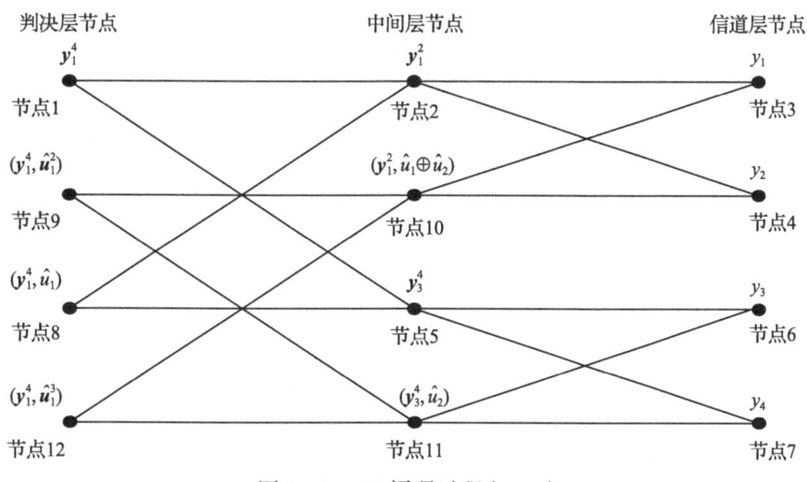

图 2.4.2　SC 译码过程($N=4$)

步骤 1：估计第 1 个信息比特u_1。根据转移概率$W_4^{(1)}(\boldsymbol{y}_1^4 \mid \hat{u}_1)$，可得到估计值$\hat{u}_1$。转移概率$W_4^{(1)}(\boldsymbol{y}_1^4 \mid \hat{u}_1)$的计算对应图 2.4.2 中的节点 1，需获取$\boldsymbol{y}_1^4$。根据式(2.2.6)，$W_4^{(1)}(\boldsymbol{y}_1^4 \mid \hat{u}_1) = \sum_{\hat{u}_2} \frac{1}{2} W_2^{(1)}(\boldsymbol{y}_1^2 \mid \hat{u}_1 \oplus \hat{u}_2) W_2^{(1)}(\boldsymbol{y}_3^4 \mid \hat{u}_2)$。可见，节点 1 转移概率的计算可以拆分为转移概率$W_2^{(1)}(\boldsymbol{y}_1^2 \mid \hat{u}_1 \oplus \hat{u}_2)$及$W_2^{(1)}(\boldsymbol{y}_3^4 \mid \hat{u}_2)$的计算，分别对应节点 2 和节点 5。具体计算过程如下。

(1)计算节点 2 的转移概率$W_2^{(1)}(\boldsymbol{y}_1^2 \mid \hat{u}_1 \oplus \hat{u}_2)$。根据信息$\boldsymbol{y}_1^2$(可由节点 3 和节点 4 获取)及式(2.2.4)，节点 2 转移到 0 的概率为$W_2^{(1)}(\boldsymbol{y}_1^2 \mid 0) = \frac{1}{2}W(y_1 \mid 0)W(y_2 \mid 0) + \frac{1}{2}W(y_1 \mid 1)W(y_2 \mid 1)$，节点 2 转移到 1 的概率为$W_2^{(1)}(\boldsymbol{y}_1^2 \mid 1) = \frac{1}{2}W(y_1 \mid 1)W(y_2 \mid 1) + \frac{1}{2} W(y_1 \mid 0)W(y_2 \mid 1)$。

(2)计算节点 5 的转移概率$W_2^{(1)}(\boldsymbol{y}_3^4 \mid \hat{u}_2)$。根据信息$\boldsymbol{y}_3^4$(可由节点 6 和节点 7 获取)及式(2.2.4)，节点 5 转移到 0 的概率为$W_2^{(1)}(\boldsymbol{y}_3^4 \mid 0) = \frac{1}{2}W(y_3 \mid 0)W(y_4 \mid 0) + \frac{1}{2}W(y_3 \mid 1)W(y_4 \mid 1)$，节点 5 转移到 1 的概率为$W_2^{(1)}(\boldsymbol{y}_3^4 \mid 1) = \frac{1}{2}W(y_3 \mid 1)W(y_4 \mid 0) + \frac{1}{2}W(y_3 \mid 0)W(y_4 \mid 1)$。

(3)根据转移概率$W_2^{(1)}(\boldsymbol{y}_1^2 \mid \hat{u}_1 \oplus \hat{u}_2)$和$W_2^{(1)}(\boldsymbol{y}_3^4 \mid \hat{u}_2)$，可分别得到节点 1 转移到 0 的概率$W_4^{(1)}(\boldsymbol{y}_1^4 \mid \hat{u}_1 = 0)$和节点 1 转移到 1 的概率$W_4^{(1)}(\boldsymbol{y}_1^4 \mid \hat{u}_1 = 1)$。根据两者的大小关系进行判决，可得到第 1 个信息比特的估计值$\hat{u}_1$。

步骤 2：估计第 2 个信息比特u_2。根据转移概率$W_4^{(2)}(\boldsymbol{y}_1^4,\hat{u}_1\,|\,\hat{u}_2)$，可得到估计值$\hat{u}_2$。转移概率$W_4^{(2)}(\boldsymbol{y}_1^4,\hat{u}_1\,|\,\hat{u}_2)$的计算对应图 2.4.2 中的节点 8，需获取$\boldsymbol{y}_1^4$和估计值$\hat{u}_1$。根据式(2.2.7)，$W_4^{(2)}(\boldsymbol{y}_1^4,\hat{u}_1\,|\,\hat{u}_2)=\dfrac{1}{2}W_2^{(1)}(\boldsymbol{y}_1^2\,|\,\hat{u}_1\oplus\hat{u}_2)W_2^{(1)}(\boldsymbol{y}_3^4\,|\,\hat{u}_2)$，可以分解为节点 2 和节点 5 的计算。此外，还与u_1的估计值$\hat{u}_1$有关。具体地，假设$\hat{u}_1=0$，则节点 8 转移到 0 的概率为$W_4^{(2)}(\boldsymbol{y}_1^4,0\,|\,\hat{u}_2=0)=\dfrac{1}{2}W_2^{(1)}(\boldsymbol{y}_1^2\,|\,0)W_2^{(1)}(\boldsymbol{y}_3^4\,|\,0)$，节点 8 转移到 1 的概率为$W_4^{(2)}(\boldsymbol{y}_1^4,0\,|\,\hat{u}_2=1)=\dfrac{1}{2}W_2^{(1)}(\boldsymbol{y}_1^2\,|\,1)W_2^{(1)}(\boldsymbol{y}_3^4\,|\,1)$。根据两者的大小关系进行判决，可得到第 2 个信息比特的估计值$\hat{u}_2$。

步骤 3：估计第 3 个信息比特u_3。根据转移概率$W_4^{(3)}(\boldsymbol{y}_1^4,\hat{\boldsymbol{u}}_1^2\,|\,\hat{u}_3)$，可得到估计值$\hat{u}_3$。转移概率$W_4^{(3)}(\boldsymbol{y}_1^4,\hat{\boldsymbol{u}}_1^2\,|\,\hat{u}_3)$的计算对应图 2.4.2 中的节点 9，需获取$\boldsymbol{y}_1^4$和估计值$\hat{\boldsymbol{u}}_1^2$。根据式(2.2.6)，$W_4^{(3)}(\boldsymbol{y}_1^4,\hat{\boldsymbol{u}}_1^2\,|\,\hat{u}_3)=\sum_{\hat{u}_4}\dfrac{1}{2}W_2^{(2)}(\boldsymbol{y}_1^2,\hat{u}_1\oplus\hat{u}_2\,|\,\hat{u}_3\oplus\hat{u}_4)W_2^{(2)}(\boldsymbol{y}_3^4,\hat{u}_2\,|\,\hat{u}_4)$。可见，节点 9 转移概率的计算可以拆分为转移概率$W_2^{(2)}(\boldsymbol{y}_1^2,\hat{u}_1\oplus\hat{u}_2\,|\,\hat{u}_3\oplus\hat{u}_4)$和$W_2^{(2)}(\boldsymbol{y}_3^4,\hat{u}_2\,|\,\hat{u}_4)$的计算，分别对应节点 10 和节点 11。具体计算过程如下。

(1) 节点 10 的转移概率$W_2^{(2)}(\boldsymbol{y}_1^2,\hat{u}_1\oplus\hat{u}_2\,|\,\hat{u}_3\oplus\hat{u}_4)$依赖于节点 2 的判决值，即$\hat{u}_1\oplus\hat{u}_2$（类似的中间节点判决值的计算过程被称为部分和计算，部分和计算过程可以近似看成一个编码过程）。假设节点 2 的判决值$\hat{u}_1\oplus\hat{u}_2=0\oplus1=1$，根据式(2.2.5)，节点 10 转移到 0 的概率为$W_2^{(2)}(\boldsymbol{y}_1^2,1\,|\,0)=\dfrac{1}{2}W(y_1\,|\,1)W(y_2\,|\,0)$，节点 10 转移到 1 的概率为$W_2^{(2)}(\boldsymbol{y}_1^2,1\,|\,1)=\dfrac{1}{2}W(y_1\,|\,0)W(y_2\,|\,1)$。

(2) 节点 11 的转移概率$W_2^{(2)}(\boldsymbol{y}_3^4,\hat{u}_2\,|\,\hat{u}_4)$依赖于节点 5 的判决值，即$\hat{u}_2$。假设节点 5 的判决值$\hat{u}_2=0$，根据式(2.2.5)，节点 11 转移到 0 的概率为$W_2^{(2)}(\boldsymbol{y}_3^4,1\,|\,0)=\dfrac{1}{2}W(y_3\,|\,1)W(y_4\,|\,0)$，节点 11 转移到 1 的概率为$W_2^{(2)}(\boldsymbol{y}_3^4,1\,|\,1)=\dfrac{1}{2}W(y_3\,|\,0)W(y_4\,|\,1)$。

(3) 根据转移概率$W_2^{(2)}(\boldsymbol{y}_1^2,\hat{u}_1\oplus\hat{u}_2\,|\,\hat{u}_3\oplus\hat{u}_4)$和$W_2^{(2)}(\boldsymbol{y}_3^4,\hat{u}_2\,|\,\hat{u}_4)$，可分别得到节点 9 转移到 0 的概率$W_4^{(3)}(\boldsymbol{y}_1^4,\hat{\boldsymbol{u}}_1^2\,|\,\hat{u}_3=0)$和节点 9 转移到 1 的概率$W_4^{(3)}(\boldsymbol{y}_1^4,\hat{\boldsymbol{u}}_1^2\,|\,\hat{u}_3=1)$，根据两者的大小关系进行判决，得到第 3 个信息比特的估计值$\hat{u}_3$。

步骤 4：估计第 4 个信息比特u_4。根据转移概率$W_4^{(4)}(\boldsymbol{y}_1^4,\hat{\boldsymbol{u}}_1^3\,|\,\hat{u}_4)$，可得到估

计值 $\hat{u}_4$。转移概率 $W_4^{(4)}(\boldsymbol{y}_1^4,\hat{\boldsymbol{u}}_1^3\,|\,\hat{u}_4)$ 的计算对应图 2.4.2 中的节点 12，需获取 $\boldsymbol{y}_1^4$ 和估计值 $\hat{\boldsymbol{u}}_1^3$。根据式(2.2.7)，$W_4^{(4)}(\boldsymbol{y}_1^4,\hat{\boldsymbol{u}}_1^3\,|\,\hat{u}_4)=\frac{1}{2}W_2^{(2)}(\boldsymbol{y}_1^2,\hat{u}_1\oplus\hat{u}_2\,|\,\hat{u}_3\oplus\hat{u}_4)W_2^{(2)}(\boldsymbol{y}_3^4,\hat{u}_2\,|\,\hat{u}_4)$，可以分解为节点 10 和节点 11 的计算。此外，还与 $\boldsymbol{u}_1^3$ 的估计值 $\hat{\boldsymbol{u}}_1^3$ 有关。具体地，假设 $\hat{\boldsymbol{u}}_1^3=000$，则节点 12 转移到 0 的概率为 $W_4^{(4)}(\boldsymbol{y}_1^4,000\,|\,\hat{u}_4=0)=\frac{1}{2}W_2^{(2)}(\boldsymbol{y}_1^2,0\,|\,0)W_2^{(2)}(\boldsymbol{y}_3^4,0\,|\,0)$，节点 12 转移到 1 的概率为 $W_4^{(4)}(\boldsymbol{y}_1^4,000\,|\,\hat{u}_4=1)=\frac{1}{2}W_2^{(2)}(\boldsymbol{y}_1^2,0\,|\,1)W_2^{(2)}(\boldsymbol{y}_3^4,0\,|\,1)$。根据两者的大小关系进行判决，可得到第 4 个信息比特的估计值 $\hat{u}_4$。

2. 基于 LLR 的 SC 译码

为进一步简化运算，引入对数域操作，这样可将基于概率的 SC 译码中的乘法运算转化为加法运算，从而有效降低计算复杂度。具体地，LLR 表示形式及相应的判决公式为

$$\mathrm{LLR}_N^{(i)}(\boldsymbol{y}_1^N,\hat{\boldsymbol{u}}_1^{i-1})=\ln\left(\frac{W_N^{(i)}(\boldsymbol{y}_1^N,\hat{\boldsymbol{u}}_1^{i-1}\,|\,\hat{u}_i=0)}{W_N^{(i)}(\boldsymbol{y}_1^N,\hat{\boldsymbol{u}}_1^{i-1}\,|\,\hat{u}_i=1)}\right) \tag{2.4.3}$$

$$h_i(\boldsymbol{y}_1^N,\hat{\boldsymbol{u}}_1^{i-1})=\begin{cases}0, & \mathrm{LLR}_N^{(i)}(\boldsymbol{y}_1^N,\hat{\boldsymbol{u}}_1^{i-1})\geqslant 0\\ 1, & \text{其他}\end{cases} \tag{2.4.4}$$

当信道为 AWGN 信道，调制方式为二进制相移键控(binary phase shift keying，BPSK)时，传输的调制符号为 $s=1-2c$，其中 $c\in\{0,1\}$，$s\in\{-1,1\}$。接收信号为 $y=s+n$，其中 n 是均值为 0、方差为 σ^2 的加性高斯白噪声。此时，接收信号 y 的对数似然比可以表示为

$$\mathrm{LLR}_1^{(1)}(y)=\ln\left(\frac{W(y\,|\,0)}{W(y\,|\,1)}\right)=\frac{2y}{\sigma^2} \tag{2.4.5}$$

当采用 LLR 值进行信息的传递与计算时，奇数位比特和偶数位比特的 LLR 值通过递推计算，分别为

$$\begin{aligned}&\mathrm{LLR}_N^{(2i-1)}(\boldsymbol{y}_1^N,\hat{\boldsymbol{u}}_1^{2i-2})\\&=f(\mathrm{LLR}_{N/2}^{(i)}(\boldsymbol{y}_1^N,\hat{\boldsymbol{u}}_{1,\mathrm{o}}^{2i-2}\oplus\hat{\boldsymbol{u}}_{1,\mathrm{e}}^{2i-2}),\mathrm{LLR}_{N/2}^{(i)}(\boldsymbol{y}_{N/2+1}^N,\hat{\boldsymbol{u}}_{1,\mathrm{e}}^{2i-2}))\end{aligned} \tag{2.4.6}$$

和

$$
\begin{aligned}
&\mathrm{LLR}_N^{(2i)}(\boldsymbol{y}_1^N,\hat{\boldsymbol{u}}_1^{2i-1}) \\
&=g(\mathrm{LLR}_{N/2}^{(i)}(\boldsymbol{y}_1^{N/2},\hat{\boldsymbol{u}}_{1,\mathrm{o}}^{2i-2}\oplus\hat{\boldsymbol{u}}_{1,\mathrm{e}}^{2i-2}),\mathrm{LLR}_{N/2}^{(i)}(\boldsymbol{y}_{N/2+1}^{N},\hat{\boldsymbol{u}}_{1,\mathrm{e}}^{2i-2}),\hat{\boldsymbol{u}}_{2i-1})
\end{aligned}
\tag{2.4.7}
$$

式中，f 运算和 g 运算定义为

$$
f(a,b)=\ln\left(\frac{1+\mathrm{e}^{a+b}}{\mathrm{e}^{a}+\mathrm{e}^{b}}\right) \tag{2.4.8}
$$

$$
g(a,b,\hat{u}_s)=(-1)^{\hat{u}_s}a+b \tag{2.4.9}
$$

其中，$\hat{u}_s$ 为比特判决值。由于 f 运算非常复杂，同时包含指数运算和对数运算，不利于硬件实现，故可将其进一步简化为

$$
f(a,b)\approx\operatorname{sign}(a)\operatorname{sign}(b)\min\{|a|,|b|\} \tag{2.4.10}
$$

式中，sign 表示符号函数。

获取 LLR 信息后，可以按照基于概率的 SC 译码步骤进行译码。需要注意的是，基于概率的 SC 译码与基于 LLR 的 SC 译码主要区别在于：信息传递与存储的形式不同，前者是转移概率，后者是 LLR 信息；后者计算复杂度更低，更具普适性。

2.4.2 BP 译码

极化码是一种线性分组码，可以使用因子图表示，并通过 BP 算法进行译码[7]。图 2.4.3 为 $N=4$ 时的极化码因子图，共有 $\log_2 N=2$ 层计算结构，每层计算结构包含 $N/2=2$ 个基本运算单元。此外，共有 $\log_2 N+1=3$ 层节点，每层包含 $N=4$ 个节点。每个节点中记录着左信息和右信息，通过迭代更新左、右信息获得最终的译码结果。

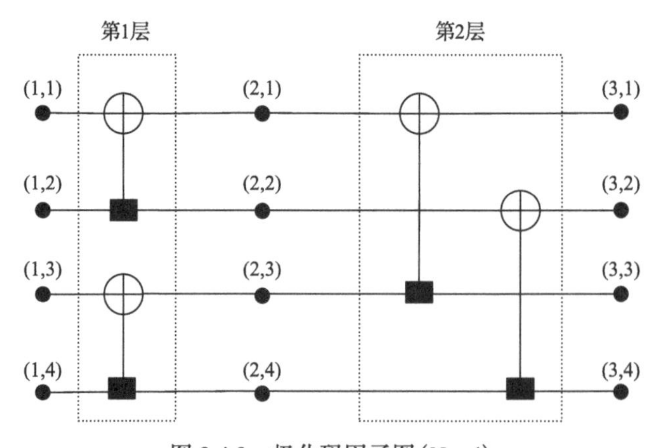

图 2.4.3　极化码因子图 ($N=4$)

图 2.4.4 为 BP 译码流程，其具体步骤如下。

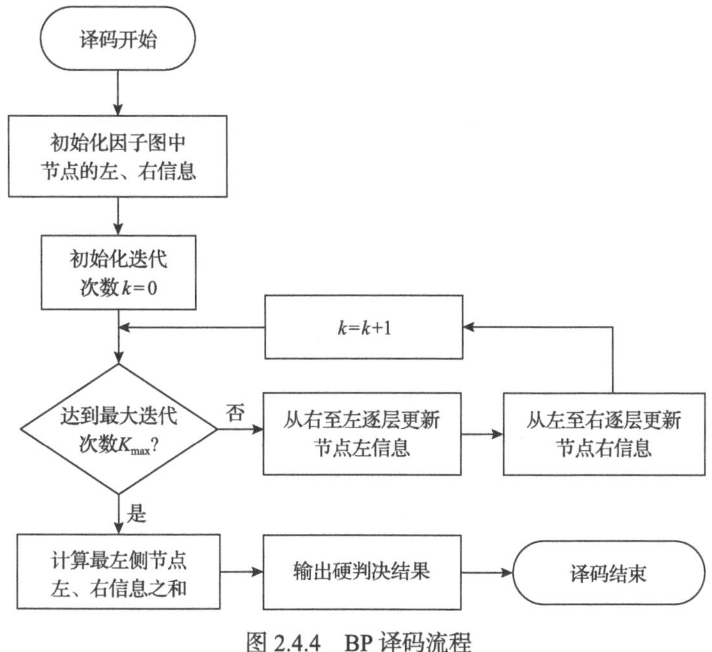

图 2.4.4　BP 译码流程

步骤 1：初始化节点信息。对节点中的左、右信息进行初始化赋值，其中，最右侧节点左信息 L 接收信道 LLR 初始化为

$$L_{n+1,j} = \ln \frac{p(y_j \mid c_j = 0)}{p(y_j \mid c_j = 1)} \tag{2.4.11}$$

式中，$n = \log_2 N$，N 为码长；最左侧节点右信息 R 则通过冻结比特决定，遵循如下规则：

$$R_{1,j} = \begin{cases} 0, & j \in \mathcal{I} \\ \infty, & j \in \mathcal{I}^{\mathrm{c}} \end{cases} \tag{2.4.12}$$

其他节点的左信息 L、右信息 R 均初始化为 0。

步骤 2：更新左信息。一轮译码包含两个步骤：从右往左依次更新每层节点的左信息和从左往右依次更新每层节点的右信息。信息更新过程则是依靠因子图中的计算单元，如图 2.4.5 所示。

一个基本计算单元将连接左右两侧共四个节点，并根据一定规则更新两侧节点的左、右信息。

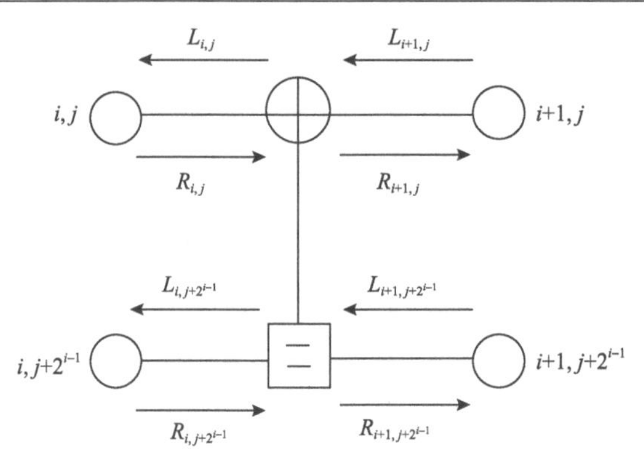

图 2.4.5 因子图中的计算单元

当从右往左更新时，左侧节点的左信息计算依赖相同计算单元中其他三个节点中的信息，更新规则如下：

$$L_{i,j}=f(L_{i+1,j},L_{i+1,j+2^{i-1}}+R_{i,j+2^{i-1}}) \tag{2.4.13}$$

$$L_{i,j+2^{i-1}}=f(L_{i+1,j},R_{i,j})+L_{i+1,j+2^{i-1}} \tag{2.4.14}$$

步骤 3：更新右信息。当从左往右更新时，右侧节点的右信息计算依赖相同计算单元中其他三个节点中的信息，更新规则如下：

$$R_{i+1,j}=f(R_{i,j},R_{i,j+2^{i-1}}+L_{i+1,j+2^{i-1}}) \tag{2.4.15}$$

$$R_{i+1,j+2^{i-1}}=f(R_{i,j},L_{i+1,j})+R_{i,j+2^{i-1}} \tag{2.4.16}$$

式中，f 运算与式(2.4.8)定义一样。

步骤 4：重复步骤 2 和步骤 3，直到达到译码终止条件或满足提前停止准则。

提前停止准则一般为：每轮迭代译码结束后对最左、右侧节点信息进行硬判决得到估计序列 $\hat{\boldsymbol{u}}$ 和码字序列 $\hat{\boldsymbol{c}}$ ，若二者满足

$$\hat{\boldsymbol{c}}=\hat{\boldsymbol{u}}\boldsymbol{G}_N \tag{2.4.17}$$

则停止译码；否则，将继续下一轮迭代译码。

2.4.3 译码复杂度

根据 SC 译码原理，序列 $\hat{u}_i$ 的判决结果依赖译码结构中前面 $i-1$ 个比特的判决结果。根据递推关系，即式(2.4.6)和式(2.4.7)的计算次数，可知 SC 译码算法的复杂度约为 $O(N\log_2 N)$ 。相比之下，BP 译码需要重复迭代 T 次以获取因子图中所有节点的信息，因此译码复杂度约为 $O(TN\log_2 N)$ 。SCL 译码与 BPL 译码算法分别相当于同时使用 L 个 SC 和 BP 译码器进行译码(本书第 4 章会详细介绍原

理)，故译码复杂度分别为 $O(LN\log_2 N)$ 和 $O(LTN\log_2 N)$ 。

为进一步验证极化码译码复杂度优势，接下来简单比较 Turbo 码和 LDPC 码的译码复杂度。为了比较公平，LDPC 码采用基于 LLR 的 BP 译码。假设 LDPC 码码长为 N，码率 $R=1/2$ ，列重为 J，行重为 $2J$，每次迭代需要更新 $N/2$ 个校验节点，每个校验节点与 $2J$ 个变量节点相连，则总共需要更新 $2J$ 个校验信息。一次迭代过程需要 $3J^2N-N/2$ 次加法和 $2J^2N$ 次查表，因此 LDPC 码基于 LLR 的 BP 译码复杂度约为 $O(5J^2NT)$[9]，其中，T 为迭代次数。

因此，在译码方面，极化码与 LDPC 译码复杂度相当，多数情况下都低于 Turbo 码[10]。

2.5　级联极化码

对于有限码长极化码，信道极化不够“彻底”，导致部分容量偏低的比特信道传输的信息比特在译码过程中以较高的概率被错误判决。为解决上述问题，将极化码与其他纠错编码方案级联，可以有效改善有限码长极化码的纠错性能。其中，极化码与 CRC 级联比较有效[11]，与 PCC 级联尤为突出[12]。接下来，对两种级联极化码进行简单介绍。

2.5.1　CRC 极化码

图 2.5.1 展示了 CRC 极化码编码译码流程。具体步骤如下。

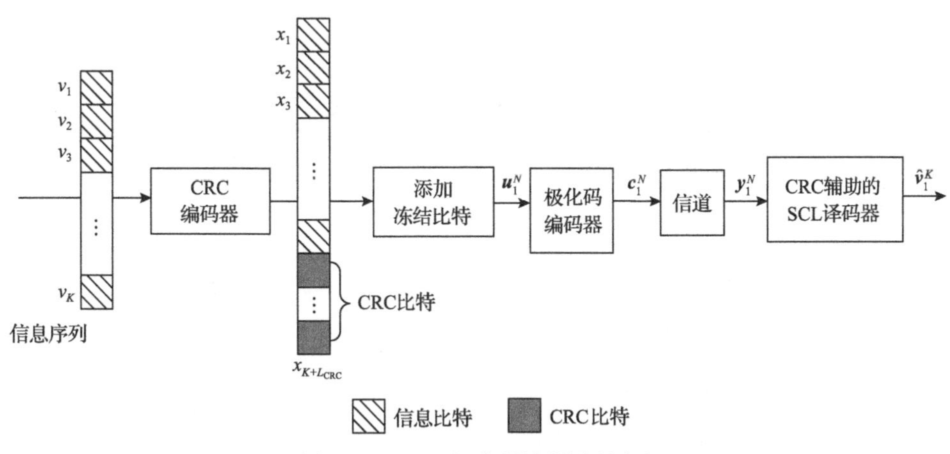

图 2.5.1　CRC 极化码编码译码流程

步骤 1：发送端生成包含 K 个信息比特的序列 $\boldsymbol{v}_1^K=(v_1,v_2,\cdots,v_K)$ 。

步骤 2：CRC 编码。信息序列 $\boldsymbol{v}_1^K$ 输入 CRC 编码器得到 L_{CRC} 个 CRC 比特，

得到外码码字 $\boldsymbol{x}_1^{K+L_{\mathrm{CRC}}}$ 。

步骤 3：添加冻结比特。根据比特信道容量排序，对序列 $\boldsymbol{x}_1^{K+L_{\mathrm{CRC}}}$ 添加冻结比特，形成长度为 N 的序列 $\boldsymbol{u}_1^N$ 。

步骤 4：极化码编码。$\boldsymbol{u}_1^N$ 作为内码极化码的输入序列，经过极化码编码后，获得长度为 N 的级联码字 $\boldsymbol{c}_1^N$ 。

步骤 5：接收机采用 CRC 辅助的 SCL 译码器。首先，根据 SCL 译码原理(详细介绍见第 4 章)得到一组候选路径。然后，依据 CRC 校验规则对每一条路径进行校验。若仅有一条路径通过 CRC 校验，则将该路径所对应的序列作为译码结果。若有多条路径通过 CRC 校验，则根据路径度量值将最可靠路径对应的序列作为译码结果。因此，CRC 极化码可以提升传统极化码的纠错性能。

2.5.2 PCC 极化码

在 CRC 极化码中，级联的 CRC 码主要用于选择最终的译码路径，无法实时保存正确路径。为进一步提升极化码的纠错性能，本节提出了高效、灵活构造的 PCC 极化码[13]。

在 PCC 极化码中，外编码器采用简单的奇偶校验码(奇校验编码或偶校验编码)，内码采用极化码。奇偶校验旨在通过添加校验比特 v_p ，使编码码字中“1”的个数为奇数或偶数。顾名思义，奇校验编码码字中“1”的个数为奇数，偶校验编码码字中“1”的个数为偶数。为便于读者理解，图 2.5.2 展示了奇校验与偶校验示例。在实际应用中只选择其中一种编码方案(奇校验或者偶校验)，对应的校验比特可通过式(2.5.1)校验关系获得，即

$$\begin{cases} v_p = \left(\sum_i v_i + 1\right) \bmod 2, & \text{奇校验} \\ v_p = \sum_i v_i \bmod 2, & \text{偶校验} \end{cases} \tag{2.5.1}$$

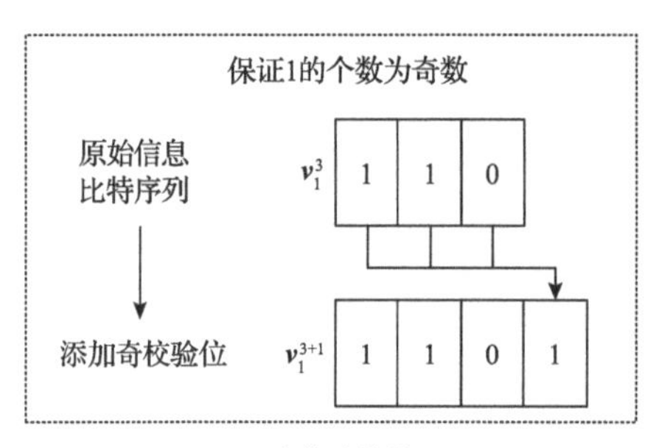

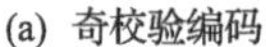
(a) 奇校验编码

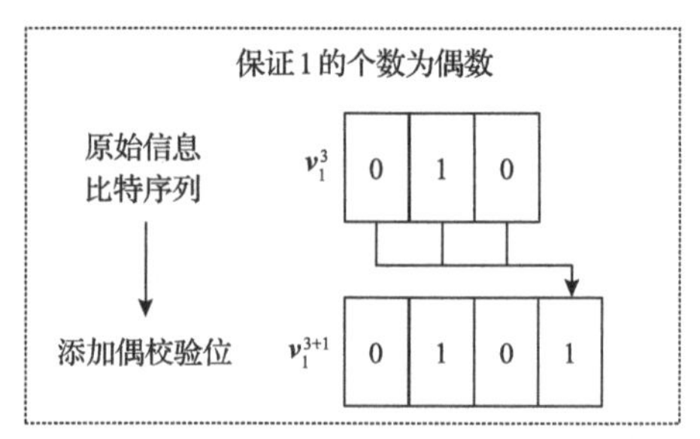

(b) 偶校验编码

图 2.5.2　奇校验和偶校验编码示例

进一步，图 2.5.3 展示了 PCC 极化码编码译码流程。在发送端，K 比特的信息序列 $\boldsymbol{v}_1^K=(v_1,v_2,\cdots,v_K)$ 经过奇偶校验编码得到 M 个校验比特；对 $K+M$ 个信息比特和校验比特添加冻结比特；经过极化码编码操作，便可得到最终编码序列。编码序列经过调制后通过无线信道传输。在接收端，采用校验辅助的 SCL 译码来恢复发送的信息比特序列。在路径扩展的过程中，通过校验比特实时辅助原有的路径度量值计算，得到更为可靠的 L 组候选路径，并将可靠性最高的路径作为最终译码结果。在译码过程中，通过实时校验可降低消失错误发生的概率，进一步提升信息传输的可靠性。

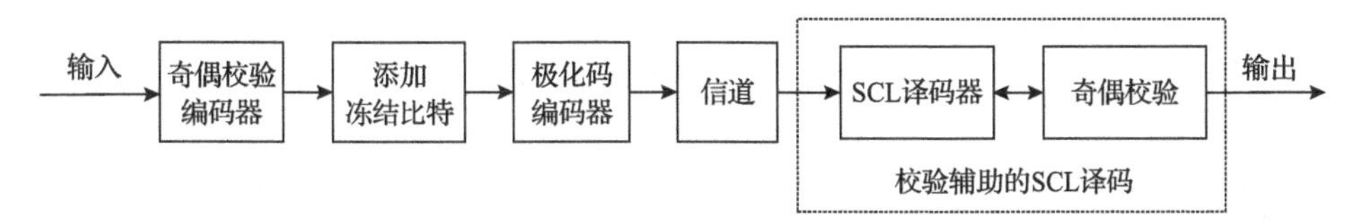

图 2.5.3　PCC 极化码编码译码流程

明显地，PCC 极化码不仅硬件实现简单，而且可以充分利用分散的校验比特进行实时检测并删除译码列表中的错误路径，有效提升纠错性能[12]。PCC 极化码校验比特可以分散于码字中，且校验比特的值可以通过校验关系来灵活获取，因此 5G 标准中的 PCC 极化码还可以进一步优化[14-23]。本书后续章节将展开详细介绍。

2.6　本 章 小 结

本章从信道容量理论着手，系统性地介绍了极化码原理，包括信道极化、极化码编码、极化码译码和级联极化码等。首先，从信道拆分、信道合并的角度介绍极化码的信道极化现象，并在二进制删除信道下举例说明；其次，阐述了极化码的编码形式，介绍了基于巴氏参数、蒙特卡罗、密度进化、高斯近似及部分排序等方法的构造方案；然后，围绕极化码的 SC 译码和 BP 译码展开详细介绍，并比较了译码复杂度；最后，简单介绍了两种典型的级联极化码。

参 考 文 献

[1] Arikan E. Channel combining and splitting for cutoff rate improvement[J]. IEEE Transactions on Information Theory, 2006, 52(2): 628-639.

[2] Arikan E. Channel polarization: A method for constructing capacity-achieving codes for symmetric binary-input memoryless channels[J]. IEEE Transactions on Information Theory, 2009, 55(7): 3051-3073.

[3] Mori R, Tanaka T. Performance of polar codes with the construction using density evolution[J]. IEEE Communications Letters, 2009, 13(7): 519-521.

[4] Mori R, Tanaka T. Performance and construction of polar codes on symmetric binary-input memoryless channels[C]. IEEE International Symposium on Information Theory, Seoul, 2009: 1496-1500.

[5] Trifonov P. Efficient design and decoding of polar codes[J]. IEEE Transactions on Communications, 2012, 60(11): 3221-3227.

[6] Schürch C. A partial order for the synthesized channels of a polar code[C]. IEEE International Symposium on Information Theory, Barcelona, 2016: 220-224.

[7] Arıkan E. Polar codes: A pipelined implementation[C]. Proceedings of the 4th International Symposium on Broadband Communication, Melaka, 2010: 11-14.

[8] Sarkis G, Giard P, Vardy A, et al. Fast polar decoders: Algorithm and implementation[J]. IEEE Journal on Selected Areas in Communications, 2014, 32(5): 946-957.

[9] 雷菁. 低复杂度LDPC码构造及译码研究[D]. 长沙: 国防科技大学, 2009.

[10] 徐俊, 袁弋非. 5G-NR信道编码[M]. 北京: 人民邮电出版社, 2019.

[11] Nokia, Alcatel-Lucent Shanghai Bell. 3GPP. R1-1703497, Details of CRC distribution of polar design[C]. TSG RAN WG1 Meeting #88, Athens, 2017.

[12] 屈代明, 王涛, 江涛. 一种校验级联极化码编码方法及系统: CN107017892A[P]. 2017-08-04.

[13] Wang T, Qu D, Jiang T. Parity-check-concatenated polar codes[J]. IEEE Communications Letters, 2016, 20(12): 2342-2345.

[14] 3GPP. Technical specification group radio access network[S]. Physical Layer Procedure.NR; Multiplexing and channel coding(Release 15); Section 5.3. 2017.

[15] Huawei HiSilicon. R1-1611254, Details of the polar code design[C]. 3GPP TSG RAN WG1 Meeting #87, Reno, 2016.

[16] Wang T, Qu D, Jiang T. Polar codes with repeating bits and the construction by cluster pairwise error probability[J]. IEEE Access, 2019, 7: 71627-71635.

[17] Samsung. R1-1609072, Performance of short-length polar codes[C]. 3GPP TSG RAN WG1 Meeting #86, Lisbon, 2016.

[18] 江涛, 王涛, 屈代明, 等. 极化码与奇偶校验码的级联编码: 面向5G及未来移动通信的编码方案[J]. 数据采集与处理, 2017, 32(3): 463-468.

[19] 屈代明, 王涛, 江涛. 一种极化码和多比特偶校验码级联的纠错编码方法: CN105680883A[P]. 2016-06-15.

[20] Park J, Kim I, Song H Y. Construction of parity-check-concatenated polar codes based on minimum Hamming weight codewords[J]. Electronics Letters, 2017, 53(14): 924-926.

[21] 屈代明，王涛，江涛. 一种极化码与重复码级联的纠错编码方法：CN106452460A[P]. 2017-02-22.

[22] Jang M, Lee J, Kim S H, et al. Improving the tradeoff between error correction and detection of concatenated polar codes[J]. IEEE Transactions on Communications, 2021, 69(7): 4254-4266.

[23] Dai B, Gao C, Yan Z, et al. Parity check aided SC-flip decoding algorithms for polar codes[J]. IEEE Transactions on Vehicular Technology, 2021, 70(10): 10359-10368.

第 3 章　PCC 极化码编码

传统极化码在中短码长时的纠错性能不够理想。为了进一步提升极化码的纠错性能，与现有纠错编码结合的级联极化码被提出，其中 PCC 极化码纠错性能突出。本章详细介绍 PCC 极化码的编码过程。首先介绍 PCC 极化码基本编码原理；然后介绍 PCC 极化码编码性质，包括物理性质和代数性质；接着详细介绍 PCC 极化码的构造，包括随机构造、启发式构造和 CPEP 最小构造；最后总结 PCC 极化码的编码优势。

3.1　编 码 原 理

如 2.5.2 节所述，在 PCC 极化码中，外码采用奇偶校验编码，内码采用极化码[1,2]。为了进一步理解 PCC 极化码编码原理，图 3.1.1 描述了 PCC 极化码编码流程。具体包括如下步骤。

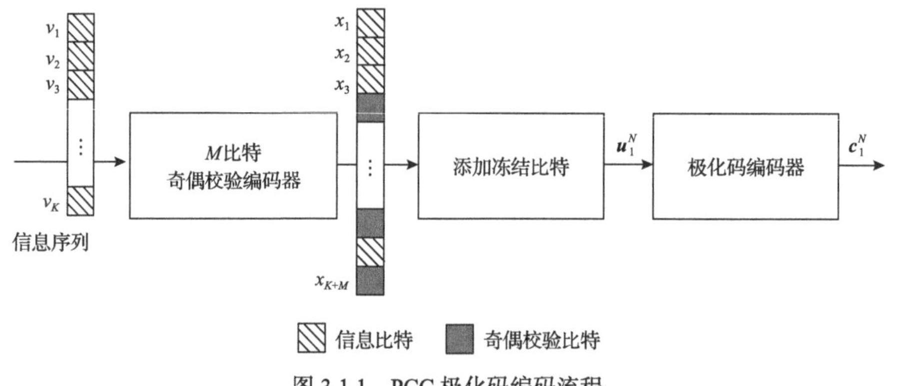

图 3.1.1　PCC 极化码编码流程

步骤 1：发送端生成由 K 个信息比特组成的序列 $\boldsymbol{v}_1^K=(v_1,v_2,\cdots,v_K)$。

步骤 2：利用 M 比特奇偶校验编码器进行编码，其编码示例如图 3.1.2 所示。M 个校验比特由信息比特通过校验方程计算获得。比特序列 $\boldsymbol{v}_1^K$ 经过奇偶校验编码后变为长度为 $K+M$ 的外码码字 $\boldsymbol{x}_1^{K+M}=(x_1,x_2,\cdots,x_{K+M})$。

步骤 3：添加冻结比特。根据计算的比特信道容量，对序列 $\boldsymbol{x}_1^{K+M}$ 添加冻结比特，形成长度为 N 的序列 $\boldsymbol{u}_1^N$。

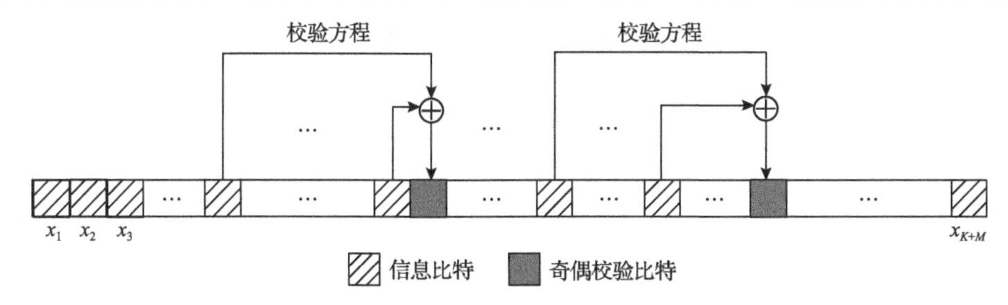

图 3.1.2　M 比特奇偶校验编码器编码示例

步骤 4：极化码编码。$\boldsymbol{u}_1^N$ 作为内码极化码的输入序列，经过 2.3 节所述极化码编码后，获得长度为 N 的级联码字 $\boldsymbol{c}_1^N$。

不难看出，PCC 极化码可定义为四元组 $(N,\mathcal{I},\mathcal{P},\{\mathcal{T}_m \mid m=1,2,\cdots,M\})$，$N$ 为极化码码长，集合 $\mathcal{I}$ 表示 K 个信息比特在 $\boldsymbol{u}_1^N$ 中的索引集合，集合 $\mathcal{P}$ 表示 M 个校验比特在 $\boldsymbol{u}_1^N$ 中的索引集合，校验关系集合 $\mathcal{T}_m$ 表示第 m 个校验方程中的信息比特索引集合。PCC 极化码的外码采用奇偶编码，第 m 个校验比特可以计算如下：

$$u_{p_m}=\begin{cases}\left(\sum\limits_{i\in\mathcal{T}_m}u_i+1\right)\bmod 2, & \text{奇校验}\\ \sum\limits_{i\in\mathcal{T}_m}u_i \bmod 2, & \text{偶校验}\end{cases} \tag{3.1.1}$$

式中，p_m 表示集合 $\mathcal{P}$ 的第 m 个元素；校验比特 u_{p_m} 仅校验索引序号小于 p_m 的信息比特。实际编码中的校验比特可以根据需求设计校验关系来获取。

为便于读者理解，接下来给出 PCC 极化码编码示例，其中，极化码码长 $N=16$，信息比特数量 $K=8$，校验比特数量 $M=2$。信息比特对应的索引集合 $\mathcal{I}=\{6,7,8,11,12,13,14,16\}$，校验比特对应的索引集合 $\mathcal{P}=\{10,15\}$，$\mathcal{T}_1=\{6,8\}$，$\mathcal{T}_2=\{12,13\}$，采用偶校验。

假设发送的信息序列 $\boldsymbol{v}_1^8$ 为

$$\boldsymbol{v}_1^8=(1,0,0,0,1,1,0,1) \tag{3.1.2}$$

冻结比特为

$$u_1=u_2=u_3=u_4=u_5=u_9=0 \tag{3.1.3}$$

偶校验比特计算如下：

$$\begin{cases}u_{10}=(u_6+u_8)\bmod 2=1\\ u_{15}=(u_{12}+u_{13})\bmod 2=0\end{cases} \tag{3.1.4}$$

根据信息比特、冻结比特及校验比特的分布情况，PCC极化码的内码输入序列为

$$\boldsymbol{u}_1^{16} = (0,0,0,0,0,1,0,0,0,1,0,1,1,0,0,1) \tag{3.1.5}$$

3.2 编码性质

3.2.1 物理性质

本节重点阐述PCC极化码的三个物理性质[3,4]，即前向性、分散性和增强性。

1. 前向性

图3.2.1对比了PCC极化码与CRC极化码的编码特点。如图3.2.1(a)所示，校验比特根据其前面的某些信息比特及对应的校验关系获得。因此，PCC极化码具有前向性，每个校验比特只校验其之前的信息比特，不仅易于实现，而且结构灵活，具有更多的优化构造空间。

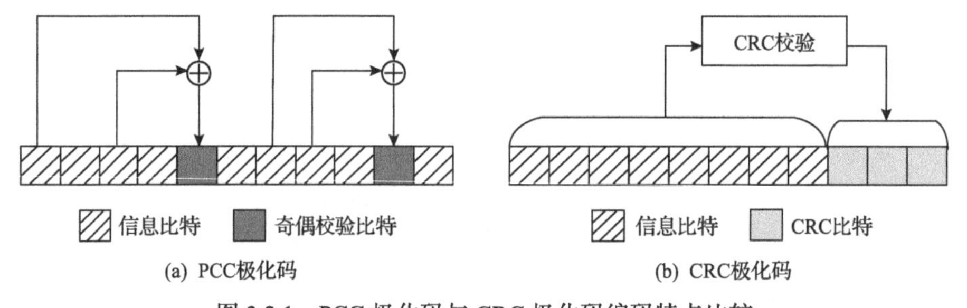

(a) PCC极化码　　(b) CRC极化码

图3.2.1　PCC极化码与CRC极化码编码特点比较

2. 分散性

如图3.2.1所示，PCC极化码中的校验比特分散于信息比特之中，且分布在其所校验的信息比特之后，而CRC极化码的CRC比特位于所有信息比特之后。因此，PCC极化码中的校验比特具有分散性，可以根据需求进行多样化构造。

3. 增强性

图3.2.2对比了PCC极化码与CRC极化码的译码流程。在CRC极化码译码中，只能在译码完成后对保留下来的路径进行校验。若正确路径在译码中已被删除，CRC辅助译码将无法恢复正确路径。但是，PCC极化码可以在译码过程中进

行多次校验，防止正确路径被删除。因此，PCC 极化码具有增强性，能增强正确译码路径的存活概率，从而极大提高极化码纠错性能。

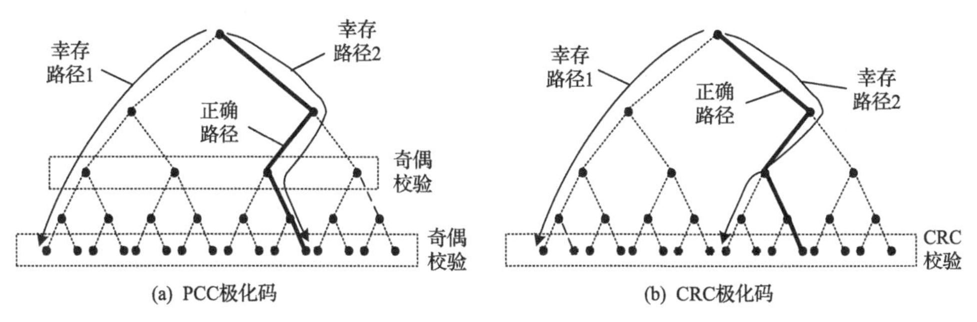

图 3.2.2　PCC 极化码增强性示例

3.2.2　代数性质

本节重点介绍 PCC 极化码的三个代数性质。

1. PCC 极化码为线性分组码

性质 3.2.1　PCC 极化码 $(N,\mathcal{I},\mathcal{P},\{\mathcal{T}_m \mid m=1,2,\cdots,M\})$ 为线性分组码，其编码序列可以通过如下公式获得：

$$c_1^N = v_1^K G_{\mathrm{PCC}} \tag{3.2.1}$$

式中，v_1^K 为信息序列；$G_{\mathrm{PCC}} = S(:,\mathcal{A}) \cdot G_N(\mathcal{A},:)$，集合 $\mathcal{A} = \mathcal{I} \cup \mathcal{P}$，$S(:,\mathcal{A})$ 和 $G_N(\mathcal{A},:)$ 为矩阵 S 和极化码生成矩阵 G_N 的子矩阵，分别由索引 $\mathcal{A}$ 对应的列向量和行向量构成，且矩阵 S 与信息序列 v_1^K 关系为 $u_1^N = v_1^K S$。

主要证明如下：

根据矩阵 S 与信息序列 v_1^K 的关系 $u_1^N = v_1^K S$ 以及集合 $\mathcal{A}$、$\mathcal{I}$、$\mathcal{P}$ 的关系 $\mathcal{A} = \mathcal{I} \cup \mathcal{P}$，$u_1^N$ 中子序列 $u_{\mathcal{A}}$ 可表达为

$$u_{\mathcal{A}} = v_1^K S(:,\mathcal{A}) \tag{3.2.2}$$

记序列 u_1^N 中的冻结比特索引集合为 $\mathcal{F}$，则 $\mathcal{F} = \{1,2,\cdots,N\} \setminus \mathcal{A}$。若冻结比特序列为全零序列，即

$$u_{\mathcal{F}} = \mathbf{0} \tag{3.2.3}$$

根据 PCC 极化码的定义，PCC 极化码编码码字 c_1^N 为

$$
\begin{aligned}
\boldsymbol{c}_1^N &= \boldsymbol{u}_1^N \boldsymbol{G}_N \\
&= \left[\boldsymbol{u}_{\mathcal{A}} \boldsymbol{G}_N(\mathcal{A},:)\right] \oplus \left[\boldsymbol{u}_{\mathcal{F}} \boldsymbol{G}_N(\mathcal{F},:)\right] \\
&= \left[\boldsymbol{u}_{\mathcal{A}} \boldsymbol{G}_N(\mathcal{A},:)\right] \oplus \left[\mathbf{0} \cdot \boldsymbol{G}_N(\mathcal{F},:)\right] \\
&= \boldsymbol{u}_{\mathcal{A}} \boldsymbol{G}_N(\mathcal{A},:) \\
&= \boldsymbol{v}_1^K \boldsymbol{S}(:,\mathcal{A}) \boldsymbol{G}_N(\mathcal{A},:) \\
&= \boldsymbol{v}_1^K \boldsymbol{G}_{\mathrm{PCC}}
\end{aligned}
\tag{3.2.4}
$$

式中，$\boldsymbol{G}_N(\mathcal{F},:)$ 为矩阵 $\boldsymbol{G}_N$ 中由索引 $\mathcal{F}$ 对应的行向量所构成的子矩阵；$\boldsymbol{G}_{\mathrm{PCC}} = \boldsymbol{S}(:,\mathcal{A}) \cdot \boldsymbol{G}_N(\mathcal{A},:)$。

最后，分析生成矩阵 $\boldsymbol{G}_{\mathrm{PCC}}$ 的秩。根据式(3.2.2)，$\boldsymbol{u}_{\mathcal{A}}$ 的维度为 $1\times(K+M)$，矩阵 $\boldsymbol{S}(:,\mathcal{A})$ 的维度为 $K\times(K+M)$。由于序列 $\boldsymbol{u}_{\mathcal{A}}$ 中包含 K 个信息比特和 M 个校验比特，对矩阵 $\boldsymbol{S}(:,\mathcal{A})$ 进行初等列变换之后所得矩阵将包含一个 K 阶的单位矩阵，故 $\boldsymbol{S}(:,\mathcal{A})$ 的秩为 K。若维度为 $(K+M)\times N$ 的矩阵 $\boldsymbol{G}_N(\mathcal{A},:)$ 是矩阵 $\boldsymbol{G}_N$ 的子矩阵，则其秩为 $K+M$。根据矩阵乘积秩的性质，矩阵 $\boldsymbol{G}_{\mathrm{PCC}}$ 的秩为 K。因此，根据线性分组码的定义，PCC极化码为线性分组码。

证明完毕。

基于此，算法3.2.1详细给出了PCC极化码生成矩阵 $\boldsymbol{G}_{\mathrm{PCC}}$ 的求解方法。

算法 3.2.1　PCC 极化码生成矩阵 $\boldsymbol{G}_{\mathrm{PCC}}$ 的求解方法

输入：PCC极化码编码参数 $(N,\mathcal{I},\mathcal{P},\{\mathcal{T}_m \mid m=1,2,\cdots,M\})$

输出：PCC极化码的生成矩阵 $\boldsymbol{G}_{\mathrm{PCC}}$

1. 初始化：矩阵 $\boldsymbol{S}$ 为 $K\times N$ 的全零矩阵，序号 $k=1$；
2. for $i=1$ to N
3. 　if $i\in\mathcal{I}$
4. 　　令 $S(k,i)=1$；$k=k+1$；
5. 　else if $i\in\mathcal{P}$
6. 　　根据集合 $\mathcal{P}$，确定 i 对应的索引，记为 m；
7. 　　for $j=1$ to $|\mathcal{T}_m|$
8. 　　　根据集合 $\mathcal{I}$，确定 $\mathcal{T}_m$ 中的第 j 位元素对应索引 t，并令 $S(t,i)=1$；
9. 　　end for
10. 　end if

11.　end for

12.　令 $\boldsymbol{G}_{\text{PCC}}=\boldsymbol{S}(:,\mathcal{A})\cdot\boldsymbol{G}_N(\mathcal{A},:)$，其中集合 $\mathcal{A}=\mathcal{I}\cup\mathcal{P}$，$\boldsymbol{G}_N$ 为极化码生成矩阵。

2. PCC 极化码不会降低原极化码的最小码间距

极化码的最小码间距是极化码纠错能力的体现之一。给定参数为 $(N,K,\mathcal{I})$ 的极化码，其中，N 为码长；K 为信息序列长度；$\mathcal{I}$ 为信息比特索引集合。极化码最小码间距计算如下[4]：

$$d_{\min}=\min_{i\in\mathcal{I}}\sum_{j=1}^{N}G_N(i,j) \tag{3.2.5}$$

式中，$G_N(i,j)$ 表示极化码生成矩阵 $\boldsymbol{G}_N$ 的第 i 行、第 j 列元素；$\sum_{j=1}^{N}G_N(i,j)$ 表示生成矩阵 $\boldsymbol{G}_N$ 的第 i 行行重。

性质 3.2.2　若 PCC 极化码 $\mathcal{C}_1=(N,\mathcal{I},\mathcal{P},\{\mathcal{T}_m\mid m=1,2,\cdots,M\})$ 的最小码间距为 $d_{\min}(\mathcal{C}_1)$，极化码 $\mathcal{C}_2=(N,K,\mathcal{I})$ 的最小码间距为 $d_{\min}(\mathcal{C}_2)$，则有 $d_{\min}(\mathcal{C}_1)\geqslant d_{\min}(\mathcal{C}_2)$。

主要证明如下：

若 PCC 极化码 $\mathcal{C}_1$ 去除全零码字后的集合为 $\mathcal{C}_1'$，则存在如下公式：

$$\mathcal{C}_1'=\mathcal{C}_1\setminus\boldsymbol{0}=\bigcup_{k=1}^{K}\mathcal{C}_1^{(k)} \tag{3.2.6}$$

式中，$\mathcal{C}_1\setminus\boldsymbol{0}$ 表示去除集合 $\mathcal{C}_1$ 中的全零码字；码字集合 $\mathcal{C}_1^{(k)}$ 为

$$\mathcal{C}_1^{(k)}=\left\{\boldsymbol{c}_1^N\mid\boldsymbol{c}_1^N=\boldsymbol{u}_1^N\boldsymbol{G}_N,\boldsymbol{u}_{\mathcal{I}(1:k-1)}=\boldsymbol{0},u_{\mathcal{I}(k)}=1,\boldsymbol{u}_{\mathcal{I}(k+1:K)}\in\{0,1\}^{K-k},\right.$$
$$\left.u_{p_m}=\sum_{i\in\mathcal{T}_m}u_i\bmod 2,m=1,2,\cdots,M\right\} \tag{3.2.7}$$

式中，$\mathcal{I}(1:k-1)$ 为第 1～$k-1$ 个元素；$\mathcal{I}(k)$ 为第 k 个元素。

校验比特 u_{p_m} 仅校验序号小于 p_m 的信息比特，且存在 $\boldsymbol{u}_{\mathcal{I}(1:k-1)}=\boldsymbol{0}$，因此 $\mathcal{C}_1^{(k)}$ 中的码字对应的序列 $\boldsymbol{u}_1^N$ 满足 $\boldsymbol{u}_1^{\mathcal{I}(k-1)}=\boldsymbol{0}$。据此，式(3.2.7)可进一步计算如下：

$$\mathcal{C}_1^{(k)}=\left\{\boldsymbol{c}_1^N\mid\boldsymbol{c}_1^N=\boldsymbol{u}_1^N\boldsymbol{G}_N,\boldsymbol{u}_1^{\mathcal{I}(k-1)}=\boldsymbol{0},u_{\mathcal{I}(k)}=1,\boldsymbol{u}_{\mathcal{I}(k+1:K)}\in\{0,1\}^{K-k},\right.$$
$$\left.u_{p_m}=\sum_{i\in\mathcal{T}_m}u_i\bmod 2,m=1,2,\cdots,M\right\} \tag{3.2.8}$$

定义集合 $\bar{\mathcal{C}}_1^{(k)} = \left\{ \boldsymbol{c}_1^N \mid \boldsymbol{c}_1^N = \boldsymbol{u}_1^N \boldsymbol{G}_N, \boldsymbol{u}_1^{\mathcal{I}(k-1)} = \boldsymbol{0}, u_{\mathcal{I}(k)} = 1, \boldsymbol{u}_{\mathcal{I}(k)+1}^N \in \{0,1\}^{N-\mathcal{I}(k)} \right\}$，则存在如下关系：

$$\mathcal{C}_1^{(k)} \subseteq \bar{\mathcal{C}}_1^{(k)} \tag{3.2.9}$$

且两个集合的最小码字重量满足

$$\mathrm{wt}_{\min}(\mathcal{C}_1^{(k)}) \geqslant \mathrm{wt}_{\min}(\bar{\mathcal{C}}_1^{(k)}) \tag{3.2.10}$$

式中，$\mathrm{wt}_{\min}(\mathcal{C}_1^{(k)})$ 和 $\mathrm{wt}_{\min}(\bar{\mathcal{C}}_1^{(k)})$ 分别为集合 $\mathcal{C}_1^{(k)}$ 和 $\bar{\mathcal{C}}_1^{(k)}$ 中的最小码字重量。

根据文献[5]中的引理 2，集合 $\bar{\mathcal{C}}_1^{(k)}$ 中所有码字的汉明重量不小于矩阵 $\boldsymbol{G}_N$ 第 $\mathcal{I}(k)$ 行的行重，即

$$\mathrm{wt}_{\min}(\bar{\mathcal{C}}_1^{(k)}) \geqslant \sum_{j=1}^{N} G_N(\mathcal{I}(k), j) \tag{3.2.11}$$

式中，$G_N(\mathcal{I}(k), j)$ 为矩阵 $\boldsymbol{G}_N$ 的第 $\mathcal{I}(k)$ 行、第 j 列元素。结合式(3.2.10)，存在如下公式：

$$\mathrm{wt}_{\min}(\mathcal{C}_1^{(k)}) \geqslant \sum_{j=1}^{N} G_N(\mathcal{I}(k), j), \quad k = 1, 2, \cdots, K \tag{3.2.12}$$

根据式(3.2.6)和式(3.2.12)，码字集合 $\mathcal{C}_1'$ 的最小码字重量为

$$\begin{aligned} \mathrm{wt}_{\min}(\mathcal{C}_1') &= \mathrm{wt}_{\min}\left(\bigcup_{k=1}^{K} \mathcal{C}_1^{(k)} \right) \\ &= \min_{k=1,2,\cdots,K} \left\{ \mathrm{wt}_{\min}(\mathcal{C}_1^{(k)}) \right\} \\ &\geqslant \min_{k=1,2,\cdots,K} \sum_{j=1}^{N} G_N(\mathcal{I}(k), j) \\ &= \min_{i \in \mathcal{I}} \sum_{j=1}^{N} G_N(i, j) \end{aligned} \tag{3.2.13}$$

根据式(3.2.5)，极化码 $\mathcal{C}_2 = (N, K, \mathcal{I})$ 的最小码间距为

$$d_{\min}(\mathcal{C}_2) = \min_{i \in \mathcal{I}} \sum_{j=1}^{N} G_N(i, j)$$

由性质 3.2.1 可知，PCC 极化码 $\mathcal{C}_1 = (N, \mathcal{I}, \mathcal{P}, \{\mathcal{T}_m \mid m = 1, 2, \cdots, M\})$ 为线性分组码，其最小码间距等于其非零码字的最小汉明重量，即

$$d_{\min}(\mathcal{C}_1) = \mathrm{wt}_{\min}(\mathcal{C}_1') \tag{3.2.14}$$

结合式(3.2.13)及式(3.2.14)，存在如下关系：

$$d_{\min}(\mathcal{C}_1) \geqslant d_{\min}(\mathcal{C}_2) \tag{3.2.15}$$

证明完毕。

性质 3.2.2 指出，将极化码中部分冻结比特替换为校验比特得到的 PCC 极化码不降低原极化码的最小码间距。

3. 满足给定条件时 PCC 极化码的最小码间距可以被确定

性质 3.2.3　定义 PCC 极化码 $\mathcal{C}_1 = (N, \mathcal{I}, \mathcal{P}, \{\mathcal{T}_m \mid m = 1,2,\cdots,M\})$ 和 $\mathcal{I}_{\min} = \left\{ i \mid i = \arg\min\limits_{i\in\mathcal{I}} \sum\limits_{j=1}^{N} G_N(i,j) \right\}$，若 $i \in \mathcal{I}_{\min}$ 且 $i \notin \mathcal{T}_m (m = 1,2,\cdots,M)$，则 PCC 极化码 $\mathcal{C}_1$ 的最小码间距 $d_{\min}(\mathcal{C}_1)$ 为 $\boldsymbol{G}_N$ 第 i 行的行重，即

$$d_{\min}(\mathcal{C}_1) = \sum_{j=1}^{N} G_N(i,j) \tag{3.2.16}$$

式中，$G_N(i,j)$ 表示 $\boldsymbol{G}_N$ 的第 i 行、第 j 列元素。

主要证明如下：

构造极化码 $\mathcal{C}_2 = (N, K, \mathcal{I})$，定义 $\mathcal{I}_{\min} = \left\{ i \mid i = \arg\min\limits_{i\in\mathcal{I}} \sum\limits_{j=1}^{N} G_N(i,j) \right\}$，根据极化码最小码间距定理，可得 $d_{\min}(\mathcal{C}_2) = \sum\limits_{j=1}^{N} G_N(i,j)$。

根据性质 3.2.2，存在 $d_{\min}(\mathcal{C}_1) \geqslant d_{\min}(\mathcal{C}_2)$，即

$$d_{\min}(\mathcal{C}_1) \geqslant \sum_{j=1}^{N} G_N(i,j) \tag{3.2.17}$$

由于存在元素 $i \in \mathcal{I}_{\min}$ 且 $i \notin \mathcal{T}_m (m = 1,2,\cdots,M)$，PCC 极化码 $\mathcal{C}_1$ 中必然存在码字 $\boldsymbol{c}_1^N$ 为生成矩阵 $\boldsymbol{G}_N$ 的第 i 行，即

$$\mathrm{wt}(\boldsymbol{c}_1^N) = \sum_{j=1}^{N} G_N(i,j) \tag{3.2.18}$$

式中，$\mathrm{wt}(\boldsymbol{c}_1^N)$ 表示码字 $\boldsymbol{c}_1^N$ 的汉明重量。由于码字 $\boldsymbol{c}_1^N \in \mathcal{C}_1$，且 $\mathrm{wt}(\boldsymbol{c}_1^N) \neq 0$，有

$$d_{\min}(\mathcal{C}_1) \leqslant \mathrm{wt}(\boldsymbol{c}_1^N) = \sum_{j=1}^{N} G_N(i,j) \tag{3.2.19}$$

根据式(3.2.17)和式(3.2.19)，$d_{\min}(\mathcal{C}_1) = \sum_{j=1}^{N} G_N(i,j)$。

证明完毕。

显然地，性质3.2.3给出了可确定PCC极化码$(N,\mathcal{I},\mathcal{P},\{\mathcal{T}_m \mid m=1,2,\cdots,M\})$最小码间距的条件：存在$i \in \mathcal{I}_{\min}$且$i \notin \mathcal{T}_m (m=1,2,\cdots,M)$。换言之，当所构造的校验方程覆盖集合$\mathcal{I}_{\min}$中的所有元素时，将极化码中冻结比特替换为奇偶校验比特构成的PCC极化码可以提升原极化码$(N,K,\mathcal{I})$的最小码间距。

3.3 编码构造

如3.2节所述，针对PCC极化码$(N,\mathcal{I},\mathcal{P},\{\mathcal{T}_m \mid m=1,2,\cdots,M\})$，可以根据需要的优化目标来构造集合$\mathcal{I}$、$\mathcal{P}$及$\{\mathcal{T}_m \mid m=1,2,\cdots,M\}$。下面主要介绍PCC极化码的三类构造方法：随机构造、基于比特信道错误概率的启发式构造及CPEP最小构造。

3.3.1 随机构造

本节主要介绍校验比特索引集合$\mathcal{P}$和校验关系集合$\mathcal{T}_m$的随机构造[3]。

1. 校验比特索引集合$\mathcal{P}$的构造

如3.1节所述，$\boldsymbol{x}_1^{K+M}$为经过奇偶校验编码后的码字。根据式(3.2.2)，存在$\boldsymbol{x}_1^{K+M} = \boldsymbol{u}_{\mathcal{A}}$，其中，集合$\mathcal{A} = \mathcal{I} \cup \mathcal{P}$。在随机构造中，$K+M$位可靠性高的比特信道用于传输信息比特和校验比特。校验比特位置具有分散性，所以集合$\mathcal{P}$的构造存在多样性。接下来，主要介绍集合$\mathcal{P}$的构造。首先计算比特信道错误概率并排序，选取$K+M$位错误概率低的索引构成集合$\mathcal{A}$；然后，基于集合$\mathcal{A}$确定校验比特索引集合$\mathcal{P}$。图3.3.1展示了两类校验比特索引集合$\mathcal{P}$的构造方式。

(1)分布于末尾：校验比特分布于$\boldsymbol{x}_1^{K+M}$末尾，该构造方式相对简单，如图3.3.1(a)所示。集合$\mathcal{P}$由集合$\mathcal{A}$中最后M个元素组成，即$\mathcal{P} = \{\mathcal{A}(j) \mid j = K+1, K+2,\cdots,K+M\}$，其中，$\mathcal{A}(j)$为集合$\mathcal{A}$的第$j$个元素。

(2)分散于码中：校验比特分散于$\boldsymbol{x}_1^{K+M}$中，构造方式相对灵活，如图3.3.1(b)所示。明显地，校验比特分散于$\boldsymbol{x}_1^{K+M}$中的方式有多种。这里介绍一种简单的随机构造，即$\mathcal{P} = \{\mathcal{A}(j) \mid j = \lfloor i(K+M)/M \rfloor, i=1,2,\cdots,M\}$，其中，$\lfloor a \rfloor$表示对实数$a$向下取整。

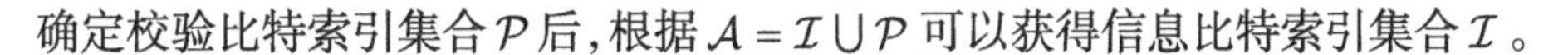
确定校验比特索引集合 $\mathcal{P}$ 后，根据 $\mathcal{A}=\mathcal{I}\cup\mathcal{P}$ 可以获得信息比特索引集合 $\mathcal{I}$ 。

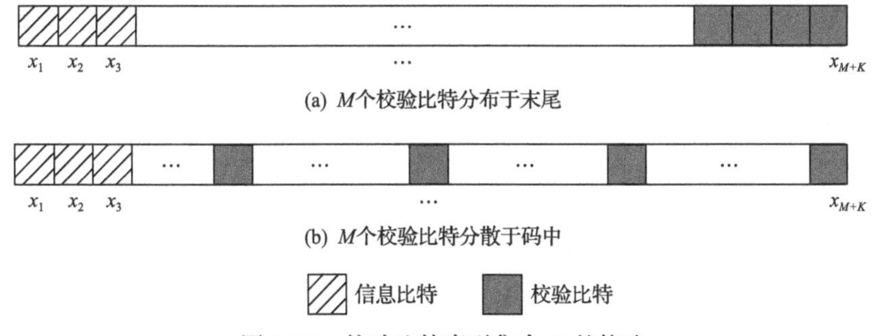

(a) M 个校验比特分布于末尾

(b) M 个校验比特分散于码中

图 3.3.1　校验比特索引集合 $\mathcal{P}$ 的构造

2. 校验关系集合 $\mathcal{T}_m$ 的随机构造

上面介绍了校验比特索引集合 $\mathcal{P}$ 的构造。集合 $\mathcal{P}$ 确定了校验比特的位置，而校验比特的值由集合 $\mathcal{T}_m$ 确定。为此，下面将介绍 $\mathcal{T}_m$ 的随机构造。

根据 PCC 极化码的定义，第 $m\,(m=1,2,\cdots,M)$ 个校验比特仅校验索引序号小于 p_m 的信息比特，其中，p_m 为集合 $\mathcal{P}$ 的第 m 个元素。基于此，首先找到满足约束条件的集合 $\mathcal{I}_m=\{i\,|\,i\in\mathcal{I},i<p_m\}$ ，再按照一定的概率 α $(0<\alpha<1)$ 选出各个元素并构成集合 $\mathcal{T}_m$ 。具体步骤如下。

步骤 1：确定当前校验比特位置 p_m 及随机概率 α 。

步骤 2：若集合 $\mathcal{I}_m=\{\mathcal{I}_m^1,\cdots,\mathcal{I}_m^{K_m}\}$ 的维度为 K_m ，产生 K_m 个随机数 $\alpha_k(0<\alpha_k<1,\ k=1,2,\cdots,K_m)$ 。

步骤 3：构造 $\mathcal{T}_m$ 。集合 $\mathcal{I}_m$ 中元素 $\mathcal{I}_m^k$ 对应的随机数 α_k 大于 α 构成的集合为 $\mathcal{T}_m$ ，即 $\mathcal{T}_m=\{\mathcal{I}_m^k\,|\,\alpha_k>\alpha,k=1,2,\cdots,K_m\}$ 。

步骤 4：重复步骤 1～步骤 3，直到完成 M 个校验关系构造。

3.3.2　启发式构造

本节介绍 PCC 极化码的启发式构造。为便于读者理解，首先举一个实例进行说明。图 3.3.2 展示了 AWGN 信道中 276 个非冻结比特信道的错误概率[6]，其中，相关参数为 $N=512$ ，$K=256$ ，$M=20$ ，$E_\mathrm{b}/N_0=1.5\mathrm{dB}$。可以明显看出，非冻结比特信道错误概率呈现出分段特性，且当前分段的最后一个比特信道错误概率低于后一分段的第一个比特信道错误概率。

基于该分段特性，可以将 276 个非冻结比特信道划分为 8 个突发错误段，其中，垂直于图中横坐标的虚线为相邻突发错误段的边界。如图 3.3.2 所示，每段中的第一个比特信道错误概率较高，在译码时容易产生误判。由于串行译码易造成

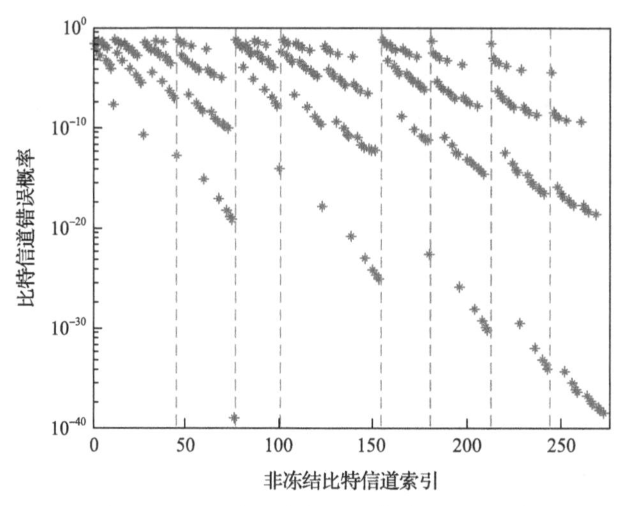

图 3.3.2　276 个非冻结比特信道的错误概率

错误传播，该分段内的后续比特也容易被判错，形成突发错误。基于此现象，提出如下准则设计校验方程。

准则 1：校验比特均匀地分布于各突发错误段中。

准则 2：在给定突发错误段中，错误概率高的信息比特优先参与校验。

准则 3：参与同一个校验方程的信息比特来自不同的突发错误段。

基于以上三个准则，以 $N=16$、$K=8$、$M=3$、$E_b/N_0=1.5\text{dB}$ 为例，对启发式构造进行举例说明。首先，获取 16 个比特信道的错误概率；然后排序并选择出 $K+M$=11 个错误概率最低的比特信道作为非冻结比特信道。假设 11 个非冻结比特信道的索引集合为 $\mathcal{A}=\{4,6,7,8,10,11,12,13,14,15,16\}$，对应的比特信道的错误概率为 $\{0.170,0.120,0.090,0.010,0.080,0.050,0.003,0.030,0.001,0.001,0\}$，校验方程的启发式构造示例如图 3.3.3 所示。具体步骤如下。

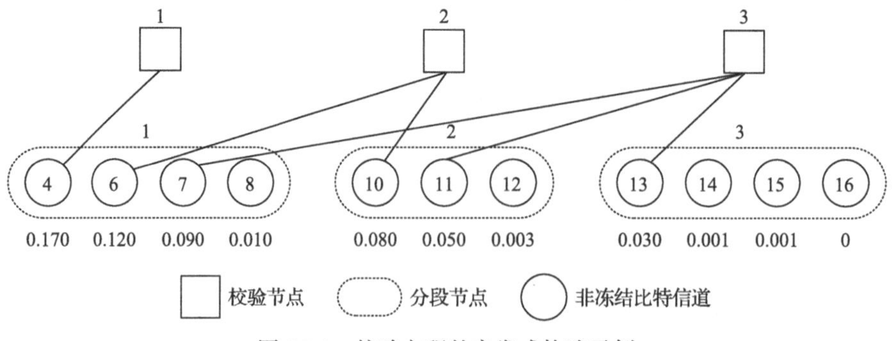

图 3.3.3　校验方程的启发式构造示例

步骤 1：划分突发错误段。11 个非冻结比特信道被划分为 3 个突发错误段：

$\{4,6,7,8\}$，$\{10,11,12\}$，$\{13,14,15,16\}$。

步骤 2：初步确定校验比特集合 $\mathcal{P}=\{p_1,p_2,p_3\}$。根据准则 1，存在 $p_1\in\{4,6,7,8\}$，$p_2\in\{10,11,12\}$，$p_3\in\{13,14,15,16\}$。

步骤 3：确定集合 $\mathcal{P}=\{p_1,p_2,p_3\}$ 各个元素的值。根据准则 2，三个校验比特位置为 $p_1=4$，$p_2=10$，$p_3=13$，即校验比特索引集合为 $\mathcal{P}=\{4,10,13\}$。

步骤 4：确定 $\mathcal{T}_m(m=1,2,3)$。根据准则 3，集合 $\mathcal{T}_m(m=1,2,3)$ 中的元素来自不同的突发错误段。

第一个校验比特位置为 $p_1=4$，且只能校验索引小于 4 的信息比特。根据集合 $\mathcal{I}=\{6,7,8,11,12,14,15,16\}$，存在 $\mathcal{T}_1=\varnothing$。第二个校验比特位置为 $p_2=10$，且只能校验索引小于 10 的信息比特，因此，存在 $\mathcal{T}_2\subseteq\{6,7,8\}$。根据准则 2，选取比特信道错误概率高的参与校验，可得 $\mathcal{T}_2=\{6\}$。第三个校验比特位置为 $p_3=13$，且只能校验索引小于 13 的信息比特，因此，存在 $\mathcal{T}_3\subseteq\{7,8,11,12\}$。根据准则 1 和 2，选取不同突发错误段中比特信道错误概率高的参与校验，可得 $\mathcal{T}_3=\{7,11\}$。综上所述，PCC 极化码构造结果如下：信息比特索引集合为 $\mathcal{I}=\{6,7,8,11,12,14,15,16\}$，校验比特索引集合为 $\mathcal{P}=\{4,10,13\}$，校验关系集合为 $\mathcal{T}_1=\varnothing$，$\mathcal{T}_2=\{6\}$，$\mathcal{T}_3=\{7,11\}$。

图 3.3.4 展示了 PCC 极化码启发式构造编码示例。设信息比特序列 $\boldsymbol{v}_1^K=(1,1,0,0,0,1,0,1)$，$K=8$，$M=3$，采用偶校验及上述启发式构造方案得到码字 $\boldsymbol{x}_1^{K+M}=(0,1,1,0,1,0,0,1,1,0,1)$。根据集合 $\mathcal{A}=\{4,6,7,8,10,11,12,13,14,15,16\}$ 添加冻结比特得到序列 $\boldsymbol{u}_1^N=(0,0,0,0,0,1,1,0,0,1,0,0,1,1,0,1)$。最后经过极化码编码，便得到 PCC 极化码序列 $\boldsymbol{c}_1^N=(0,0,1,1,0,1,0,1,0,1,1,0,1,1,1,1)$。

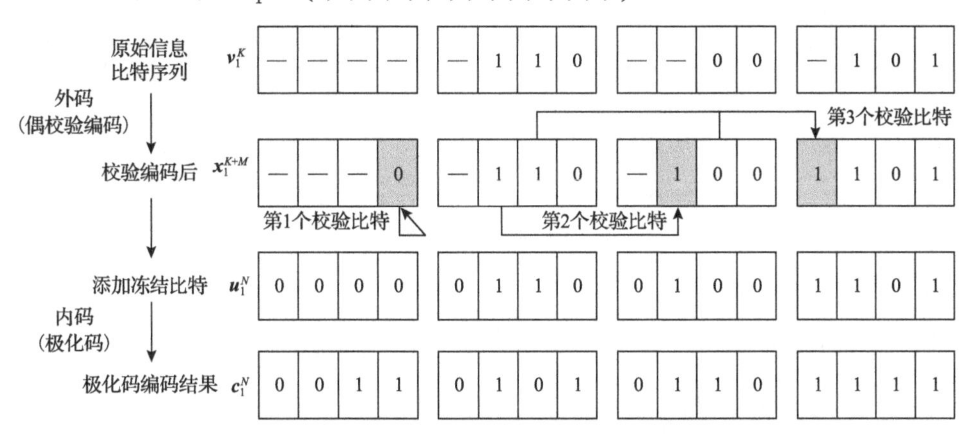

图 3.3.4　PCC 极化码启发式构造编码示例

3.3.3　CPEP 最小构造

3.3.1 节和 3.3.2 节详细介绍了随机构造和启发式构造。两类构造并未考虑译码器的影响。为进一步提升构造性能，本节提出 CPEP 最小构造方法，主要目标是降低 SCL 译码消失错误发生概率，提升纠错性能。为了让读者更好地理解，首先介绍 SCL 译码错误分析(SCL 译码原理见第 4 章)，然后阐述 CPEP 的计算表达，最后给出 CPEP 最小构造方法。

1. SCL 译码错误分析

SCL 译码根据度量值将可能正确的路径保存在列表中以提升 SC 译码的正确性。译码的错误类型可以分为选择错误和消失错误两类。

选择错误是指正确路径保留在最终译码列表路径中，但未被选择为最终的译码结果。选择错误发生的概率与极化码最小码间距 $d_{\min}$ 相关：$d_{\min}$ 值越小，错误码字被估计为最终结果的概率越大，即选择错误发生的概率越大。消失错误是指正确路径未被保留在最终译码列表中而导致的译码错误。消失错误发生的概率主要与 SCL 译码器列表大小 L 有关。当 L 数值较小时，正确路径容易在路径扩展的过程中被淘汰，SCL 译码消失错误概率增加。

图 3.3.5 为 SCL 译码选择错误和消失错误对比图，其中，消失错误比例是指

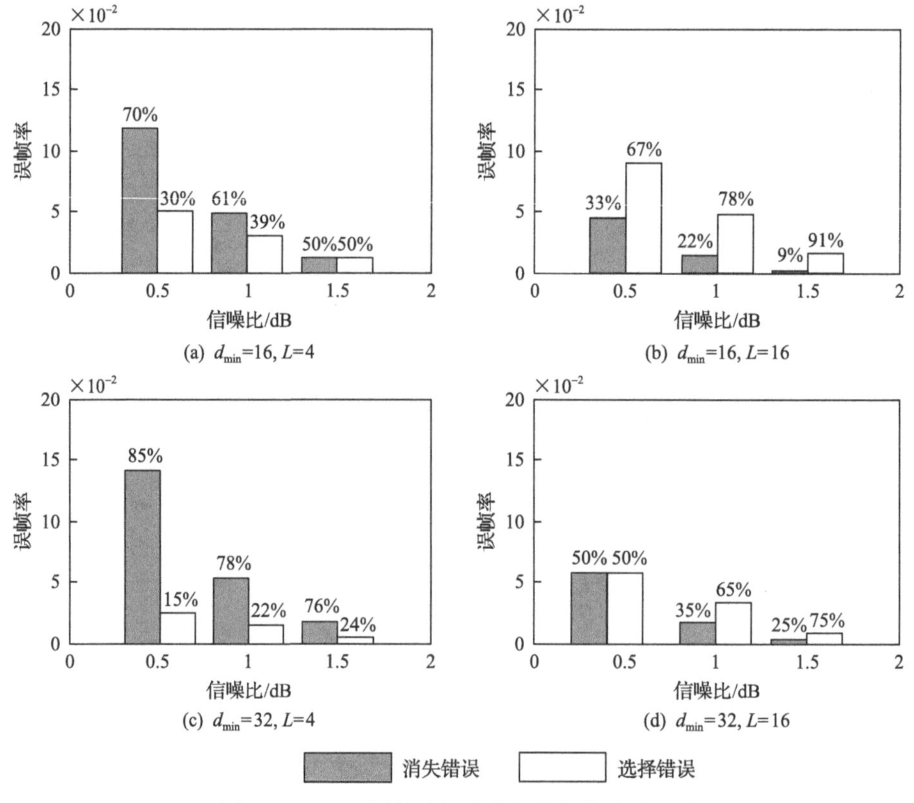

图 3.3.5　SCL 译码选择错误和消失错误对比图

消失错误数量占译码错误总数的百分比[7]。本实验在 AWGN 信道和 BPSK 调制下完成。极化码参数为：码长 $N=256$，信息比特长度 $K=64$，信息比特集合 $\mathcal{I}$ 根据文献[6]和[8]分别构造获得，对应的最小码间距分别为 $d_{\min}=16$ 和 $d_{\min}=32$，列表数分别为 $L=4$ 和 $L=16$。由图 3.3.5 可知，SCL 译码的消失错误和选择错误与列表大小 L、极化码最小码间距 $d_{\min}$ 及信噪比 E_b/N_0 相关。

如图 3.3.5 所示，当 $d_{\min}$ 和 L 的值固定时，消失错误比例随着信噪比 E_b/N_0 的增加而降低。当 $d_{\min}$ 和 E_b/N_0 值固定时，消失错误比例随着 L 值变小而显著增加。如图 3.3.5(b)和图 3.3.5(d)所示，当 L 和 E_b/N_0 值固定时，$d_{\min}$ 的值越大，选择错误发生的概率越低。

进一步，当 L 取值较大时，SCL 译码可以近似为最大似然译码。在 AWGN 信道下，线性分组码的最大似然译码的误帧率上界为[8]

$$\mathrm{FER_{ML}} \leqslant \sum_d A_d Q(\sqrt{2d\cdot \mathrm{SNR}}) \tag{3.3.1}$$

$$Q(x)=\frac{1}{\sqrt{2\pi}}\int_x^{+\infty} \mathrm{e}^{-\frac{u^2}{2}}\mathrm{d}u \tag{3.3.2}$$

式中，A_d 表示汉明重量为 d 的码字数量；SNR 表示 AWGN 信道的信噪比。式(3.3.1)表明，当 L 值较大时，可通过增大极化码最小码间距提升 SCL 译码性能。但是，在实际应用中，受 SCL 译码器译码时延和硬件实现复杂度等因素的影响，L 取值受限，此时 SCL 译码并不能视为最大似然译码。

因此，本节提出了 CPEP 概念。CPEP 的值越小，意味着正确路径被淘汰的概率越低。在本章后续内容中，会详细介绍 CPEP 与 SCL 译码消失错误的关联性，也会重点介绍 CPEP 最小的 PCC 极化码构造方法。

2. CPEP 定义

定义 3.3.1　给定参数 $(N,K,\mathcal{I})$ 的极化码，子序列 $\boldsymbol{u}_1^i(i=1,2,\cdots,N)$ 对应的码字簇集合定义为

$$\mathcal{C}(\boldsymbol{u}_1^i)=\left\{\boldsymbol{c}_1^N \mid \boldsymbol{c}_1^N=(\boldsymbol{u}_1^i,\boldsymbol{u}_{i+1}^N)\boldsymbol{G}_N, \boldsymbol{u}_{i+1}^N\in\{0,1\}^{N-i}\right\} \tag{3.3.3}$$

可见，SCL 译码列表中的每条路径对应一个码字簇。

定义 3.3.2　给定参数 $(N,K,\mathcal{I})$ 的极化码，发送码字 $\boldsymbol{c}_1^N\in\mathcal{C}(\overline{\boldsymbol{u}}_1^i)$，则码字簇 $\mathcal{C}(\overline{\boldsymbol{u}}_1^i)$ 和 $\mathcal{C}(\tilde{\boldsymbol{u}}_1^i)$ $(\tilde{\boldsymbol{u}}_1^i\neq\overline{\boldsymbol{u}}_1^i)$ 成对错误事件定义为

$$E(\bar{\boldsymbol{u}}_1^i,\tilde{\boldsymbol{u}}_1^i,\boldsymbol{c}_1^N)=\left\{\boldsymbol{y}_1^N\left|\sum_{\bar{\boldsymbol{c}}_1^N\in\mathcal{C}(\bar{\boldsymbol{u}}_1^i)}W(\boldsymbol{y}_1^N\mid\bar{\boldsymbol{c}}_1^N)<\sum_{\tilde{\boldsymbol{c}}_1^N\in\mathcal{C}(\tilde{\boldsymbol{u}}_1^i)}W(\boldsymbol{y}_1^N\mid\tilde{\boldsymbol{c}}_1^N)\right.\right\}\tag{3.3.4}$$

式中，$\boldsymbol{y}_1^N$ 表示发送码字 $\boldsymbol{c}_1^N$ 的接收向量；$W(\boldsymbol{y}_1^N\mid\bar{\boldsymbol{c}}_1^N)$ 和 $W(\boldsymbol{y}_1^N\mid\tilde{\boldsymbol{c}}_1^N)$ 分别表示码字 $\bar{\boldsymbol{c}}_1^N$ 和 $\tilde{\boldsymbol{c}}_1^N$ 的转移概率；码字簇 $\mathcal{C}(\bar{\boldsymbol{u}}_1^i)$ 和 $\mathcal{C}(\tilde{\boldsymbol{u}}_1^i)$ 之间的成对错误概率定义为事件 $E(\bar{\boldsymbol{u}}_1^i,\tilde{\boldsymbol{u}}_1^i,\boldsymbol{c}_1^N)$ 的发生概率[3]，计算如下：

$$P[E(\bar{\boldsymbol{u}}_1^i,\tilde{\boldsymbol{u}}_1^i,\boldsymbol{c}_1^N)]=\sum_{\boldsymbol{y}_1^N\in E(\bar{\boldsymbol{u}}_1^i,\tilde{\boldsymbol{u}}_1^i,\boldsymbol{c}_1^N)}W(\boldsymbol{y}_1^N\mid\boldsymbol{c}_1^N)\tag{3.3.5}$$

根据定义 3.3.1，令 $i=N$，码字簇 $\mathcal{C}(\bar{\boldsymbol{u}}_1^N)$ 和 $\mathcal{C}(\tilde{\boldsymbol{u}}_1^N)$ 中均只包含一个码字，且有

$$E(\bar{\boldsymbol{u}}_1^i,\tilde{\boldsymbol{u}}_1^i,\boldsymbol{c}_1^N)=\left\{\boldsymbol{y}_1^N\mid W(\boldsymbol{y}_1^N\mid\boldsymbol{c}_1^N)<W(\boldsymbol{y}_1^N\mid\tilde{\boldsymbol{c}}_1^N)\right\}\tag{3.3.6}$$

显而易见，当 $i=N$ 时，CPEP 变为码字成对错误概率。为便于进一步理解，图 3.3.6 展示了码字簇与码字成对错误示意图。如图 3.3.6(a)所示，当接收向量 $\boldsymbol{y}_1^N$ 与错误码字 $\tilde{\boldsymbol{c}}_1^N$ 的欧几里得距离更近时，发送码字 $\boldsymbol{c}_1^N$ 被误判为 $\tilde{\boldsymbol{c}}_1^N$ 的概率越大，进而出现成对错误。如图 3.3.6(b)所示，当接收向量 $\boldsymbol{y}_1^N$ 与错误码字簇 $\mathcal{C}(\tilde{\boldsymbol{u}}_1^i)$ 中“平均码字距离”更近时，$\boldsymbol{c}_1^N$ 将判决为来自错误码字簇 $\mathcal{C}(\tilde{\boldsymbol{u}}_1^i)$。我们将这一误判概率定义为 CPEP，其大小记为 $P[E(\bar{\boldsymbol{u}}_1^i,\tilde{\boldsymbol{u}}_1^i,\boldsymbol{c}_1^N)]$，并可以通过发送全 0 码字来分析。

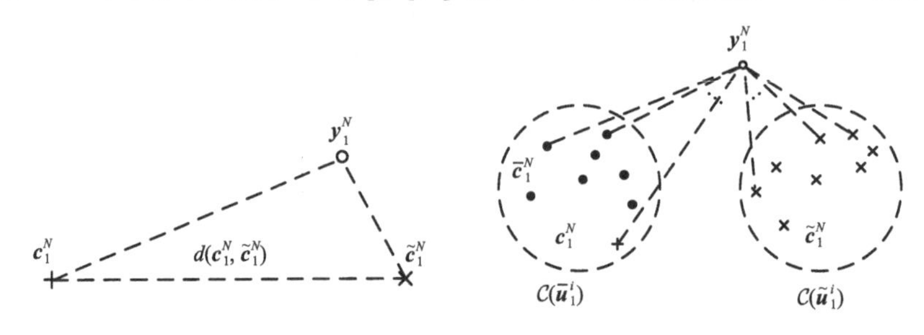

(a) 码字成对错误　　(b) 码字簇成对错误

图 3.3.6　码字簇与码字的成对错误示意图

引理 3.3.1　在二进制输入无记忆对称信道中，若 $\forall\bar{\boldsymbol{u}}_1^i\neq\tilde{\boldsymbol{u}}_1^i,\forall\boldsymbol{c}_1^N\in\mathcal{C}(\bar{\boldsymbol{u}}_1^i)$，CPEP 可通过发送全 0 码字进行分析，即

$$P\left[E(\bar{\boldsymbol{u}}_1^i,\tilde{\boldsymbol{u}}_1^i,\boldsymbol{c}_1^N)\right]=P\left[E(\boldsymbol{0}_1^i,\bar{\boldsymbol{u}}_1^i\oplus\tilde{\boldsymbol{u}}_1^i,\boldsymbol{0}_1^N)\right]\tag{3.3.7}$$

式中，$\oplus$ 表示模 2 加法操作，即 $\bar{\boldsymbol{u}}_1^i\oplus\tilde{\boldsymbol{u}}_1^i=(\bar{u}_1\oplus\tilde{u}_1,\bar{u}_2\oplus\tilde{u}_2,\cdots,\bar{u}_i\oplus\tilde{u}_i)$。

证明：不失一般性，假设发送码字 $\boldsymbol{c}_1^N$ 为

$$\boldsymbol{c}_1^N=(\overline{\boldsymbol{u}}_1^i,\dot{\boldsymbol{u}}_{i+1}^N)\boldsymbol{G}_N\in\mathcal{C}(\overline{\boldsymbol{u}}_1^i) \tag{3.3.8}$$

式中，$\dot{\boldsymbol{u}}_{i+1}^N\in\{0,1\}^{N-i}$。对于任意码字 $\overline{\boldsymbol{c}}_1^N=(\overline{\boldsymbol{u}}_1^i,\boldsymbol{u}_{i+1}^N)\boldsymbol{G}_N\in\mathcal{C}(\overline{\boldsymbol{u}}_1^i)$，$\boldsymbol{u}_{i+1}^N\in\{0,1\}^{N-i}$，存在向量 $\boldsymbol{a}_1^N=(\boldsymbol{0}_1^i,\boldsymbol{u}_{i+1}^N\oplus\dot{\boldsymbol{u}}_{i+1}^N)\boldsymbol{G}_N\in\mathcal{C}(\boldsymbol{0}_1^i)$，使得 $\overline{\boldsymbol{c}}_1^N=\boldsymbol{a}_1^N\oplus\boldsymbol{c}_1^N$，并且有如下关系：

$$\sum_{\overline{\boldsymbol{c}}_1^N\in\mathcal{C}(\overline{\boldsymbol{u}}_1^i)}W(\boldsymbol{y}_1^N\mid\overline{\boldsymbol{c}}_1^N)=\sum_{\boldsymbol{a}_1^N\in\mathcal{C}(\boldsymbol{0}_1^i)}W(\boldsymbol{y}_1^N\mid\boldsymbol{a}_1^N\oplus\boldsymbol{c}_1^N) \tag{3.3.9}$$

类似地，对于任意码字 $\tilde{\boldsymbol{c}}_1^N=(\tilde{\boldsymbol{u}}_1^i,\boldsymbol{u}_{i+1}^N)\boldsymbol{G}_N\in\mathcal{C}(\tilde{\boldsymbol{u}}_1^i)$，存在向量 $\boldsymbol{b}_1^N=(\overline{\boldsymbol{u}}_1^i\oplus\tilde{\boldsymbol{u}}_1^i,\boldsymbol{u}_{i+1}^N\oplus\dot{\boldsymbol{u}}_{i+1}^N)\boldsymbol{G}_N\in\mathcal{C}(\overline{\boldsymbol{u}}_1^i\oplus\tilde{\boldsymbol{u}}_1^i)$，使得 $\tilde{\boldsymbol{c}}_1^N=\boldsymbol{b}_1^N\oplus\boldsymbol{c}_1^N$，并且存在如下关系：

$$\sum_{\tilde{\boldsymbol{c}}_1^N\in\mathcal{C}(\tilde{\boldsymbol{u}}_1^i)}W(\boldsymbol{y}_1^N\mid\tilde{\boldsymbol{c}}_1^N)=\sum_{\boldsymbol{b}_1^N\in\mathcal{C}(\overline{\boldsymbol{u}}_1^i\oplus\tilde{\boldsymbol{u}}_1^i)}W(\boldsymbol{y}_1^N\mid\boldsymbol{b}_1^N\oplus\boldsymbol{c}_1^N) \tag{3.3.10}$$

令向量 $\boldsymbol{z}_1^N$ 中的每个元素满足

$$z_j=\begin{cases}y_j, & c_j=0\\ y_j^*, & c_j=1\end{cases},\quad j=1,2,\cdots,N \tag{3.3.11}$$

式中，y_j 和 c_j 分别为序列 $\boldsymbol{y}_1^N$ 和 $\boldsymbol{c}_1^N$ 的第 j 位元素；y_j^* 表示 y_j 的共轭符号。在二进制输入无记忆对称信道中，转移概率 $W(y_j\mid 0)=W(y_j^*\mid 1)$ 成立。因此，存在如下关系：

$$W(\boldsymbol{y}_1^N\mid\boldsymbol{a}_1^N\oplus\boldsymbol{c}_1^N)=W(\boldsymbol{z}_1^N\mid\boldsymbol{a}_1^N) \tag{3.3.12}$$

$$W(\boldsymbol{y}_1^N\mid\boldsymbol{b}_1^N\oplus\boldsymbol{c}_1^N)=W(\boldsymbol{z}_1^N\mid\boldsymbol{b}_1^N) \tag{3.3.13}$$

根据式(3.3.9)、式(3.3.10)、式(3.3.12)和式(3.3.13)，可知

$$\sum_{\overline{\boldsymbol{c}}_1^N\in\mathcal{C}(\overline{\boldsymbol{u}}_1^i)}W(\boldsymbol{y}_1^N\mid\overline{\boldsymbol{c}}_1^N)=\sum_{\boldsymbol{a}_1^N\in\mathcal{C}(\boldsymbol{0}_1^i)}W(\boldsymbol{z}_1^N\mid\boldsymbol{a}_1^N) \tag{3.3.14}$$

$$\sum_{\tilde{\boldsymbol{c}}_1^N\in\mathcal{C}(\tilde{\boldsymbol{u}}_1^i)}W(\boldsymbol{y}_1^N\mid\tilde{\boldsymbol{c}}_1^N)=\sum_{\boldsymbol{b}_1^N\in\mathcal{C}(\overline{\boldsymbol{u}}_1^i\oplus\tilde{\boldsymbol{u}}_1^i)}W(\boldsymbol{z}_1^N\mid\boldsymbol{b}_1^N) \tag{3.3.15}$$

根据式(3.3.14)和式(3.3.15)，对于任意向量 $\boldsymbol{y}_1^N$，存在如下关系：

$$\boldsymbol{y}_1^N\in\left\{\boldsymbol{y}_1^N\left|\sum_{\overline{\boldsymbol{c}}_1^N\in\mathcal{C}(\overline{\boldsymbol{u}}_1^i)}W(\boldsymbol{y}_1^N\mid\overline{\boldsymbol{c}}_1^N)<\sum_{\tilde{\boldsymbol{c}}_1^N\in\mathcal{C}(\tilde{\boldsymbol{u}}_1^i)}W(\boldsymbol{y}_1^N\mid\tilde{\boldsymbol{c}}_1^N)\right.\right\}=:E(\overline{\boldsymbol{u}}_1^i,\tilde{\boldsymbol{u}}_1^i,\boldsymbol{c}_1^N) \tag{3.3.16}$$

式中，“=:”表示“定义为”。根据式(3.3.11)，存在向量 $\boldsymbol{z}_1^N$ 满足

$$
\begin{aligned}
\boldsymbol{z}_1^N \in & \left\{ \boldsymbol{z}_1^N \left| \sum_{\boldsymbol{a}_1^N \in \mathcal{C}(\mathbf{0}_1^i)} W(\boldsymbol{z}_1^N \mid \boldsymbol{a}_1^N) < \sum_{\boldsymbol{b}_1^N \in \mathcal{C}(\bar{\boldsymbol{u}}_1^i \oplus \tilde{\boldsymbol{u}}_1^i)} W(\boldsymbol{z}_1^N \mid \boldsymbol{b}_1^N) \right. \right\} \\
& =: E(\mathbf{0}_1^i, \bar{\boldsymbol{u}}_1^i \oplus \tilde{\boldsymbol{u}}_1^i, \mathbf{0}_1^N)
\end{aligned} \tag{3.3.17}
$$

进一步，根据式(3.3.12)，转移概率 $W(\boldsymbol{y}_1^N \mid \boldsymbol{c}_1^N)$ 和 $W(\boldsymbol{z}_1^N \mid \mathbf{0}_1^N)$ 的关系为

$$
W(\boldsymbol{y}_1^N \mid \boldsymbol{c}_1^N) = W(\boldsymbol{z}_1^N \mid \boldsymbol{c}_1^N \oplus \boldsymbol{c}_1^N) = W(\boldsymbol{z}_1^N \mid \mathbf{0}_1^N) \tag{3.3.18}
$$

最后，根据式(3.3.5)、式(3.3.16)～式(3.3.18)，可得

$$
\begin{aligned}
P\left[E(\bar{\boldsymbol{u}}_1^i, \tilde{\boldsymbol{u}}_1^i, \boldsymbol{c}_1^N)\right] &= \sum_{\boldsymbol{y}_1^N \in E(\bar{\boldsymbol{u}}_1^i, \tilde{\boldsymbol{u}}_1^i, \boldsymbol{c}_1^N)} W(\boldsymbol{y}_1^N \mid \boldsymbol{c}_1^N) \\
&= \sum_{\boldsymbol{z}_1^N \in E(\mathbf{0}_1^i, \bar{\boldsymbol{u}}_1^i \oplus \tilde{\boldsymbol{u}}_1^i, \mathbf{0}_1^N)} W(\boldsymbol{z}_1^N \mid \mathbf{0}_1^N) \\
&= P\left[E(\mathbf{0}_1^i, \bar{\boldsymbol{u}}_1^i \oplus \tilde{\boldsymbol{u}}_1^i, \mathbf{0}_1^N)\right]
\end{aligned} \tag{3.3.19}
$$

证明完毕。

引理 3.3.1 表明，在二元输入无记忆对称信道中，可假设发送全 0 码字来对 CPEP 进行分析。但是，精确获取 CPEP 的解析表达式还存在困难。为了展现 CPEP 对于 PCC 极化码构造的有效性，以路径度量值为桥梁，对 CPEP 的计算做出一些近似性的探索。接下来将详细介绍基于 CPEP 的构造思路。

3. CPEP 最小的 PCC 极化码构造

1) CPEP 与路径度量值的关系

下面详细介绍 CPEP 与路径度量值的关系。给定参数 $(N, K, \mathcal{I})$ 极化码，发送全 0 码字 $\mathbf{0}_1^N \in \mathcal{C}(\mathbf{0}_1^i)$，接收向量 $\boldsymbol{y}_1^N$，根据文献[2]和文献[5]，正确路径 $\mathbf{0}_1^i$ 与错误路径 $\tilde{\boldsymbol{u}}_1^i$ 的路径度量值分别表达为

$$
W_N^{(i)}(\boldsymbol{y}_1^N, \mathbf{0}_1^{i-1} \mid 0) = \frac{1}{2^{N-1}} \sum_{\boldsymbol{u}_{i+1}^N \in \{0,1\}^{N-i}} W(\boldsymbol{y}_1^N \mid (\mathbf{0}_1^i, \boldsymbol{u}_{i+1}^N) \boldsymbol{G}_N) \tag{3.3.20}
$$

$$
W_N^{(i)}(\boldsymbol{y}_1^N, \tilde{\boldsymbol{u}}_1^{i-1} \mid \tilde{u}_i) = \frac{1}{2^{N-1}} \sum_{\boldsymbol{u}_{i+1}^N \in \{0,1\}^{N-i}} W(\boldsymbol{y}_1^N \mid (\tilde{\boldsymbol{u}}_1^i, \boldsymbol{u}_{i+1}^N) \boldsymbol{G}_N) \tag{3.3.21}
$$

根据式(3.3.5)、式(3.3.20)和式(3.3.21)，可得

$$P\left[E(\mathbf{0}_1^i,\tilde{\boldsymbol{u}}_1^i,\mathbf{0}_1^N)\right]=P\left[W_N^{(i)}(\boldsymbol{y}_1^N,\mathbf{0}_1^{i-1}\mid 0)<W_N^{(i)}(\boldsymbol{y}_1^N,\tilde{\boldsymbol{u}}_1^{i-1}\mid \tilde{u}_i)\right] \tag{3.3.22}$$

从路径度量值的角度说明，CPEP 值 $P\left[E(\mathbf{0}_1^i,\tilde{\boldsymbol{u}}_1^i,\mathbf{0}_1^N)\right]$ 为正确路径 $\mathbf{0}_1^i$ 的度量值 $W_N^{(i)}(\boldsymbol{y}_1^N,\mathbf{0}_1^{i-1}\mid 0)$ 小于给定的错误路径 $\tilde{\boldsymbol{u}}_1^i$ 的度量值 $W_N^{(i)}(\boldsymbol{y}_1^N,\tilde{\boldsymbol{u}}_1^{i-1}\mid \tilde{u}_i)$ 的概率，即 CPEP 值越小，正确路径 $\mathbf{0}_1^i$ 相比错误路径 $\tilde{\boldsymbol{u}}_1^i$ 更不易被淘汰。令 $\tilde{\boldsymbol{u}}_1^i=(\mathbf{0}_1^{i-1},1)$，根据式(3.3.22)，一类特殊的 CPEP 值计算如下：

$$\begin{aligned}P\left[E(\mathbf{0}_1^i,(\mathbf{0}_1^{i-1},1),\mathbf{0}_1^N)\right]&=P\left[W_N^{(i)}(\boldsymbol{y}_1^N,\mathbf{0}_1^{i-1}\mid 0)<W_N^{(i)}(\boldsymbol{y}_1^N,\mathbf{0}_1^{i-1}\mid 1)\right]\\&=P\left[\log_2\frac{W_N^{(i)}(\boldsymbol{y}_1^N,\mathbf{0}_1^{i-1}\mid 0)}{W_N^{(i)}(\boldsymbol{y}_1^N,\mathbf{0}_1^{i-1}\mid 1)}<0\right]\end{aligned} \tag{3.3.23}$$

明显地，式(3.3.23)表明，这类特殊的 CPEP 值 $P\left[E(\mathbf{0}_1^i,(\mathbf{0}_1^{i-1},1),\mathbf{0}_1^N)\right]$ 为极化码比特信道 $W_N^{(i)}$ 的错误概率，可由信道输出符号量化、高斯近似等方法估计得到。

进一步，在 AWGN 信道和 BPSK 调制下，第 i 个比特信道的转移概率计算为

$$W_N^{(i)}(c_i)=\frac{1}{\sqrt{2\pi}\sigma}\mathrm{e}^{-\frac{(y_i-\mu(c_i))^2}{2\sigma^2}} \tag{3.3.24}$$

式中，$\mu(c_i)$ 表示 c_i 调制后的符号值，如 BPSK 调制后，$\mu(0)=1$，$\mu(1)=-1$；σ^2 为噪声方差。通过将所有比特信道转移概率相乘，可得到转移概率 $W(\boldsymbol{y}_1^N\mid \mathbf{0}_1^N)$ 为

$$W(\boldsymbol{y}_1^N\mid \mathbf{0}_1^N)=\prod_{i=1}^{N}W_N^{(i)}(c_i)=\left(\frac{1}{\sqrt{2\pi\sigma^2}}\right)^N\mathrm{e}^{-\frac{1}{2\sigma^2}\|\boldsymbol{y}_1^N-\mathbf{1}_1^N\|_2^2} \tag{3.3.25}$$

式中，$\mathbf{1}_1^N$ 表示维度为 $1\times N$ 的全 1 向量，为全零向量经过 BPSK 调制后得到；$\|\cdot\|_2^2$ 表示 2 范数 $\|\cdot\|_2$ 的平方。因此，CPEP 值计算如下：

$$\begin{aligned}P\left[E(\mathbf{0}_1^i,\tilde{\boldsymbol{u}}_1^i,\mathbf{0}_1^N)\right]&=\sum_{\boldsymbol{y}_1^N\in E(\mathbf{0}_1^i,\tilde{\boldsymbol{u}}_1^i,\mathbf{0}_1^N)}W(\boldsymbol{y}_1^N\mid \mathbf{0}_1^N)\\&=\int_{\boldsymbol{y}_1^N\in E(\mathbf{0}_1^i,\tilde{\boldsymbol{u}}_1^i,\mathbf{0}_1^N)}\left(\frac{1}{\sqrt{2\pi\sigma^2}}\right)^N\mathrm{e}^{-\frac{1}{2\sigma^2}\|\boldsymbol{y}_1^N-\mathbf{1}_1^N\|_2^2}\mathrm{d}y_1\cdots\mathrm{d}y_N\\&=\left(\frac{1}{\sqrt{2\pi\sigma^2}}\right)^N\int_{\boldsymbol{y}_1^N\in E(\mathbf{0}_1^i,\tilde{\boldsymbol{u}}_1^i,\mathbf{0}_1^N)}\mathrm{e}^{-\frac{1}{2\sigma^2}\|\boldsymbol{y}_1^N-\mathbf{1}_1^N\|_2^2}\mathrm{d}y_1\cdots\mathrm{d}y_N\end{aligned} \tag{3.3.26}$$

在 AWGN 信道中，根据式(3.3.4)，集合 $E(\mathbf{0}_1^i,\tilde{\boldsymbol{u}}_1^i,\mathbf{0}_1^N)$ 可进一步表达为

$$
\begin{aligned}
E(\mathbf{0}_1^i,\tilde{\boldsymbol{u}}_1^i,\mathbf{0}_1^N) &= \left\{ \boldsymbol{y}_1^N \left| \sum_{\bar{c}_1^N \in \mathcal{C}(\mathbf{0}_1^i)} W(\boldsymbol{y}_1^N \mid \bar{\boldsymbol{c}}_1^N) < \sum_{\tilde{c}_1^N \in \mathcal{C}(\tilde{\boldsymbol{u}}_1^i)} W(\boldsymbol{y}_1^N \mid \tilde{\boldsymbol{c}}_1^N) \right. \right\} \\
&= \left\{ \boldsymbol{y}_1^N \left| \sum_{\bar{c}_1^N \in \mathcal{C}(\mathbf{0}_1^i)} \mathrm{e}^{\frac{-\|\boldsymbol{y}_1^N-\bar{\boldsymbol{x}}_1^N\|_2^2}{2\sigma^2}} < \sum_{\tilde{c}_1^N \in \mathcal{C}(\tilde{\boldsymbol{u}}_1^i)} \mathrm{e}^{\frac{-\|\boldsymbol{y}_1^N-\tilde{\boldsymbol{x}}_1^N\|_2^2}{2\sigma^2}} \right. \right\} \\
&= \left\{ \boldsymbol{y}_1^N \left| \sum_{\bar{c}_1^N \in \mathcal{C}(\mathbf{0}_1^i)} \mathrm{e}^{\frac{\left\langle \boldsymbol{y}_1^N,\bar{\boldsymbol{x}}_1^N \right\rangle}{\sigma^2}} < \sum_{\tilde{c}_1^N \in \mathcal{C}(\tilde{\boldsymbol{u}}_1^i)} \mathrm{e}^{\frac{\left\langle \boldsymbol{y}_1^N,\tilde{\boldsymbol{x}}_1^N \right\rangle}{\sigma^2}} \right. \right\}
\end{aligned}
\tag{3.3.27}
$$

式中，向量 $\bar{\boldsymbol{x}}_1^N$ 和 $\tilde{\boldsymbol{x}}_1^N$ 分别表示码字 $\bar{\boldsymbol{c}}_1^N$ 和 $\tilde{\boldsymbol{c}}_1^N$ 的调制向量；$\langle \boldsymbol{x},\boldsymbol{y} \rangle$ 表示向量 $\boldsymbol{x}$ 和 $\boldsymbol{y}$ 的内积。明显地，式(3.3.27)的右侧项可以进一步表达为

$$
\begin{aligned}
\sum_{\tilde{c}_1^N \in \mathcal{C}(\tilde{\boldsymbol{u}}_1^i)} \mathrm{e}^{\frac{\left\langle \boldsymbol{y}_1^N,\tilde{\boldsymbol{x}}_1^N \right\rangle}{\sigma^2}} &= \sum_{\tilde{c}_1^N \in \mathcal{C}(\tilde{\boldsymbol{u}}_1^i)} \mathrm{e}^{\frac{\left\langle \boldsymbol{y}_1^N-\mathbf{1}_1^N+\mathbf{1}_1^N,\tilde{\boldsymbol{x}}_1^N \right\rangle}{\sigma^2}} \\
&= \sum_{\tilde{c}_1^N \in \mathcal{C}(\tilde{\boldsymbol{u}}_1^i)} \mathrm{e}^{\frac{\left\langle \boldsymbol{y}_1^N-\mathbf{1}_1^N,\tilde{\boldsymbol{x}}_1^N \right\rangle + \left\langle \mathbf{1}_1^N,\tilde{\boldsymbol{x}}_1^N \right\rangle}{\sigma^2}} \\
&\leqslant \sum_{\tilde{c}_1^N \in \mathcal{C}(\tilde{\boldsymbol{u}}_1^i)} \mathrm{e}^{\frac{\|\boldsymbol{y}_1^N-\mathbf{1}_1^N\|_2 \times \|\tilde{\boldsymbol{x}}_1^N\|_2 + \left\langle \mathbf{1}_1^N,\tilde{\boldsymbol{x}}_1^N \right\rangle}{\sigma^2}} \\
&= \mathrm{e}^{\frac{\|\boldsymbol{y}_1^N-\mathbf{1}_1^N\|_2 \sqrt{N}}{\sigma^2}} \sum_{\tilde{c}_1^N \in \mathcal{C}(\tilde{\boldsymbol{u}}_1^i)} \mathrm{e}^{\frac{\left\langle \mathbf{1}_1^N,\tilde{\boldsymbol{x}}_1^N \right\rangle}{\sigma^2}} \\
&= \mathrm{e}^{\frac{\|\boldsymbol{y}_1^N-\mathbf{1}_1^N\|_2 \sqrt{N}+N}{\sigma^2}} \sum_{\tilde{c}_1^N \in \mathcal{C}(\tilde{\boldsymbol{u}}_1^i)} \mathrm{e}^{\frac{-2\mathrm{wt}(\tilde{c}_1^N)}{\sigma^2}} \\
&= \mathrm{e}^{\frac{\|\boldsymbol{y}_1^N-\mathbf{1}_1^N\|_2 \sqrt{N}+N}{\sigma^2}} \rho\left[\mathcal{C}(\tilde{\boldsymbol{u}}_1^i)\right]
\end{aligned}
\tag{3.3.28}
$$

式中，向量 $\tilde{\boldsymbol{x}}_1^N$ 的 2 范数 $\|\tilde{\boldsymbol{x}}_1^N\|_2=\sqrt{N}$；内积 $\left\langle \mathbf{1}_1^N,\tilde{\boldsymbol{x}}_1^N \right\rangle = N-2\mathrm{wt}(\tilde{\boldsymbol{c}}_1^N)$；$\mathrm{wt}(\tilde{\boldsymbol{c}}_1^N)$ 表示码字 $\tilde{\boldsymbol{c}}_1^N$ 的汉明重量。当采用 BPSK 调制时，编码比特 0、1 分别被映射为 1、−1，式(3.3.28)中的参数 $\rho\left[\mathcal{C}(\tilde{\boldsymbol{u}}_1^i)\right]$ 仅由码字簇 $\mathcal{C}(\tilde{\boldsymbol{u}}_1^i)$ 中的码字汉明重量确定，定义为

$$
\rho\left[\mathcal{C}(\tilde{\boldsymbol{u}}_1^i)\right] = \sum_{\tilde{c}_1^N \in \mathcal{C}(\tilde{\boldsymbol{u}}_1^i)} \mathrm{e}^{\frac{-2\mathrm{wt}(\tilde{c}_1^N)}{\sigma^2}}
\tag{3.3.29}
$$

根据式(3.3.28)，定义新集合 $E'(\mathbf{0}_1^i,\tilde{\boldsymbol{u}}_1^i,\mathbf{0}_1^N)$ 为

$$
\begin{aligned}
E'(\mathbf{0}_1^i,\tilde{\boldsymbol{u}}_1^i,\mathbf{0}_1^N) &= \left\{ \boldsymbol{y}_1^N \left| \sum_{\tilde{\boldsymbol{c}}_1^N \in \mathcal{C}(\mathbf{0}_1^i)} \mathrm{e}^{\frac{\langle \boldsymbol{y}_1^N,\bar{\boldsymbol{x}}_1^N\rangle}{\sigma^2}} < \mathrm{e}^{\frac{\|\boldsymbol{y}_1^N-\mathbf{1}_1^N\|_2\sqrt{N}+N}{\sigma^2}} \sum_{\tilde{\boldsymbol{c}}_1^N \in \mathcal{C}(\tilde{\boldsymbol{u}}_1^i)} \mathrm{e}^{\frac{-2\mathrm{wt}(\tilde{\boldsymbol{c}}_1^N)}{\sigma^2}} \right. \right\} \\
&= \left\{ \boldsymbol{y}_1^N \left| \mathrm{e}^{\frac{-\|\boldsymbol{y}_1^N-\mathbf{1}_1^N\|_2\sqrt{N}-N}{\sigma^2}} \sum_{\tilde{\boldsymbol{c}}_1^N \in \mathcal{C}(\mathbf{0}_1^i)} \mathrm{e}^{\frac{\langle \boldsymbol{y}_1^N,\bar{\boldsymbol{x}}_1^N\rangle}{\sigma^2}} < \sum_{\tilde{\boldsymbol{c}}_1^N \in \mathcal{C}(\tilde{\boldsymbol{u}}_1^i)} \mathrm{e}^{\frac{-2\mathrm{wt}(\tilde{\boldsymbol{c}}_1^N)}{\sigma^2}} \right. \right\} \\
&= \left\{ \boldsymbol{y}_1^N \left| \mathrm{e}^{\frac{-\|\boldsymbol{y}_1^N-\mathbf{1}_1^N\|_2\sqrt{N}-N}{\sigma^2}} \sum_{\tilde{\boldsymbol{c}}_1^N \in \mathcal{C}(\mathbf{0}_1^i)} \mathrm{e}^{\frac{\langle \boldsymbol{y}_1^N,\bar{\boldsymbol{x}}_1^N\rangle}{\sigma^2}} < \rho\left[\mathcal{C}(\tilde{\boldsymbol{u}}_1^i)\right] \right. \right\}
\end{aligned}
\tag{3.3.30}
$$

根据式(3.3.28)和式(3.3.30)，对于任意 $\boldsymbol{y}_1^N \in E(\mathbf{0}_1^i,\tilde{\boldsymbol{u}}_1^i,\mathbf{0}_1^N)$，存在 $\boldsymbol{y}_1^N \in E'(\mathbf{0}_1^i,\tilde{\boldsymbol{u}}_1^i,\mathbf{0}_1^N)$，即 $E(\mathbf{0}_1^i,\tilde{\boldsymbol{u}}_1^i,\mathbf{0}_1^N) \subset E'(\mathbf{0}_1^i,\tilde{\boldsymbol{u}}_1^i,\mathbf{0}_1^N)$，概率 $P\left[E'(\mathbf{0}_1^i,\tilde{\boldsymbol{u}}_1^i,\mathbf{0}_1^N)\right]$ 即为 CPEP 的上界：

$$
P\left[E(\mathbf{0}_1^i,\tilde{\boldsymbol{u}}_1^i,\mathbf{0}_1^N)\right] \leqslant P\left[E'(\mathbf{0}_1^i,\tilde{\boldsymbol{u}}_1^i,\mathbf{0}_1^N)\right] \tag{3.3.31}
$$

进一步，CPEP 上界 $P\left[E'(\mathbf{0}_1^i,\tilde{\boldsymbol{u}}_1^i,\mathbf{0}_1^N)\right]$ 与 $W_N^{(i)}(\mathbf{1}_1^N,\tilde{\boldsymbol{u}}_1^{i-1}\mid\tilde{u}_i)$ 之间的关系如下。

引理 3.3.2　CPEP 的上界 $P\left[E'(\mathbf{0}_1^i,\tilde{\boldsymbol{u}}_1^i,\mathbf{0}_1^N)\right]$ 与 $W_N^{(i)}(\mathbf{1}_1^N,\tilde{\boldsymbol{u}}_1^{i-1}\mid\tilde{u}_i)$ 呈单调递增关系，其中，$W_N^{(i)}(\mathbf{1}_1^N,\tilde{\boldsymbol{u}}_1^{i-1}\mid\tilde{u}_i)$ 表示 $\boldsymbol{y}_1^N=\mathbf{1}_1^N$ 时错误路径 $\tilde{\boldsymbol{u}}_1^i$ 的概率度量值。

主要证明如下：

在采用 AWGN 信道和 BPSK 调制，且 SCL 译码器输入全 1 序列时，路径 $\tilde{\boldsymbol{u}}_1^i$ 的路径度量值为[1]

$$
\begin{aligned}
& W_N^{(i)}(\mathbf{1}_1^N,\tilde{\boldsymbol{u}}_1^{i-1}\mid\tilde{u}_i) \\
&= \frac{1}{2^{N-1}} \sum_{\boldsymbol{u}_{i+1}^N \in \{0,1\}^{N-i}} W(\mathbf{1}_1^N \mid (\tilde{\boldsymbol{u}}_1^i,\tilde{\boldsymbol{u}}_{i+1}^N)\boldsymbol{G}_N) \\
&= \frac{1}{2^{N-1}} \sum_{\tilde{\boldsymbol{c}}_1^N \in \mathcal{C}(\tilde{\boldsymbol{u}}_1^i)} W(\mathbf{1}_1^N \mid \tilde{\boldsymbol{c}}_1^N) \\
&= \frac{1}{2^{N-1}} \sum_{\tilde{\boldsymbol{c}}_1^N \in \mathcal{C}(\tilde{\boldsymbol{u}}_1^i)} \left(\frac{1}{\sqrt{2\pi\sigma^2}}\right)^N \mathrm{e}^{\frac{-1}{2\sigma^2}\|\mathbf{1}_1^N-\tilde{\boldsymbol{x}}_1^N\|_2^2} \\
&= \frac{1}{2^{N-1}} \left(\frac{1}{\sqrt{2\pi\sigma^2}}\right)^N \sum_{\tilde{\boldsymbol{c}}_1^N \in \mathcal{C}(\tilde{\boldsymbol{u}}_1^i)} \mathrm{e}^{\frac{-1}{2\sigma^2}\left(\|\mathbf{1}_1^N\|_2^2+\|\tilde{\boldsymbol{x}}_1^N\|_2^2-2\langle \mathbf{1}_1^N,\tilde{\boldsymbol{x}}_1^N\rangle\right)} \\
&= \frac{1}{2^{N-1}} \left(\frac{1}{\sqrt{2\pi\sigma^2}}\right)^N \sum_{\tilde{\boldsymbol{c}}_1^N \in \mathcal{C}(\tilde{\boldsymbol{u}}_1^i)} \mathrm{e}^{\frac{-2\mathrm{wt}(\tilde{\boldsymbol{c}}_1^N)}{\sigma^2}} \\
&= \frac{1}{2^{N-1}} \left(\frac{1}{\sqrt{2\pi\sigma^2}}\right)^N \rho\left[\mathcal{C}(\tilde{\boldsymbol{u}}_1^i)\right]
\end{aligned}
\tag{3.3.32}
$$

根据式(3.3.30)和式(3.3.32)，CPEP 上界 $P\left[E'(\mathbf{0}_1^i,\tilde{\boldsymbol{u}}_1^i,\mathbf{0}_1^N)\right]$ 和路径度量值 $W_N^{(i)}(\mathbf{1}_1^N,\tilde{\boldsymbol{u}}_1^{i-1}|\tilde{u}_i)$ 均与 $\rho\left[\mathcal{C}(\tilde{\boldsymbol{u}}_1^i)\right]$ 呈单调递增关系。因此，CPEP 上界 $P\left[E'(\mathbf{0}_1^i,\tilde{\boldsymbol{u}}_1^i,\mathbf{0}_1^N)\right]$ 也与路径度量值 $W_N^{(i)}(\mathbf{1}_1^N,\tilde{\boldsymbol{u}}_1^{i-1}|\tilde{u}_i)$ 呈单调递增关系。

证明完毕。

2) 校验方程构造

前面介绍了 CPEP 与 SCL 译码中路径度量值的关系，接下来主要介绍基于 CPEP 的 PCC 极化码构造模型。其核心思想为：在给定信息比特索引集合 $\mathcal{I}$ 、校验比特索引集合 $\mathcal{P}$ 的条件下，以降低 SCL 译码消失错误为目标，构造 PCC 极化码的 M 个校验方程 $\mathcal{T}_m(m=1,2,\cdots,M)$ 。

CPEP 之和在一定程度上反映了 SCL 译码过程中正确路径从列表中消失的特性。基于该现象，建立以降低 CPEP 之和 $\sum\limits_{\tilde{\boldsymbol{u}}_1^{p_m}\neq\mathbf{0}_1^{p_m}} P\left[E(\mathbf{0}_1^{p_m},\tilde{\boldsymbol{u}}_1^{p_m},\mathbf{0}_1^N)\right]$ 为目标的校验关系集合 $\mathcal{T}_m$ 的优化构造模型如下：

$$\mathcal{T}_m=\arg\min_{\mathcal{T}_m'}\sum_{\tilde{\boldsymbol{u}}_1^{p_m}\in\mathcal{U}(\mathcal{T}_1,\cdots,\mathcal{T}_{m-1},\mathcal{T}_m')}P\left[E(\mathbf{0}_1^{p_m},\tilde{\boldsymbol{u}}_1^{p_m},\mathbf{0}_1^N)\right] \tag{3.3.33}$$

式中，$\mathcal{T}_m'$ 表示当前构造的校验方程存在的可能情况；$\mathcal{U}(\mathcal{T}_1,\cdots,\mathcal{T}_{m-1},\mathcal{T}_m')$ 表示包含有效错误路径的集合，即集合中的任意一条错误路径 $\tilde{\boldsymbol{u}}_1^{p_m}$ 满足 $\tilde{\boldsymbol{u}}_1^{p_m}\neq\mathbf{0}_1^{p_m}$ ，并且存在如下公式：

$$\tilde{u}_j=\begin{cases}0\text{或}1, & j\in\{1,2,\cdots,p_m\}\cap\mathcal{I}\\ 0, & j\in\{1,2,\cdots,p_m\}\cap\mathcal{F}\\ \sum\limits_{i\in\mathcal{T}_t}\tilde{u}_i \bmod 2, & j=p_t\text{且}t=1,2,\cdots,m-1\\ \sum\limits_{i\in\mathcal{T}_m'}\tilde{u}_i \bmod 2, & j=p_m\end{cases} \tag{3.3.34}$$

式中，$\mathcal{F}$ 为冻结比特集合，即 $\mathcal{F}=\{1,2,\cdots,N\}\setminus(\mathcal{I}\cup\mathcal{P})$。由式(3.3.33)可知，$M$ 个校验方程按照从 $\mathcal{T}_1$ 至 $\mathcal{T}_M$ 的顺序依次构造。具体地，第 m 个校验方程根据已经构造的前 $m-1$ 个校验方程 $\mathcal{T}_t(t=1,2,\cdots,m-1)$ 按照式(3.3.33)优化得到，从而最小化第 m 个校验比特处的 CPEP 之和。由于每个校验方程 $\mathcal{T}_m$ 均在前 $m-1$ 个校验方程基础上优化得到，式(3.3.33)是 M 个校验方程的一种贪婪优化模型。

根据引理 3.3.2，CPEP 上界 $P\left[E'(\mathbf{0}_1^{p_m},\tilde{\boldsymbol{u}}_1^{p_m},\mathbf{0}_1^N)\right]$ 与错误路径度量值 $W_N^{(p_m)}(\mathbf{1}_1^N,\tilde{\boldsymbol{u}}_1^{p_m-1}|\tilde{u}_{p_m})$ 呈单调递增关系，而路径度量值 $W_N^{(p_m)}(\mathbf{1}_1^N,\tilde{\boldsymbol{u}}_1^{p_m-1}|\tilde{u}_{p_m})$ 相比 CPEP 及其上界更易被获取。因此，式(3.3.33)可简化为

$$\mathcal{T}_m = \arg\min_{\mathcal{T}'_m} \sum_{\tilde{\boldsymbol{u}}_1^{p_m} \in \mathcal{U}(\mathcal{T}_1,\cdots,\mathcal{T}_{m-1},\mathcal{T}'_m)} W_N^{(p_m)}(\mathbf{1}_1^N, \tilde{\boldsymbol{u}}_1^{p_m-1} \mid \tilde{u}_{p_m}) \tag{3.3.35}$$

为了求解式(3.3.35)，需要解决如下两个难题。

难题 1： 怎样缩小校验集合 $\mathcal{T}'_m$ 的搜索空间?

根据 PCC 极化码的结构，第 m 位校验比特仅与小于 p_m 的信息比特形成校验关系。记序号小于 p_m 的信息比特索引集合为

$$\mathcal{I}_m = \mathcal{I} \cap \{1,2,\cdots,p_m\} \tag{3.3.36}$$

则集合 $\mathcal{I}_m$ 中的信息比特可组成的校验方程的数量为 $2^{|\mathcal{I}_m|}$，即获取集合 $\mathcal{T}'_m$ 的搜索空间维度为 $2^{|\mathcal{I}_m|}$，其中，$|\mathcal{I}_m|$ 表示集合 $\mathcal{I}_m$ 的维度。当 $\mathcal{T}'_m$ 的取值为空集时，校验比特 u_{p_m} 退化为冻结比特。显而易见，随着 $\mathcal{I}_m$ 中元素个数的增加，全局搜索最优的校验方程复杂度过高，难以实现。若集合 $\mathcal{T}'_m$ 中的元素限定于一个更小的范围 $\tilde{\mathcal{I}}_m \subseteq \mathcal{I}_m$，且维度设定为 $|\tilde{\mathcal{I}}_m| = N_{\mathcal{I}}$，则 $\mathcal{T}'_m$ 的搜索复杂度可由 $O(2^{|\mathcal{I}_m|})$ 降低为 $O(2^{N_{\mathcal{I}}})$。错误概率更高的比特信道上更容易出现信息比特的误判，因此选择集合 $\mathcal{I}_m$ 中错误概率更高的 $N_{\mathcal{I}}$ 个信息比特位置构成集合 $\tilde{\mathcal{I}}_m$。根据获取的集合 $\tilde{\mathcal{I}}_m$，校验关系集合 $\mathcal{T}'_m$ 的搜索空间可被确定为

$$\boldsymbol{S}_m = \left\{\tilde{\mathcal{T}}_m \mid \tilde{\mathcal{T}}_m \subseteq \tilde{\mathcal{I}}_m\right\} \tag{3.3.37}$$

根据 $\mathcal{T}'_m$ 的搜索空间 $\boldsymbol{S}_m$，式(3.3.35)可转换为

$$\mathcal{T}_m = \arg\min_{\mathcal{T}'_m \in \boldsymbol{S}_m} \sum_{\tilde{\boldsymbol{u}}_1^{p_m} \in \mathcal{U}(\mathcal{T}_1,\cdots,\mathcal{T}_{m-1},\mathcal{T}'_m)} W_N^{(p_m)}(\mathbf{1}_1^N, \tilde{\boldsymbol{u}}_1^{p_m-1} \mid \tilde{u}_{p_m}) \tag{3.3.38}$$

难题 2： 怎样控制优化问题求解中的有效错误路径总数，即如何降低集合 $\mathcal{U}(\mathcal{T}_1,\cdots,\mathcal{T}_{m-1},\mathcal{T}'_m)$ 的维度?

根据有效错误路径集合 $\mathcal{U}(\mathcal{T}_1,\cdots,\mathcal{T}_{m-1},\mathcal{T}'_m)$ 的定义式(3.3.34)，校验比特 u_{p_m} 处的有效错误路径总数为 $2^{|\mathcal{I}_m|}-1$。因此，在校验比特 u_{p_m} 处，计算有效错误路径的度量值将具有较高的复杂度。为此，译码器采用一个列表大小为 J 的 SCL 译码器进行分析。当判决信息比特时，译码器保留度量值最可靠的路径，从而在校验比特 u_{p_m} 处近似得到路径度量值最可靠的 J 或 $J-1$ 条错误路径，并根据这些错误路径优化校验方程。根据该思路，式(3.3.38)中有效错误路径数量可由 $2^{|\mathcal{I}_m|}-1$ 减少至 J 或 $J-1$。

在 $\mathcal{T}_m(m=1,2,\cdots,M)$ 的构造过程中，SCL 译码器首先输入全 1 序列，即 $\boldsymbol{y}_1^N = \mathbf{1}_1^N$。其次，译码列表中的每条路径 $\dot{\boldsymbol{u}}_{1,l}^{i-1}(l=1,2,\cdots,J)$ 按照如下方式从比特 u_{i-1} 扩展至比特 u_i。

(1) 若 $i \in \mathcal{I}$（u_i 为信息比特），则每条路径 $\dot{\boldsymbol{u}}_{1,l}^{i-1}$ 扩展为两条子路径 $(\dot{\boldsymbol{u}}_{1,l}^{i-1},0)$ 和 $(\dot{\boldsymbol{u}}_{1,l}^{i-1},1)$，其中度量值最可靠的 J 条子路径被保留。

(2) 若 u_i 为冻结比特，则每条路径 $\dot{\boldsymbol{u}}_{1,l}^{i-1}$ 直接扩展为 $(\dot{\boldsymbol{u}}_{1,l}^{i-1},0)$。

(3) 若 u_i 为校验比特，存在 $i \in \mathcal{P}$，则校验关系集合 $\mathcal{T}_m$ 按照如下公式构造：

$$\mathcal{T}_m = \mathop{\arg\min}_{\mathcal{T}_m' \in \boldsymbol{S}_m} \sum_{\dot{\boldsymbol{u}}_{1,l}^{p_m} \neq \boldsymbol{0}_1^{p_m}, l=1,2,\cdots,J} W_N^{(p_m)}(\boldsymbol{1}_1^N, \tilde{\boldsymbol{u}}_1^{p_m-1} \mid \tilde{u}_{p_m}) \tag{3.3.39}$$

然后，每条路径 $\dot{\boldsymbol{u}}_{1,l}^{i-1}$ 扩展为 $\left(\dot{\boldsymbol{u}}_{1,l}^{i-1}, \dot{u}_{i,l} = \sum_{j \in \mathcal{T}_m} \dot{u}_{j,l} \bmod 2\right)$。

该构造算法中，SCL 译码器将在最后一个校验关系集合 $\mathcal{T}_M$ 确定之后终止路径度量值的计算和路径扩展，总共计算不超过 $2JN$ 次路径度量值。为便于读者理解，算法 3.3.1 总结了 CPEP 最小的 PCC 极化码构造。

算法 3.3.1 CPEP 最小的 PCC 极化码构造

输入：码长 N，校验比特数量 M，校验比特索引集合 $\mathcal{P}$，信息比特索引集合 $\mathcal{I}$，列表大小 J，AWGN 信道噪声方差 σ^2

输出：构造的 PCC 极化码 $(N, \mathcal{I}, \mathcal{P}, \{\mathcal{T}_m \mid m=1,2,\cdots,M\})$

1. SCL 译码器输入全 1 向量，即 $\boldsymbol{y}_1^N = \boldsymbol{1}_1^N$；
2. for $i=1$ to p_M
3.   if $i = p_m (m=1,2,\cdots,M)$
4.   根据式 (3.3.37) 确定校验方程的搜索空间 $\boldsymbol{S}_m$；
5.   根据式 (3.3.39) 优化得到校验关系集合 $\mathcal{T}_m$；
6.   将列表中的每条路径 $\dot{\boldsymbol{u}}_{1,l}^{i-1}$ 扩展为 $\left(\dot{\boldsymbol{u}}_{1,l}^{i-1}, \dot{u}_{i,l} = \sum_{j \in \mathcal{T}_m} \dot{u}_{j,l} \bmod 2\right)$；
7.   else if $i \in \mathcal{I}$
8.   记列表中路径总数为 L'，将列表中每条路径 $\dot{\boldsymbol{u}}_{1,l}^{i-1}$ 扩展为两条子路径 $(\dot{\boldsymbol{u}}_{1,l}^{i-1},0)$ 和 $(\dot{\boldsymbol{u}}_{1,l}^{i-1},1)$，若 $2L' < J$，保留扩展的所有子路径；否则根据路径度量值，保留 J 条最可靠的子路径；
9.   else
10.   将列表中的每条路径 $\dot{\boldsymbol{u}}_{1,l}^{i-1}$ 直接扩展为 $(\dot{\boldsymbol{u}}_{1,l}^{i-1},0)$；
11.   end if
12. end for

3.3.4　实验分析

本节对 AWGN 信道和 BPSK 调制时不同构造方式下的 PCC 极化码误帧率性能进行比较，其中，信道噪声方差$\sigma^2 = 1/(2RE_b / N_0)$。在 3.3.1 节所述随机构造中，信息比特参与校验方程的概率设定为$\alpha = 0.5$。在 3.3.2 节所述启发式构造中，突发错误段划分为 8 段。在 CPEP 最小的构造中，算法 3.3.1 中的参数$N_{\mathcal{I}}$设定为 10，即校验方程的搜索空间维度为$2^{N_{\mathcal{I}}} = 1024$，构造中路径总数的最大值设定为$J = 1024$。

图 3.3.7 展示了不同构造方案下的 PCC 极化码误帧率性能比较，其中，$N = 512$，$M = 16$，校验比特均匀地分散于外码码字中，SCL 译码器列表大小$L = 8$。明显地，在较高信噪比下，相比于随机构造，采用 CPEP 最小构造可显著提升 PCC 极化码纠错性能。

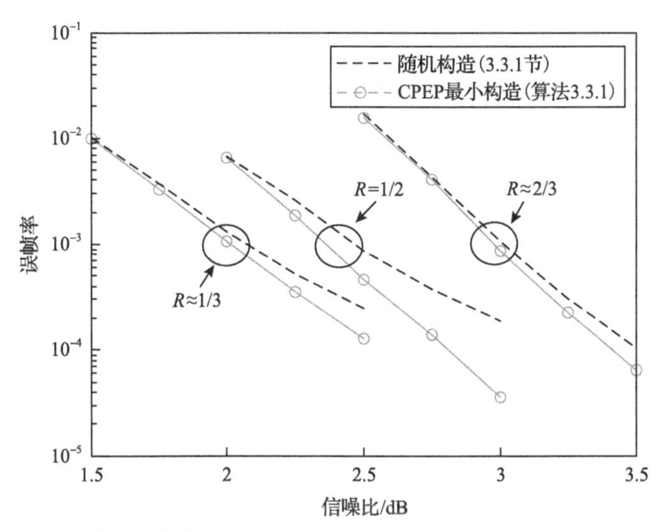

图 3.3.7　不同构造方案下的 PCC 极化码误帧率性能比较($N = 512, M = 16$)

$N = 512$、$M = 20$ 时不同构造方案下的 PCC 极化码误帧率性能比较如图 3.3.8 所示，其中，校验比特按照 3.3.2 节的准则 1 均匀地分散于 8 个突发错误段中。仿真结果表明，当码率较大时，在合理选择校验比特位置的前提下，基于随机构造方案可达到较好的纠错性能。相比随机构造和启发式构造，CPEP 最小构造方案在码率$R = 256/512 = 1/2$、$R = 341/512 \approx 2/3$时并无显著的性能提升，当码率为$R = 171/512 \approx 1/3$时 CPEP 最小构造方案可以获得显著性能增益。因此，CPEP 最小构造方法对于码率、校验比特的位置等参数具有更好的鲁棒性。

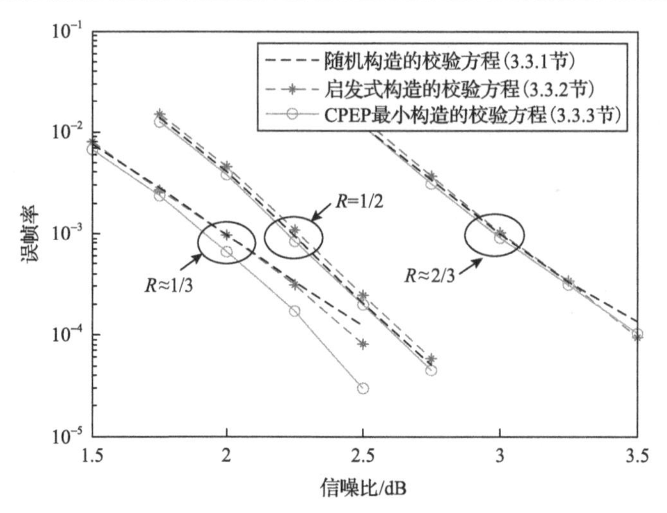

图 3.3.8　不同构造方案下的 PCC 极化码误帧率性能比较($N=512, M=20$)

3.4　编 码 优 势

为深入理解 PCC 极化码特点，本节总结了 PCC 极化码的三大编码优势：高可靠，纠错强；易级联，构造灵活；免同步，低开销。

1. 高可靠，纠错强

在纠错性能方面，校验比特分散于信息序列 $\boldsymbol{u}_1^N$ 中，可实时校验译码准确性，删除译码过程中的错误路径，保护正确路径，提升纠错性能。图 3.4.1 比较了传统

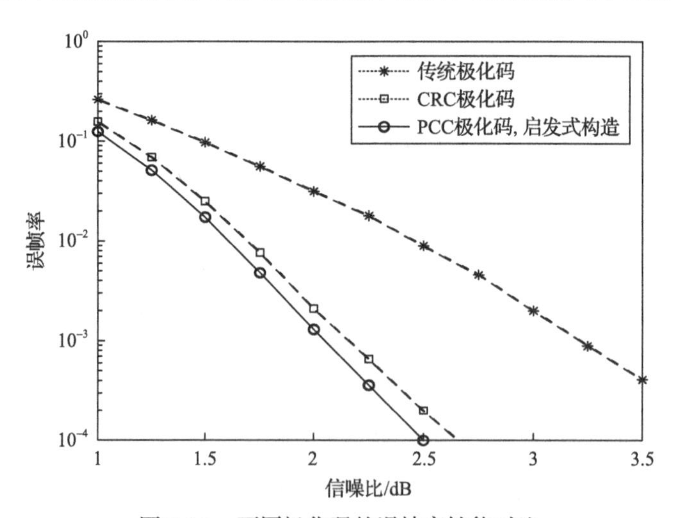

图 3.4.1　不同极化码的误帧率性能对比

极化码、CRC 极化码及 PCC 极化码的误帧率性能。图中，码长 $N = 512$ ，码率 $R = 0.5$ ，SCL 译码列表大小 L 均为 32；CRC 极化码中循环冗余长度 $L_{\mathrm{CRC}} = 8$ ，PCC 极化码按照 3.3 节中启发式构造获得，校验比特长度 $M = 20$ 。由图可见，PCC 极化码的纠错性能优于传统极化码及 CRC 极化码。当误帧率为 1×10^{-3} 时，PCC 极化码相比 CRC 极化码有近 0.1dB 的编码增益，相比传统极化码可获得 1.2dB 的编码增益。

2. 易级联，构造灵活

在构造方面，如 3.3 节所述，通过对 PCC 极化码校验比特位置和校验关系的优化构造，可以显著提升纠错性能。校验比特分散在序列 $\boldsymbol{u}_1^N$ 中，且校验比特值的获取方式可以根据不同的优化目标来确定，因此，PCC 极化码可构性强，具备更多的优化构造空间。常见的优化目标有：①增大极化码最小码间距，如 3.3.2 节介绍的基于比特信道错误概率的启发式构造；②降低正确路径被淘汰的概率，如 3.3.3 节介绍的 CPEP 最小构造。在未来通信中，可根据实际需求灵活构造，实现复杂通信场景下的高可靠传输。

在级联方面，极化码易与现有信道编码方案级联，提升纠错性能。PCC 极化码仅是在极化码的基础上增加了校验比特，不改变原有极化码编码结构，可以与现有信道编码方案级联，进一步挖掘极化码性能优势。

此外，PCC 极化码易与物理层关键技术级联以提升传输容量和可靠性。PCC 极化波形调制方案可充分利用编码及波形调制结构特点，有效挖掘空间极化效应，极大提升频谱效率。PCC 极化非正交多址方案可集成编码、信号与用户三级极化结构，有效提升多址接入信道容量及用户传输可靠性。因此，PCC 极化码是满足未来通信高频谱效率、大容量接入传输需求的重要候选技术。

3. 免同步，低开销

通信同步是保障信息可靠传输的重要技术。数字通信系统中常用的载波同步主要分为有辅助导频和无辅助导频两类方法。在导频辅助的同步中，接收机利用已知导频序列估计载波频偏和相偏来实现信号同步检测。然而，该方案在信道环境差时同步精度低，且资源利用率低。无辅助导频的同步不需要分配额外的功率给导频序列，可以有效提升功率利用率，但是计算复杂度较高。

相比之下，免同步通信可降低频谱开销，简化接收机结构，使得通信链路能够快速建立，并且可保障低信噪比通信性能。此外，免同步通信还具有抗截获能力，具有高可靠性。在免同步通信中，根据接收信号的采样点、频率和相位偏移，设计获取多组未同步候选序列的预处理方法，使获得的候选序列中涵盖正确同步位置。在接收端，设计具备自同步功能的译码算法，并将该码字对应的采样点、频率和相位偏移参数作为正确同步位置。PCC 极化码因其构造灵活，免同步设计容易[9,10]。图 3.4.2 展示了基于 PCC 极化码的免同步设计，具体流程如下。

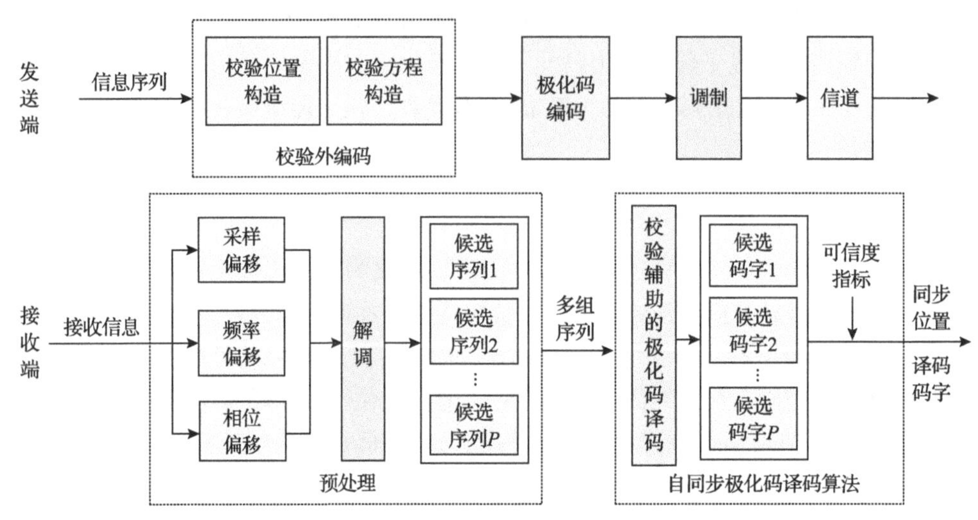

图 3.4.2　基于 PCC 极化码的免同步设计

步骤 1：根据实际需求设计 PCC 极化码，包括校验比特位置和校验关系的构造。

步骤 2：发送端对信息比特序列进行 PCC 极化码编码。

步骤 3：信号调制后，由无线信道传输。

步骤 4：接收机对接收到的信号进行定时抽样、频偏校正及相位校正，得到 P 个接收码字，每个接收码字对应一组不同的同步参数。所述同步参数包括抽样起始位置、载波频偏及载波相位等。

步骤 5：利用校验比特特性，设计多码字译码器对步骤 4 获得的 P 个码字进行译码，获取最终译码结果。

综上所述，在 PCC 极化码免同步设计中，可以充分利用校验比特特性设计多码字自同步译码算法，以较低复杂度实现免同步。

3.5　本 章 小 结

本章围绕 PCC 极化码编码原理、性质及构造展开了详细论述。首先，通过举例清晰地描述了 PCC 极化码编码原理。其次，通过与 CRC 极化码对比，深入介绍了 PCC 极化码的三个物理特性和三个代数性质。最后，根据 PCC 极化码性质，给出了随机构造、启发式构造及 CPEP 最小构造三种构造方案，并总结了 PCC 极化码编码优势。

参 考 文 献

[1] 屈代明, 王涛, 江涛. 一种极化码和多比特偶校验码级联的纠错编码方法: CN105680883A[P]. 2016-05-15.

[2] 屈代明, 王涛, 江涛. 一种基于极化码的级联纠错编译码方法和系统: CN106888025A[P]. 2018-03-20.

[3] 王涛. 校验级联极化码及其构造[D]. 武汉: 华中科技大学, 2019.

[4] Wang T, Qu D, Jiang T. Parity-check-concatenated polar codes[J]. IEEE Communications Letters, 2016, 20(12): 2342-2345.

[5] Zhang Q, Liu A, Pan X, et al. CRC code design for list decoding of polar codes[J]. IEEE Communications Letters, 2017, 21(6): 1229-1232.

[6] Tal I, Vardy A. How to construct polar codes[J]. IEEE Transactions on Information Theory, 2013, 59(10): 6562-6582.

[7] 王涛, 屈代明, 江涛. 降低 SCL 译码错误的级联极化码[J]. 中兴通讯技术, 2019, (1): 5-11.

[8] Li B, Shen H, Tse D. A RM-polar codes[J]. arXiv preprint arXiv:1407.5483, 2014.

[9] 屈代明, 陈欣达, 江涛. 一种基于极化码的免同步通信方法、装置及系统: ZL201911414675.X[P]. 2021-07-27.

[10] 屈代明, 王涛, 江涛. 一种基于极化码的免同步通信方法: CN109245853A[P]. 2019-01-18.

第 4 章　PCC 极化码译码

PCC 极化码通过在传统极化码输入序列中添加分散的校验比特来提升纠错性能，是传统极化码的拓展。译码时，可以充分利用校验级联结构特征，设计相应的改进译码方式，提升译码准确性。本章结合 PCC 极化码编码特点，分别介绍校验辅助 SCL 译码、校验辅助自适应 SCL 译码、校验辅助 BP 译码、校验辅助 BPL 译码、校验辅助比特翻转译码及校验辅助软消除译码。

4.1　校验辅助 SCL 译码

4.1.1　SCL 译码原理

2.4 节介绍了极化码的串行抵消译码，即 SC 译码算法。然而，在实际通信过程中，受限于传输信息长度，SC 译码算法在中短码长下性能不够理想。具体地，在 SC 译码过程中，译码器对当前位置上的比特进行译码时需要使用之前已经估计的译码结果。若译码过程中某一个比特译码出错，则后续译码比特出错的概率显著增加，造成错误累积传播，极大降低纠错性能。为了避免由某个比特译码出错而导致正确路径消失，保留多条译码路径的 SCL 译码算法引起了学者的广泛关注[1]。

相较于 SC 译码，SCL 译码增加了路径扩展与删减的步骤。其主要译码原理为：当对信息比特进行判决时，列表中的每条路径均在此处扩展为两条子路径，即同时考虑此位置译码为 0 和 1 的情况，并计算每种情况下的路径度量值。当对冻结比特进行判决时，直接判决，而不进行路径扩展。当扩展后的路径数未达到最大路径数 L 时，保留所有可能的结果。当扩展后的路径数超过最大路径数 L 时，需要对所有路径的路径度量值排序，然后保留其中路径度量值最可靠的 L 条路径继续译码。在完成最后一个比特的判决后，SCL 译码器选择列表中度量值最可靠的路径，并将该路径所对应的判决序列作为译码结果进行输出。

图 4.1.1 展示了极化码码长 $N=4$、列表大小 $L=4$ 时的 SCL 译码路径演化过程。为简化流程，假设 $\boldsymbol{u}_1^4$ 均为信息比特。具体步骤如下。

步骤 1：译码第一个信息比特。如图 4.1.1(a)所示，第一个信息比特可以判决为 0 或 1。因此，路径可扩展为 2 条。

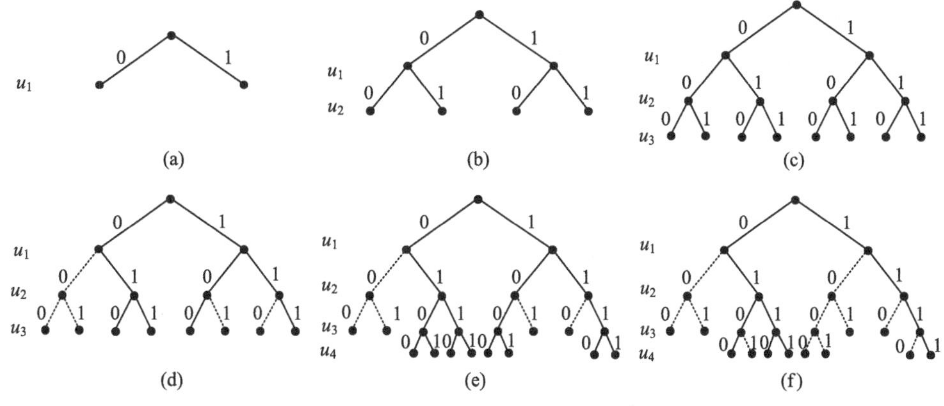

图 4.1.1　SCL 译码路径演化过程($N=4, L=4$)

步骤 2：译码第二个信息比特。根据步骤 1 保留的 2 条路径译码第二个信息比特。如图 4.1.1(b)所示，第二个信息比特可以判决为 0 或 1。因此，路径可以扩展为 4 条。由于没有超过列表大小 $L=4$，保存的路径不需要进行删减。

步骤 3：译码第三个信息比特。根据步骤 2 保留的 4 条路径译码第三个信息比特。如图 4.1.1(c)所示，步骤 2 所述 4 条路径可以扩展为 8 条译码路径，超过了列表大小 $L=4$。因此，需要根据路径度量值对路径进行删减，保留可靠性最高的 L 条路径。图 4.1.1(d)中黑色实线为保留路径，虚线为删除路径。

步骤 4：译码第四个信息比特。根据步骤 3 保留的 4 条路径译码第四个信息比特。明显地，对第四个信息比特进行判决时，依然可以扩展至 8 条路径，如图 4.1.1(e)所示。同样地，根据路径度量值对路径进行删减，保留可靠性最高的 L 条路径，如图 4.1.1(f)所示。

不难看出，在 SCL 译码中，路径度量值的计算是关键。与 2.4.1 节 SC 译码类似，SCL 译码主要分为基于概率的 SCL 译码和基于 LLR 的 SCL 译码，且两者译码原理类似，只是路径度量值信息传递与存储的形式不同。

在基于概率的 SCL 译码中，当对信息比特 u_i 进行判决时，列表中的每条路径 $\hat{\boldsymbol{u}}_{1,l}^{i-1}(l=1,2,\cdots,L)$ 均在比特 u_i 处分裂为两条子路径 $(\hat{\boldsymbol{u}}_{1,l}^{i-1},\hat{u}_{i,l}=0)$ 和 $(\hat{\boldsymbol{u}}_{1,l}^{i-1},\hat{u}_{i,l}=1)$，其对应的路径度量值分别为转移概率 $W_N^{(i)}(\boldsymbol{y}_1^N,\hat{\boldsymbol{u}}_{1,l}^{i-1}\,|\,0)$ 和 $W_N^{(i)}(\boldsymbol{y}_1^N,\hat{\boldsymbol{u}}_{1,l}^{i-1}\,|\,1)$。此时，路径度量值越大，表明该路径越可靠。当完成最后一个比特的判决后，SCL 译码器列表中度量值最大路径对应的判决序列作为译码结果。

在基于 LLR 的 SCL 译码中，路径度量值的计算公式如下：

$$\mathrm{PM}_l^{(i)}=\sum_{j=1}^{i}\ln\left(1+\mathrm{e}^{-(1-2\hat{u}_{j,l})\mathrm{LLR}_N^{(j)}(l)}\right),\quad \mathrm{PM}_l^{(0)}=0 \tag{4.1.1}$$

式中，$\mathrm{LLR}_N^{(j)}(l)$ 代表第 l 条路径中第 j 个比特的 LLR 值；$\hat{u}_{j,l}$ 代表第 l 条路径中

第 j 个比特的判决结果。

对于不同的判决情况，路径度量值可以进一步近似计算为

$$\mathrm{PM}_l^{(i)}=\begin{cases}\mathrm{PM}_l^{(i-1)}, & \hat{u}_{i,l}=\Theta(\mathrm{LLR}_N^{(i)}(l))\\ \mathrm{PM}_l^{(i-1)}+|\mathrm{LLR}_N^{(i)}(l)|, & \hat{u}_{i,l}\neq\Theta(\mathrm{LLR}_N^{(i)}(l))\end{cases} \tag{4.1.2}$$

式中，$\Theta(x)$ 表示硬判决函数，即

$$\Theta(x)=\frac{1}{2}(1-\mathrm{sign}(x)) \tag{4.1.3}$$

在基于 LLR 的 SCL 译码中，路径度量值可以理解为一种惩罚系数。当选择的译码结果与根据 LLR 值判决的译码结果不一致时，便加大此条路径的惩罚力度，使得此条路径更加不易被保留。因此，在基于 LLR 的 SCL 译码中，路径度量值越小，该路径越可靠。当完成最后一个比特的判决后，SCL 译码器列表中度量值最小路径对应的判决序列作为译码结果。

明显地，基于概率的 SCL 译码与基于 LLR 的 SCL 译码的路径度量值计算方式不同，路径保留时使用的判断准则不一样。两种 SCL 译码方式在本书中都有使用，读者可以根据路径度量值的计算方式来区分。

4.1.2　PCA-SCL 译码

相比传统极化码，PCC 极化码添加了奇偶校验比特来提升性能。因此，传统 SCL 算法不能直接运用。为此，我们针对 PCC 极化码中奇偶校验位置的特点，提出了校验辅助的 SCL (parity check aided SCL，PCA-SCL)①译码算法[2]。图 4.1.2 为检验比特插入位置示意图。校验比特的放置不受限制，既可以统一放置于信息比特之后，也可以分散放置于信息比特之间。对序列 $\boldsymbol{x}_1^{K+M}$ 添加冻结比特形成极

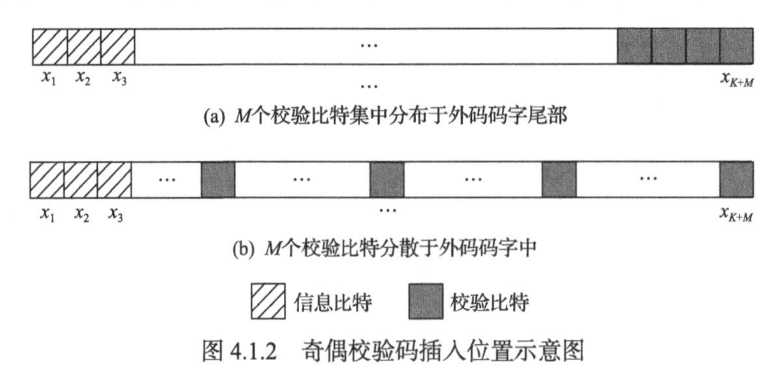

图 4.1.2　奇偶校验码插入位置示意图

① 本书中将“parity check aided”翻译为校验辅助。

化码输入序列 $\boldsymbol{u}_1^N=(u_1,u_2,\cdots,u_N)$。假设 M 个校验比特索引集合为 $\mathcal{P}=\{p_1,p_2,\cdots,p_M\}$，则 M 个校验比特满足

$$u_{p_m}=\sum_{i\in\mathcal{T}_m}u_i \bmod 2,\quad m=1,2,\cdots,M \tag{4.1.4}$$

式中，$\mathcal{T}_m$ 表示第 m 个校验方程对应的信息比特索引集合。

相较于传统 SCL 译码，PCA-SCL 译码主要利用校验关系来判决校验比特。算法 4.1.1 描述了基于概率的 PCA-SCL 译码算法，其中，$W_N^{(i)}(\boldsymbol{y}_1^N,\hat{\boldsymbol{u}}_1^{i-1}|0)$ 和 $W_N^{(i)}(\boldsymbol{y}_1^N,\hat{\boldsymbol{u}}_1^{i-1}|1)$ 表示从 $\hat{\boldsymbol{u}}_1^{i-1}$ 分裂出的两条路径对应的路径度量值。特别地，当 $i=1$ 时，$\hat{\boldsymbol{u}}_1^0$ 不存在，路径度量值为 $W_N^{(1)}(\boldsymbol{y}_1^N|0)$ 和 $W_N^{(1)}(\boldsymbol{y}_1^N|1)$。如算法 4.1.1 所示，当 PCA-SCL 译码至冻结比特时，直接在各路径后添加 0。当译码至校验比特时，译码器不根据路径度量值决定译码结果，而是根据校验方程直接生成译码结果，且不进行路径扩展。当生成的译码结果与判决结果不一致时，其在下一次路径删减过程中被淘汰的概率增加，进而提升纠错性能。

算法 4.1.1　PCA-SCL 译码算法

输入：码长 N，列表大小 L，接收序列 $\boldsymbol{y}_1^N$，冻结比特索引集合 $\mathcal{F}$，第 m 个校验比特索引 p_m

输出：译码结果 $\hat{\boldsymbol{u}}_{1,l*}^N$

1. for $i=1$ to N
2.   以传统 SCL 方式计算每一条路径中的 $W_N^{(i)}(\boldsymbol{y}_1^N,\hat{\boldsymbol{u}}_1^{i-1}|0)$ 和 $W_N^{(i)}(\boldsymbol{y}_1^N,\hat{\boldsymbol{u}}_1^{i-1}|1)$；
3.   if $i\in\mathcal{F}$
4.   for $l=1$ to L
5. $\hat{u}_{i,l}=0$；
6.   end for
7.   else
8.   if $i=p_m$
9.   for $l=1$ to L
10.   根据式(4.1.4)得到 $\hat{u}_{i,l}$；
11.   end for
12.   else

13. 　　　　按照传统 SCL 译码更新每条路径 $\hat{u}_{i,l}$；

14. 　　　end if

15. 　　end if

16. end for

17. 输出列表中路径度量值最可靠的路径 $\hat{\boldsymbol{u}}_{1,l^*}^N$。

如 3.3.3 节所述，SCL 译码错误主要分为两类：选择错误和消失错误。选择错误是指最终幸存的 L 条路径包含正确路径时译码出错。消失错误是指最终幸存的 L 条路径不包含正确路径而译码出错。由此可知，PCC 极化码主要通过在译码过程中保护正确译码路径来降低消失错误发生的概率，从而提升纠错性能。

为了进一步了解 PCA-SCL 译码的性能优势，图 4.1.3 比较了不同码率下 PCC 极化码与 CRC 极化码的误帧率性能，其中，N 为码长，K 为信息比特个数，M 为校验比特个数，$R = K / N$ 为码率。显而易见，相比 CRC 极化码，随着码长变短，码率变小，PCC 极化码的编码增益越明显。例如，当码长 $N = 256$、码率 $R \approx 1/3$、误帧率为10^{-2}时，编码增益可达 0.2dB。

对该现象的解释为：码长越短，比特信道极化“不彻底”的比例越高，此时低码率编码意味着部分错误概率较低的比特信道将用于传输冻结比特，而 PCC 极化码可以有效利用该部分比特信道传输校验比特，从而更好地辅助 SCL 译码算法校验和删除错误路径，提升纠错性能，增大编码增益。

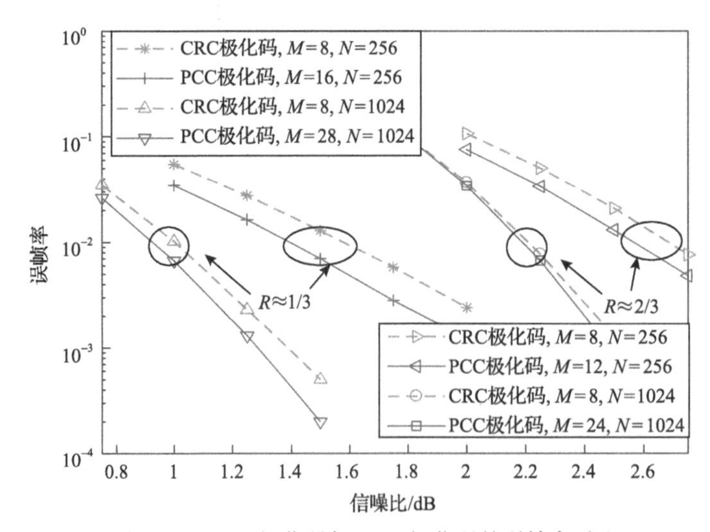

图 4.1.3　PCC 极化码与 CRC 极化码的误帧率对比

4.2　校验辅助自适应 SCL 译码

4.2.1　自适应 SCL 译码原理

SCL 译码算法通过路径扩展与删减可以显著提升译码性能，然而其计算复杂度也随着 L 的增大而显著增加，阻碍了其在实际通信系统中的广泛应用。但是，对大部分接收数据帧而言，SCL 译码器仅需要保留较少路径数便能成功译码出传输的信息比特[3]。因此，为了降低 SCL 译码的计算复杂度，自适应 SCL(adaptive successive cancellation list，ASCL)译码算法被提出且被广泛应用[3]。ASCL 译码算法流程如图 4.2.1 所示，具体步骤如下。

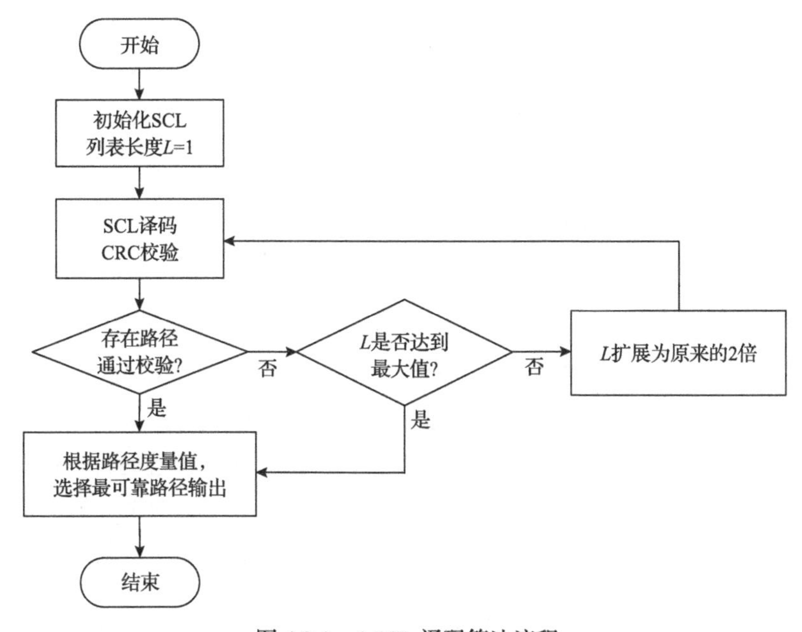

图 4.2.1　ASCL 译码算法流程

步骤 1：初始化 SCL 译码器的列表大小，即设 $L=1$。

步骤 2：SCL 译码，当最后一个比特译码完成后，进行 CRC 校验。

步骤 3：判断是否存在通过校验的路径，若是，执行步骤 6；否则执行步骤 4。

步骤 4：判断列表大小 L 是否达到预设最大值，若是，执行步骤 6；否则执行步骤 5。

步骤 5：将列表大小 L 扩展为原来的 2 倍，并执行步骤 2。

步骤 6：根据路径度量值，选择最可靠路径输出。

ASCL 译码器平均每帧所需要的列表数如表 4.2.1 所示[3]。从表中可以看出，相较于固定列表的 SCL 译码器，ASCL 译码器能够大幅减少译码所需的列表数，其优势在高信噪比下尤为明显。以信噪比 1.6dB 为例，在列表大小 $L_{max} = 8192$ 时，ASCL 译码器的计算复杂度约为 SCL 译码器的 1/3317。虽然 ASCL 译码器所需的列表数大幅降低，但其与相同最大列表数的 SCL 译码器译码性能相近。

表 4.2.1　ASCL 译码器平均每帧所需要的列表数[3]

列表数	信噪比/dB	
	1.2	1.6
$L_{max} = 512$	19.14	2.27
$L_{max} = 2048$	30.80	2.36
$L_{max} = 8192$	52.59	2.47

以上介绍的 ASCL 译码实质上是利用 CRC 不断调整列表大小。PCC 极化码中的校验比特同样具备检错能力，且有着更低的复杂度，能够更好地辅助 ASCL 算法进行译码。

4.2.2　PCA-ASCL 译码

校验辅助 ASCL（parity check aided ASCL，PCA-ASCL）译码采用了不同的校验比特构造方式，可以动态调整列表大小[4]。图 4.2.2 为校验比特的位置选择及构造示例，其中码长 $N = 16$，信息比特长度 $K = 10$，校验比特长度 $M = 3$。PCA-ASCL 译码的主要思想是：在可靠性最高的 M 个比特信道上放置校验比特，并将信息比特划分为 M 块使其与校验位置一一对应；第 1 至第 $M-1$ 块的大小为从 1 开始的递增序列，即第 1 块包含元素为 1 个，第 2 块包含元素为 2 个，最后一块包含剩下所有元素。

基于此，校验比特通过如下公式获得：

$$u_{z_i} = \begin{cases} \bmod\left\{ \displaystyle\sum_{j=K-i+1-\frac{i(i-1)}{2}}^{K-\frac{i(i-1)}{2}} u_{z_j}, 2 \right\}, & i = 1,2,\cdots,M-1 \\ \bmod\left\{ \displaystyle\sum_{j=M+1}^{K-\frac{M(M-1)}{2}} u_{z_j}, 2 \right\}, & i = M \end{cases} \tag{4.2.1}$$

如图 4.2.2 所示，可靠性最高的位置放置第一个校验比特 u_1，其值通过信息比特 u_{11} 获取。可靠性次高的位置放置第二个校验比特 u_2，其值通过信息比特序列 (u_{10},u_7) 计算获得。可靠性第三的位置放置最后一个校验比特 u_5，其值通过信息比特序列 (u_6,u_4,u_9,u_3) 获取。

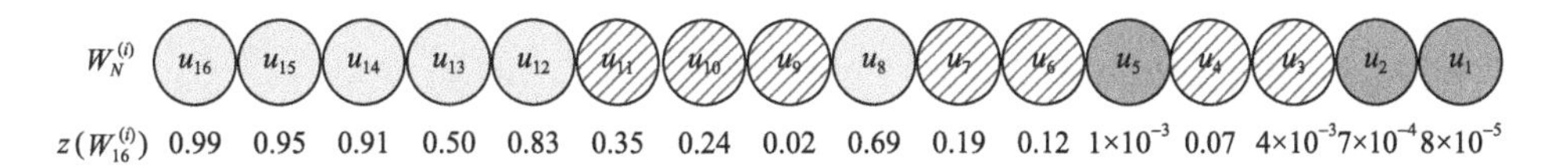

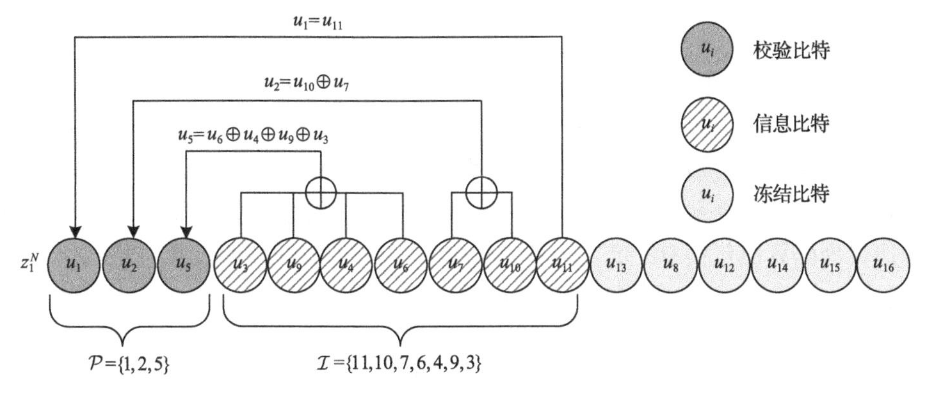

图 4.2.2　校验比特位置选择及构造示例

综上所述，PCA-ASCL 译码算法流程如图 4.2.3 所示，具体步骤如下。

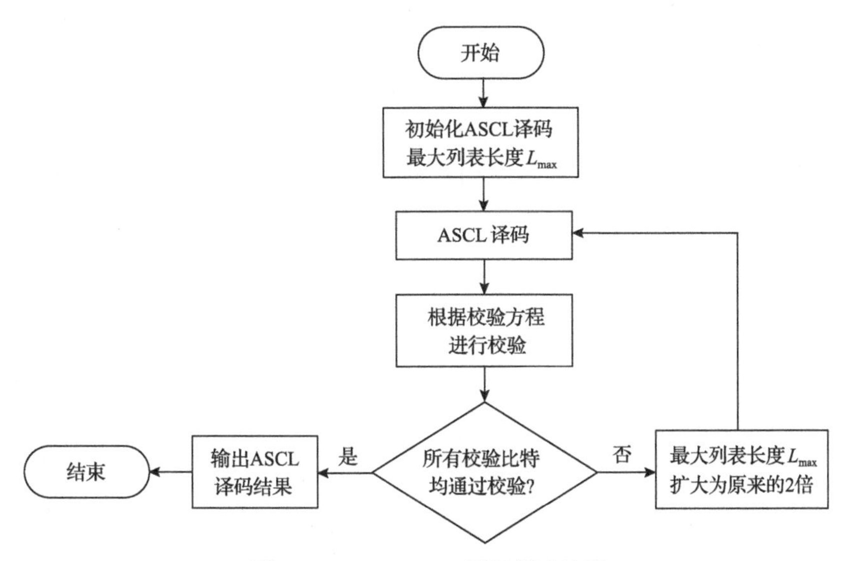

图 4.2.3　PCA-ASCL 译码算法流程

步骤 1：初始化 ASCL 最大列表长度 L_{max}。

步骤 2：进行 ASCL 译码，并得到一个译码序列 $\hat{\boldsymbol{u}}_1^N$。

步骤 3：校验译码结果。根据式(4.2.1)进行校验，并判断是否所有校验比特均通过校验，若是，执行步骤 5；否则，执行步骤 4。

步骤 4：增加列表路径。将 ASCL 译码算法最大列表长度扩大 2 倍，执行步骤 2。

步骤 5：返回译码结果 $\hat{\boldsymbol{u}}_1^N$。

4.3　校验辅助 BP 译码

如 4.1.1 节所述，SCL 译码算法具有优异的纠错性能，但受限于串行译码的本质，存在较高的译码时延，难以实现信息的高速率传输。为了降低译码时延，并行迭代译码算法被提出。在并行迭代译码中，所有译码结果可以并行获取，译码时延显著降低[5]。因此，并行迭代译码算法适用于高吞吐率通信场景。常见的并行迭代译码算法包括 BP 和 BPL 等译码算法，其中 BP 译码原理已经在 2.4.2 节介绍。本节主要针对 PCC 极化码，介绍校验辅助 BP(parity check aided BP，PCA-BP)译码，对应的列表译码算法将在 4.4 节详细介绍。

与 PCA-SCL 类似，PCA-BP 算法需要确定校验比特的位置。显然地，不同信噪比下 BP 译码各比特信道错误概率不同，如图 4.3.1 所示。可以发现随着信噪比的增大，大部分比特信道错误概率均在减小，但仍有某些比特信道错误概率极高。针对这一现象，可以在错误概率最高的比特信道上放置校验比特，抑制比特估计出错，以提升其他位置信息比特估计的准确性。

下面详细介绍一种基于贪婪算法的校验比特构造方法。图 4.3.2 为校验比特生成方案，其中，M 为校验比特个数，Q 为每一个校验方程包含的元素个数，N 为极化码码长，K 为信息比特长度，初始校验方程个数 $I=0$。具体构造过程如下所述。

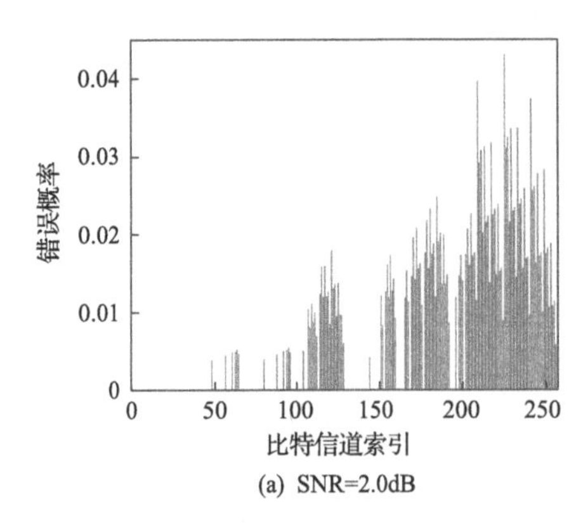

(a) SNR=2.0dB

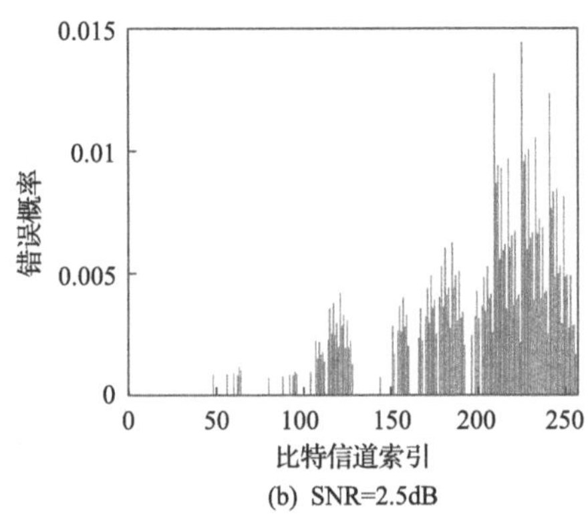

(b) SNR=2.5dB

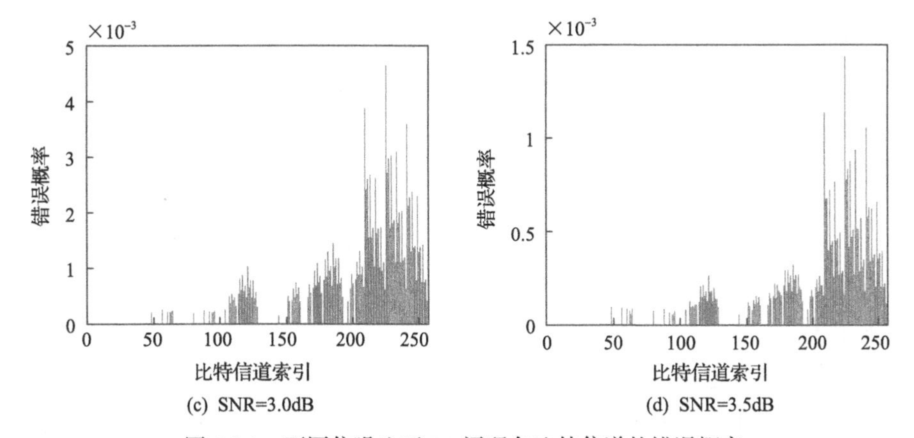

图 4.3.1　不同信噪比下 BP 译码各比特信道的错误概率

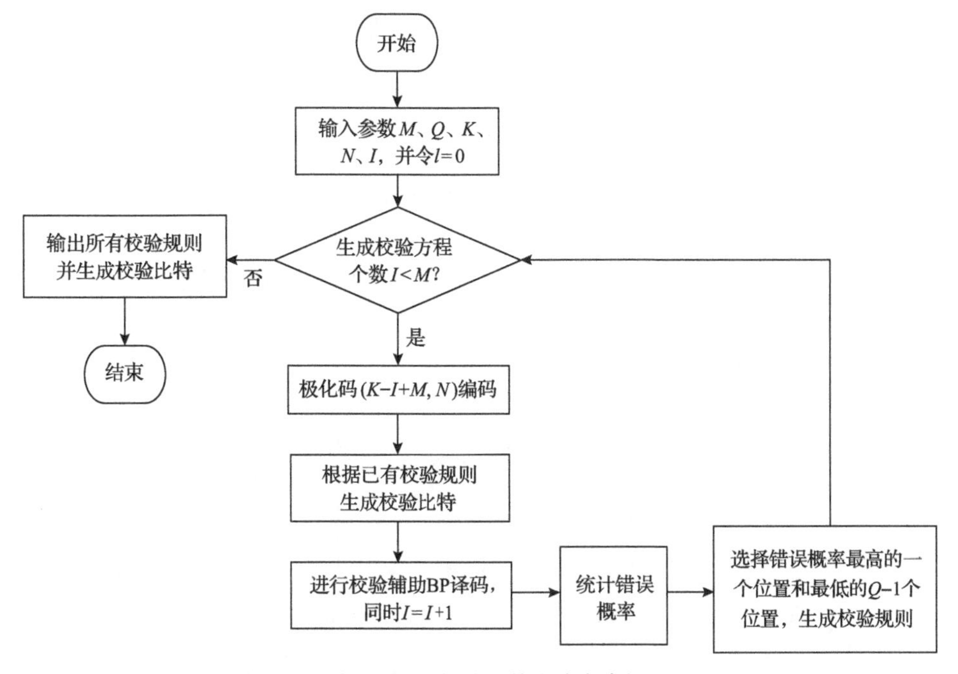

图 4.3.2　校验比特生成方案

步骤 1：判断校验方程个数 I 是否达到 M，即是否所有校验比特索引以及校验规则都已被确定。

步骤 2：若存在 $I=M$，执行步骤 7；否则，执行步骤 3。

步骤 3：完成 $(K-I+M,N)$ 极化码的编码，并根据已有校验规则生成相应数量的校验比特。

步骤 4：采用 PCA-BP 译码对步骤 3 生成的极化码进行译码。译码结束后令 $I=I+1$。

步骤 5：统计各位置上的比特错误概率并且进行排序。错误概率最高的位置索引记为 S_I，前 $Q-1$ 个错误概率最低的位置索引记为 $p_I^1, p_I^2, \cdots, p_I^{Q-1}$。

步骤 6：形成第 I 个校验关系。将步骤 5 中 Q 个位置设定为一个校验方程组，根据式(4.3.1)形成新的校验关系：

$$u_{S_I} = \sum_{i=1}^{Q-1} u_{p_I^i} \bmod 2, \quad I = 1,2,\cdots,M \tag{4.3.1}$$

执行步骤 2。

步骤 7：根据校验方程直接生成 M 个校验比特，算法结束。

可见，PCA-BP 译码算法主要利用已有的校验比特及校验关系，在每次迭代译码过程中对校验节点的信息进行更新。与 2.4.2 节所述的 BP 译码算法相比，PCA-BP 译码器增加了对校验节点信息的特殊处理过程，其中，PCA-BP 译码器因子图如图 4.3.3 所示。BP 译码算法主要依赖左信息和右信息的更新。左信息更新指从最右侧节点开始根据因子图结构逐层分解接收 LLR 值，达到最左侧节点时通过硬判决得到译码结果。右信息更新指根据先验信息(冻结位对应右信息为无穷大)修正中间节点的信息，提升下一轮左信息更新的准确性。明显地，PCA-BP 译码算法增加了校验节点更新的过程。校验关系被认为是先验信息。因此，译码可以利用校验关系对校验节点的右信息进行赋值，从而辅助更新其他中间节点的右信息，提升下一轮左信息更新的准确性。

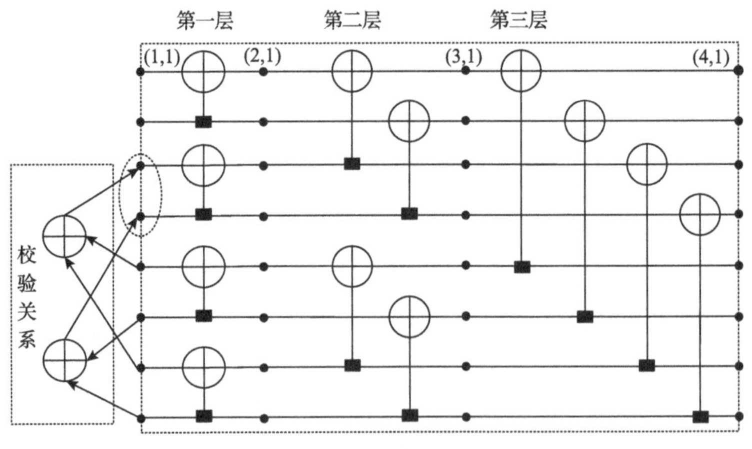

图 4.3.3　PCA-BP 译码器因子图

新增的校验节点更新过程具体思想为：在左信息传播完毕后，对最左侧节点中校验关系包含的节点进行硬判决，并根据硬判决结果验证校验关系。若所有校验关系均满足，则不作任何处理，直接开始进行右信息传播；否则，将按照式(4.3.2)更新校验节点的右信息：

$$R_{1,S_I} = 2\operatorname{arctanh}\left(\prod_{i\in P_I}\tanh\left(\frac{1}{2}L_{1,i}\right)\right) \approx \prod_{i\in P_I}\operatorname{sign}\left(L_{1,i}\right)\min_{i\in P_I}\left|L_{1,i}\right| \tag{4.3.2}$$

式中，S_I 代表第 I 个校验关系对应的校验比特位置；L 和 R 分别代表指定位置上的左信息和右信息；P_I 表示第 I 个校验关系中信息比特索引集合。更新完毕后开始进行右信息传播。在右信息传播过程中，更新后的校验节点右信息将会影响与之关联节点的信息。增强这些节点信息的可靠性，可提升译码器性能。

为了验证 PCA-BP 译码器的性能优势，图 4.3.4 对比了传统极化码采用 BP 译码与 PCC 极化码采用 PCA-BP 译码的误帧率性能。信道为 AWGN，调制方式为 BPSK，极化码码长 N 分别为 128、256、1024，码率均为 1/2，两类译码器最大迭代次数均为 200。

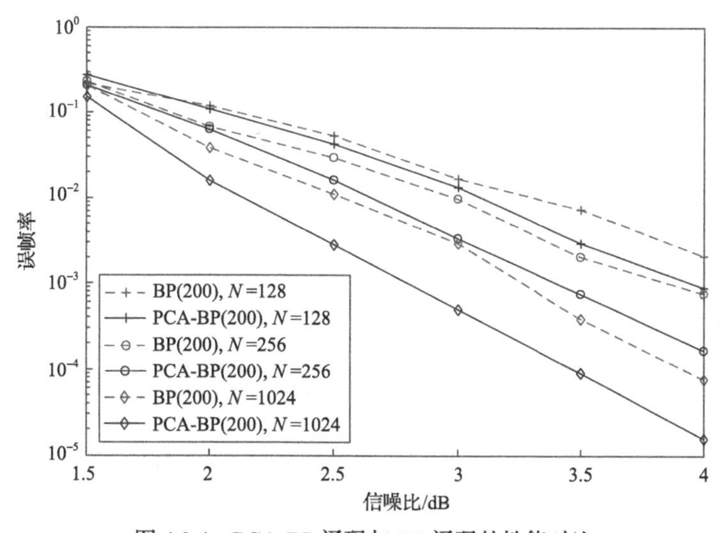

图 4.3.4　PCA-BP 译码与 BP 译码的性能对比

在 PCA-BP 译码中，校验比特长度 $M=6$，采用生成矩阵校验的提前停止准则。校验位置的选取规则为：将第一次统计错误概率最低的位置设定为校验组中的元素，同时规定每个校验组仅包含两个元素，并且使用偶校验规则进行校验。在制定其他校验规则时，仅统计错误概率最高的位置，即

$$u_{S_I} = u_{\Gamma},\ I = 1,2,\cdots,M \tag{4.3.3}$$

式中，Γ 为第一次译码后错误概率最低的位置索引。

根据以上原则，码长 $N=128$ 时选择的校验比特索引集合为 {113,105,99,89,

57,101}，校验组中另一位置索引为 31；码长 $N = 256$ 时选择的校验比特索引集合为{225,209,241,249,235,221}，校验组中另一位置索引为 48；码长 $N = 1024$ 时选择的校验比特索引集合为{865,969,993,961,929,945}，校验组中另一位置索引为 442。明显地，PCA-BP 译码器的性能显著优于原始 BP 译码器，并且该优势随着码长的增大更加显著。

4.4 校验辅助 BPL 译码

众所周知，BP 译码可以有效解决 SC 译码算法传输时延高和速率低的难题。但是，BP 译码的性能存在一定损失，限制了 BP 译码在极化码中的应用。现有 SCL 译码算法的纠错性能明显优于 BP 译码。为了提升 BP 译码纠错性能，BPL 译码算法被提出，该算法通过采用 L 个因子图互不相同的 BP 译码器同时译码，可以显著提升纠错性能[6]。因此，BPL 译码可以更好地平衡纠错性能和实现复杂度。

为了进一步提升 PCC 极化码中 PCA-BP 译码纠错性能，提出校验辅助 BPL (parity check aided BPL，PCA-BPL)译码算法。为便于读者理解，首先介绍 BPL 译码原理。

4.4.1 BPL 译码原理

若编码码字 $\boldsymbol{c}_1^N$ 对应的调制符号为 $\boldsymbol{s}_1^N$，则根据已经获得的 L 个因子图，可以获取 L 个估计符号矢量 $\hat{\boldsymbol{s}}_{1,l}^N$，$l = 1,2,\cdots,L$。最终符号矢量 $\hat{\boldsymbol{s}}_1^N$ 估计如下：

$$\hat{\boldsymbol{s}} = \underset{l\in\{1,2,\cdots,L\}}{\arg\min} \| \boldsymbol{y}_1^N - \hat{\boldsymbol{s}}_{1,l}^N \| \tag{4.4.1}$$

式中，$\boldsymbol{y}_1^N$ 为接收序列。图 4.4.1 描述了 BPL 译码算法流程，具体步骤如下。

步骤 1：获取接收序列 $\boldsymbol{y}_1^N$ 和信息比特索引集合 $\mathcal{I}$。

步骤 2：采用 L 个不同的 BP 译码器对接收序列 $\boldsymbol{y}_1^N$ 同时独立译码，获取 L 组结果 $\hat{\boldsymbol{c}}_{1,l}^N$、$\hat{\boldsymbol{u}}_{1,l}^N$ $(l=1,2,\cdots,L)$。

步骤 3：根据极化码编码原理，对步骤 2 得到的估计信息 $\hat{\boldsymbol{c}}_{1,l}^N$、$\hat{\boldsymbol{u}}_{1,l}^N$ 进行校验。

步骤 4：通过校验的序列 $\hat{\boldsymbol{c}}_{1,l}^N$ 被调制成符号矢量 $\hat{\boldsymbol{s}}_{1,l}^N$ 后，根据式(4.4.1)所述准则获取最优序列 $\hat{\boldsymbol{c}}_1^N$ 及译码序列 $\hat{\boldsymbol{u}}_1^N$。

在 BPL 译码算法中，因子图的选取方式深刻影响着译码器的性能。对于长度为 N 的极化码，因子图共包含 $\log_2 N$ 层结构。若考虑所有因子图交换情况，则共有$(\log_2 N)!$种因子图组成形式。因此，通过遍历所有可能的置换方式选取最优因子图结构的方法不切实际。为降低置换复杂度，文献[6]设计了两种因子图筛选策略，即随机置换和偏移置换。随机置换是指将因子图的列顺序随机打散并重组。偏移置换则是将因子图结构整体向右移动一层，最右层结构变为第一层。可见，改变因子图结构的思想主要是交换输入序列的顺序，极有可能导致可靠性较低的比特信道传输信息比特，从而造成译码性能损失。因此，如何选择因子图是影响 BPL 译码算法纠错性能的关键所在。

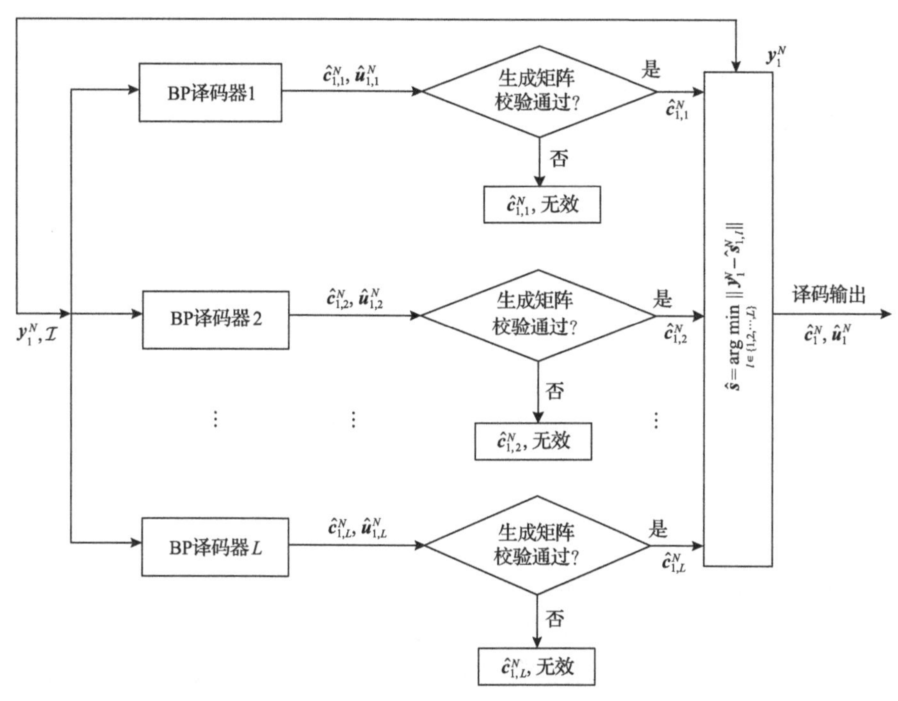

图 4.4.1　BPL 译码流程

4.4.2　PCA-BPL 译码

与经典 BPL 译码算法类似，PCA-BPL 译码算法通过改变因子图结构，得到 L 个 PCA-BP 译码结果，根据校验准则获得最终译码序列。PCA-BPL 译码算法流程如图 4.4.2 所示，具体步骤如下。

步骤 1：选择合适的校验位置以及校验关系，完成 PCC 极化码的构造。

步骤 2：通过设计的因子图选取策略，获得一组大小为 L 的因子图集合，采用 L 个 BP 译码器同时译码，每个译码器装载不同的因子图。

步骤 3：在 BP 译码过程中，左信息更新完后先对校验节点进行校验，若通过校验，则进行右信息更新；若未通过校验，则按照校验规则调整校验节点软信息。

步骤 4：当满足提前停止条件或达到最大迭代次数时，停止译码，并输出候选码字。

步骤 5：从所有候选码字中按照规则挑选最合适的一组作为最终译码结果。

显然，因子图的选择和构造对 BPL 译码算法的纠错性能影响较大。对于传统的 BPL 译码算法，因子图的构造主要是对原始因子图层级结构的简单平移，因而不同因子图译码差异性较小。为了进一步优化因子图，引入“停止树叶集可靠度之和”的概念辅助筛选因子图。

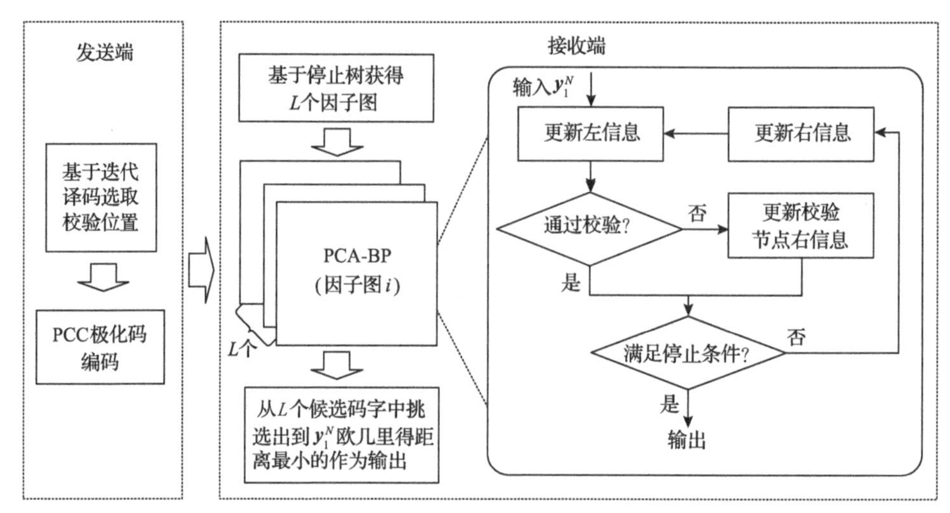

图 4.4.2　PCA-BPL 译码算法流程

置换因子图可以通过交换输入序列顺序实现。该构造不影响原始信息比特和冻结比特分布，但可能出现低可靠比特信道传输信息比特的现象。为了保证置换后的因子图译码性能优异，所有信息比特位置处的译码可靠性总和需要尽可能高。由于信道极化的影响，极化码各位置处的译码可靠度存在潜在联系。基于此现象，引入停止树的概念寻找与某位置存在联系的其他位置，记作叶集。

图 4.4.3 为 $N=8$ 时的停止树示例。以 u_7 为例，首先从根节点 u_7 寻找相应叶

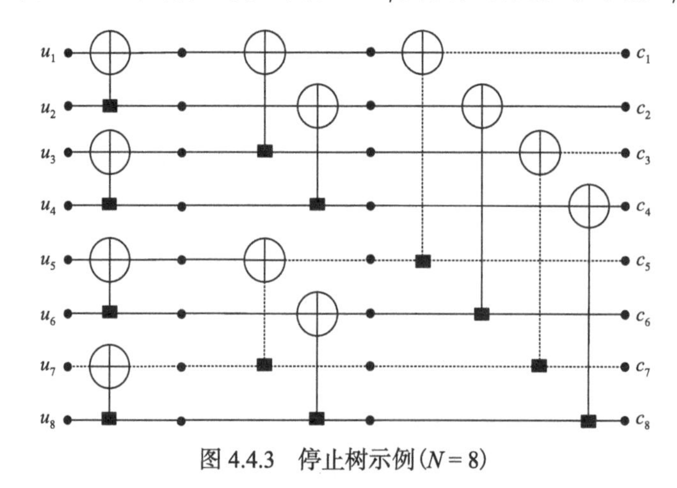

图 4.4.3　停止树示例($N=8$)

子集合 $\{c_1, c_3, c_5, c_7\}$ 。接着，统计叶集中元素的错误概率之和并估计对应根节点位置的可靠度，其中，错误概率可通过密度进化或高斯近似等方法计算得到。具体因子图选择步骤如下。

步骤 1：根据式(4.4.2)计算初始因子图 v 的叶集可靠度之和 C_v。设置缩放参数 α ，$0.9<\alpha<1$，设定门限 $T=\alpha C_v$ ，将因子图 v 加入至候选因子图集合 $\mathcal{V}$ 。

$$C_v = \sum_{j\in\mathcal{I}}\left(\sum_{e\in\mathcal{R}_{j,v}} h(e)\right) \tag{4.4.2}$$

式中，$h(e)$ 函数是根据高斯近似计算得到位置 e 处的错误概率；$\mathcal{R}_{j,v}$ 为在因子图 v 中以位置 j 为根节点的对应叶集元素集合；$\mathcal{I}$ 为信息比特索引集合。

步骤 2：随机生成因子图 v_r。根据式(4.4.2)计算因子图可靠度 C_{v_r} ，若满足 $C_{v_r}>T$ ，则将生成的因子图 v_r 加入至候选因子图集合 $\mathcal{V}$ 中。

步骤 3：判断候选因子图集合大小是否达到要求。若符合要求，完成因子图筛选；否则，执行步骤 2。

图 4.4.4 为码长 $N=256$ 、信息比特长度 $K=128$ 时的 PCA-BPL 译码算法性能对比。相较于原始 BPL 译码算法，在误帧率为 10^{-3} 时，PCA-BPL 译码算法可获得接近 1dB 的性能增益，同时可接近 CRC 辅助的 SCL(CRC-aided SCL，CA-SCL)的译码性能。

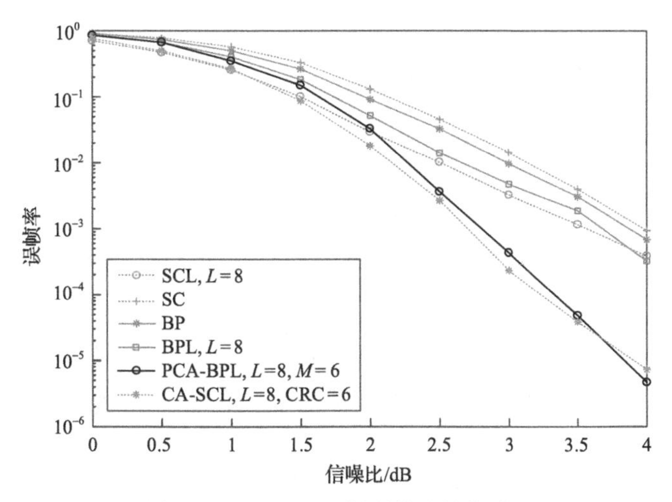

图 4.4.4　PCA-BPL 译码算法性能对比

4.5　校验辅助比特翻转译码

在 4.1 节所述 SC 译码过程中，出错的比特会参与后续译码过程，易导致译码错误传播。如果能够定位到错误比特位置，并翻转该位置上的比特，就能有效避免错误传播，进而提升纠错性能。根据这一思想，比特翻转译码算法被提出。为了进一步理解比特翻转译码在 PCC 极化码中的应用，本节重点介绍校验辅助的 SC 翻转(parity check aided SC-flip，PCA-SC-Flip)译码算法[7]。为便于读者理解，我们首先介绍 SC 算法中的比特翻转译码原理。

4.5.1 比特翻转译码原理

图 4.5.1 展示了 $N=4$ 时的比特翻转译码实例。若传输序列为(0,1,0,1)，SC 译码估计序列为(0,1,1,0)，显而易见，第三位比特估计错误很大程度上导致了第四位比特估计错误。基于比特翻转译码，如果能够发现第三位比特估计错误，并将比特翻转为 0，就可以提高正确译码数据的概率，避免错误传播。不难看出，比特翻转译码算法的关键在于如何准确定位错误位置。为了解决这一问题，文献[7]指出根据首次译码过程中各位置处 LLR 值大小来确定候选比特翻转集合，并根据校验准则判断翻转后译码是否成功。

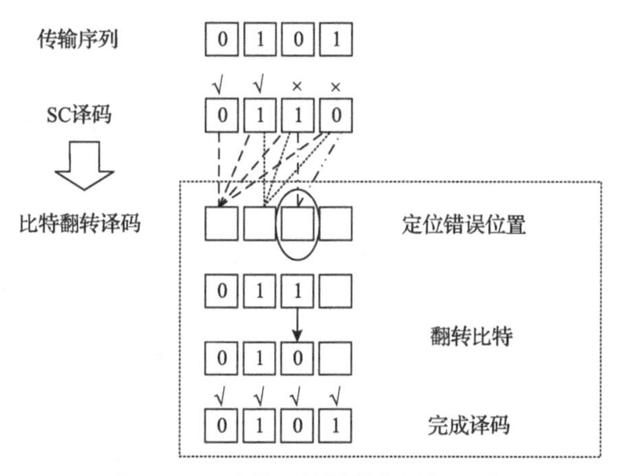

图 4.5.1　比特翻转译码实例($N=4$)

图 4.5.2 展示了基于比特翻转的 SC 译码算法流程，具体步骤如下。

步骤 1：建立翻转搜索域Ω。搜索域中记录所有可能出现错误比特位置的索引，即所有信息比特位的索引。

步骤 2：SC 译码。译码过程中记录搜索域Ω中对应元素的度量值，并根据 LLR 绝对值$|\mathrm{LLR}_N^{(i)}|$构造翻转集合$\mathcal{T}$，其中，$\mathcal{T}$中包含S个度量值最小的元素索引。

步骤 3：CRC 校验。根据校验结果决定是否翻转$\mathcal{T}$中元素k对应位置比特，$k\in\mathcal{T}$。若校验通过，则输出最终译码结果；否则，执行步骤 4。

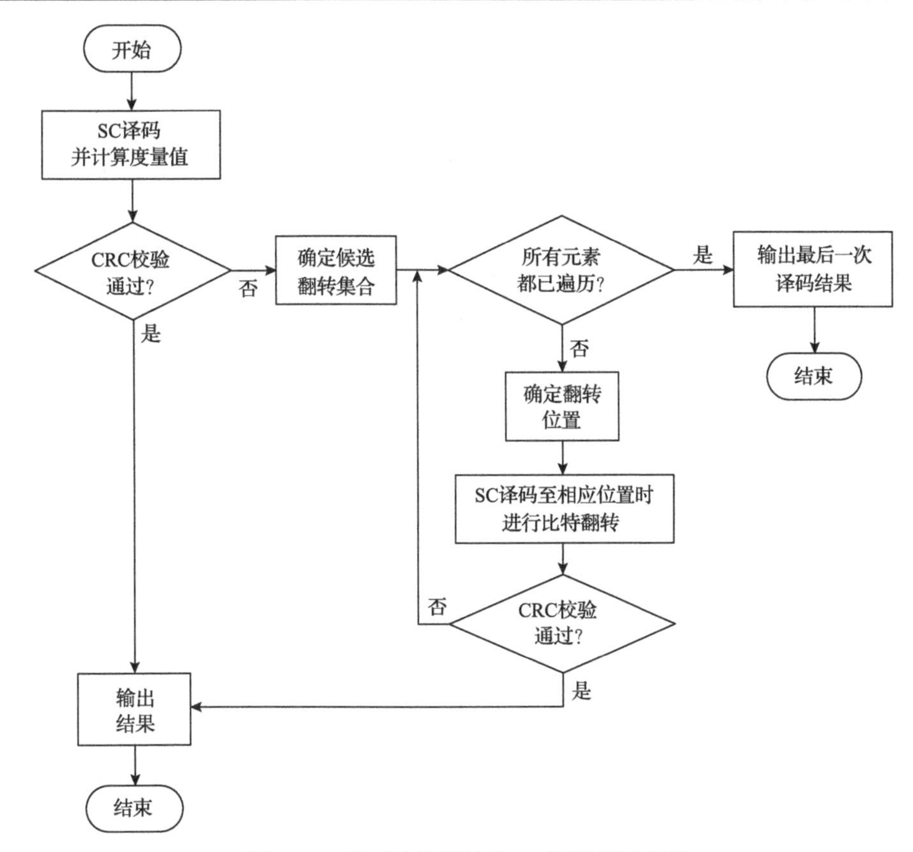

图 4.5.2　基于比特翻转的 SC 译码算法流程

步骤 4：重新进行 SC 译码。基于候选翻转集合，判断是否所有元素均已遍历，若是，输出最后一次译码结果，译码结束；否则，确定待翻转位置，随即进行 SC 译码，当译码至相应位置时进行比特翻转。

步骤 5：CRC 校验。根据校验结果决定是否继续翻转下一个比特。如果通过 CRC 校验，则译码结束；否则，执行步骤 4，且每次翻转的比特不同。

从上述译码流程可以看出，单比特翻转算法需要遍历翻转集合中所有元素，即重复进行 S 次 SC 译码。如 2.4.3 节所述，SC 译码的计算复杂度为 $O(N\log_2 N)$，单比特翻转译码的计算复杂度为 $O(SN\log_2 N)$。在实际情况中，比特翻转事件与译码错误概率相关。若 SC 译码误帧率为 P_e，则比特翻转译码的计算复杂度为 $O(N\log_2 N(1+SP_e))$。在高信噪比下，P_e 的值非常小，比特翻转译码的计算复杂度与 SC 译码相近。

4.5.2　PCA-SC-Flip 译码

在 4.5.1 节中介绍的比特翻转译码算法只有在译码结束后才能判断译码是否

成功。如果可以提前终止错误译码过程，将会节省大量的计算资源和时间。同时，PCC 极化码校验比特具有分散性，因此，PCA-SC-Flip 译码算法可以显著降低计算复杂度和译码时延。

在 PCA-SC-Flip 算法中，译码器根据校验结果决定是否进行比特翻转。图 4.5.3 为 PCA-SC-Flip 翻转示例。对当前阶段进行校验，校验未通过，尝试第一次比特翻转。若第一次比特翻转完成并通过校验，则继续译码直至下一次校验或译码完成；否则，继续进行翻转。

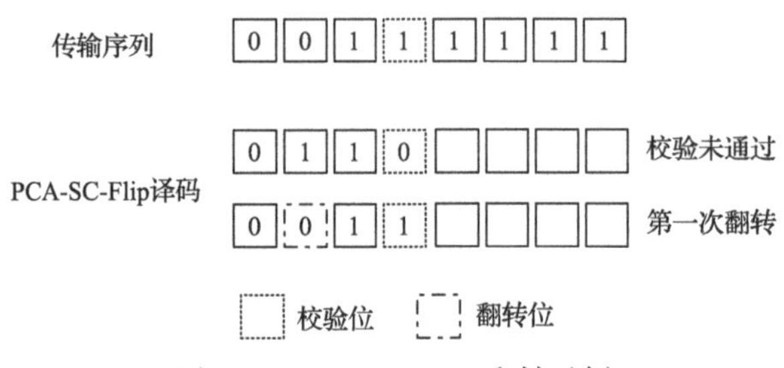

图 4.5.3　PCA-SC-Flip 翻转示例

在 PCA-SC-Flip 译码中，校验比特索引的构造影响着纠错性能，其构造介绍如下[7]：假设需要校验的信息位长度为 n_{ps}，校验比特个数为 n_{pc}，q_{up} 和 q_{down} 分别为对 n_{ps}/n_{pc} 向上取整和向下取整。图 4.5.4 展示了校验比特分布的两种情况。

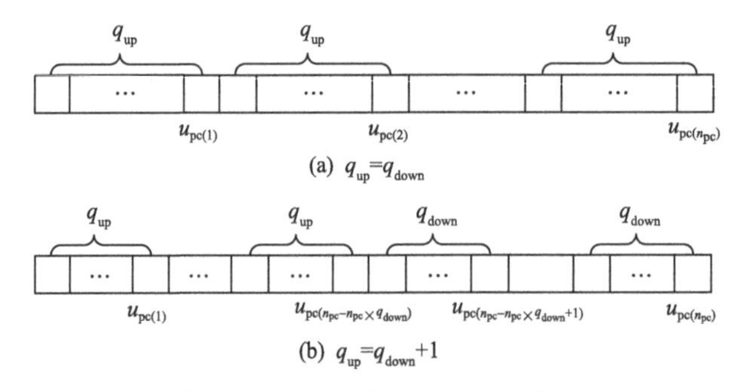

图 4.5.4　校验比特分布的两种情况

(1) $q_{up}=q_{down}$：每一位校验比特可以校验相同长度的信息比特，且长度为 q_{up}。校验比特的值计算为

$$u_{pc(i)}=u_{Loc(i\times q_{up})}=\bigoplus_{k=(i-1)\times q_{up}+1,\cdots,i\times q_{up}-1}u_{Loc(k)} \tag{4.5.1}$$

式中，⊕表示模 2 加法；Loc(k)是待翻转集合的第 k 位索引。

(2) $q_{up}=q_{down}+1$：在该种情况下，信息比特无法平均分配至每一位校验比特，则利用前 $n_{ps}-n_{pc}\times q_{down}$ 个校验比特分别校验长度为 q_{up} 的信息比特，其余校

验比特校验长度为 q_{down} 的信息比特。校验比特的值根据如下公式计算：

$$u_{\text{pc}(i)}=u_{\text{Loc}(i\times q_{\text{up}})}=\bigoplus_{k=(i-1)\times q_{\text{up}}+1,\cdots,i\times q_{\text{up}}-1}u_{\text{Loc}(k)}，\quad i\leqslant n_{\text{ps}}-n_{\text{pc}}q_{\text{down}} \tag{4.5.2}$$

$$\begin{aligned}u_{\text{pc}(i)}&=u_{\text{Loc}(n_{\text{ps}}-(n_{\text{pc}}-i)\times q_{\text{down}})}\\&=\bigoplus_{k=n_{\text{ps}}-(n_{\text{pc}}-i+1)\times q_{\text{down}}+1,\cdots,n_{\text{ps}}-(n_{\text{pc}}-i)\times q_{\text{down}}-1}u_{\text{Loc}(k)}，\quad i>n_{\text{ps}}-n_{\text{pc}}q_{\text{down}}\end{aligned} \tag{4.5.3}$$

除了校验比特索引的构造会影响 PCA-SC-Flip 的纠错性能，是否需要执行比特翻转的度量机制也非常关键。实际译码中，可以根据 LLR 值来制定度量机制，即

$$M(\text{Loc}(k))=\begin{cases}\left|\text{LLR}(u_{\text{Loc}(k)})\right|+\delta_2\times\text{num}-\delta_{\text{Loc}(k)}，& \left|\text{LLR}(u_{\text{Loc}(k)})\right|\leqslant\delta_1\\ \left|\text{LLR}(u_{\text{Loc}(k)})\right|，& \left|\text{LLR}(u_{\text{Loc}(k)})\right|>\delta_1\end{cases} \tag{4.5.4}$$

式中，δ_1 和 δ_2 均为预设参数，δ_1 用于选择不可靠的信息比特位置，$\left|\text{LLR}(u_{\text{Loc}(k)})\right|>\delta_1$ 说明该位置可靠度较高，$\left|\text{LLR}(u_{\text{Loc}(k)})\right|\leqslant\delta_1$ 表示该位置可靠度较低；δ_2 是根据信息比特位置施加的惩罚因子，且 $\delta_2\times\text{num}$ 值越小，被翻转的可能性越大；$\delta_{\text{Loc}(k)}$ 是基于第一个奇偶校验失败而设置的惩罚因子，表达如下：

$$\delta_{\text{Loc}(k)}=\begin{cases}\delta_3，& k\leqslant k_{\text{fail}}\\ 0，& \text{其他}\end{cases} \tag{4.5.5}$$

其中，k_{fail} 为第一个未通过校验的校验比特位置；δ_3 同上述 δ_1 和 δ_2，均可通过离线蒙特卡罗模拟优化得到。

图 4.5.5 为 PCA-SC-Flip 译码算法流程，具体步骤如下。

步骤 1：初始化翻转标志位 flag = 0。

步骤 2：设置参数 $i=1$。

步骤 3：根据第 i 个校验比特所在位置，对第 i 组比特序列进行 SC-Flip 译码。

步骤 4：进行奇偶校验，若校验通过，则执行步骤 5；否则，执行步骤 6。

步骤 5：判断是否为最后一个奇偶检验比特，若是，继续进行译码，直至最后一个比特判决完成，并进行 CRC 校验，执行步骤 7；否则，令 $i=i+1$，并执行步骤 3。

步骤 6：停止译码，并设置待翻转位置，随后执行步骤 8。

步骤 7：判断 CRC 校验是否通过，若是，执行步骤 9；否则，设置待翻转位置，随后执行步骤 8。

步骤 8：判断待翻转位置是否全部翻转，若未完全翻转，则设置标志位 flag，并寻找下一个翻转位，随后执行步骤 2；若全部完成翻转，则译码失败。

步骤 9：返回结果，译码结束。

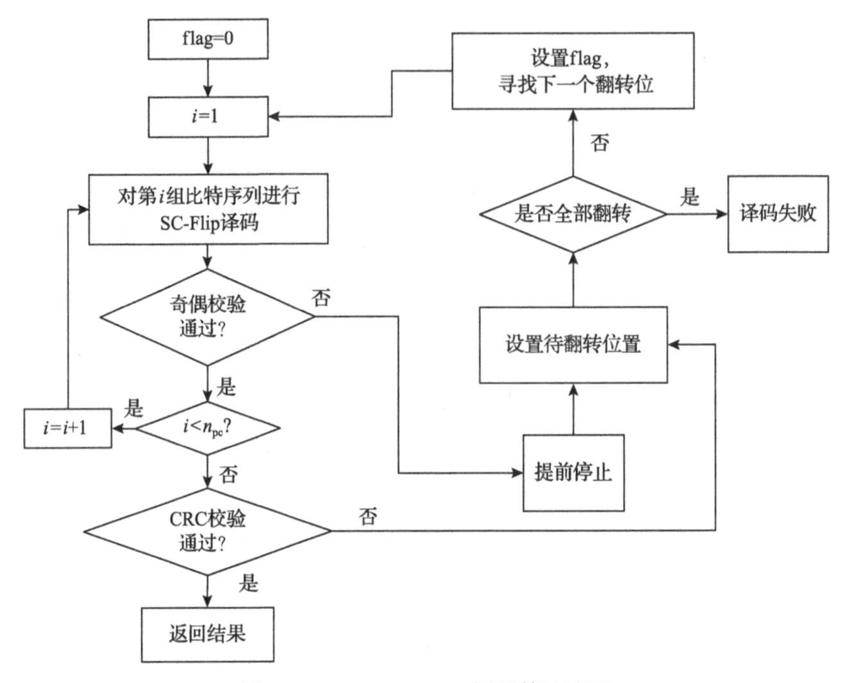

图 4.5.5　PCA-SC-Flip 译码算法流程

图 4.5.6 为 N=1024、$K=512$ 时的 PCA-SC-Flip 译码性能，以及与分段 SC-Flip (partitioned SC-flip，PSCF)、理想比特翻转译码的对比[7]。可见，无论是翻转一个比特还是多个比特，PCA-SC-Flip 译码算法均能够达到理想比特翻转译码器的性能。

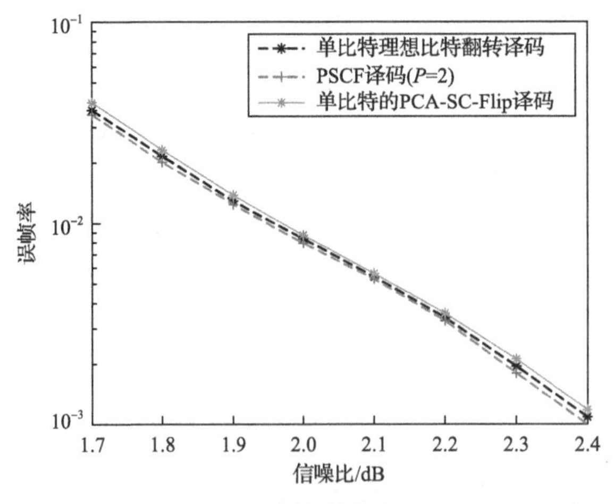

图 4.5.6　PCA-SC-Flip 译码性能(N = 1024, K = 512)

4.6　校验辅助软消除译码

4.1 节～4.5 节详细介绍了串行译码和并行译码。为了有效利用串行算法和并行算法的优点，本节介绍软消除(SCAN)译码算法[8]，包括软消除译码原理及校验辅助软消除译码。

4.6.1　软消除译码原理

串并混合软消除译码是指在 SC 译码中采用 BP 算法进行信息更新。图 4.6.1 展示了 $N=4$ 时的 SCAN 译码过程。与 BP 译码类似，SCAN 译码同样是在因子图上进行，主要包括信息初始化、左信息更新、右信息更新三个过程。对于码长为

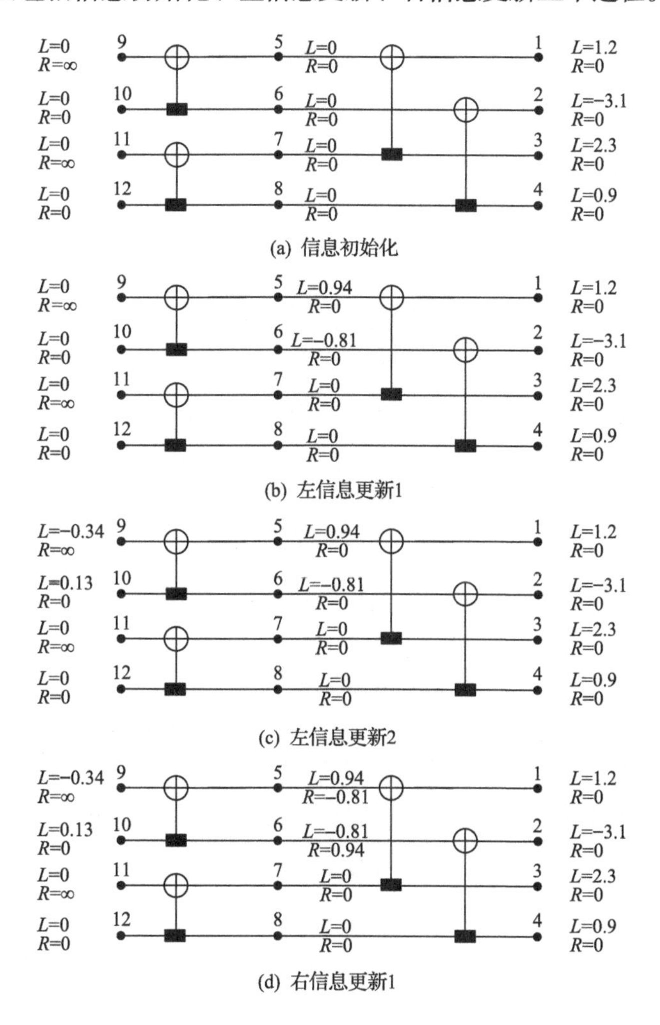

(a) 信息初始化

(b) 左信息更新1

(c) 左信息更新2

(d) 右信息更新1

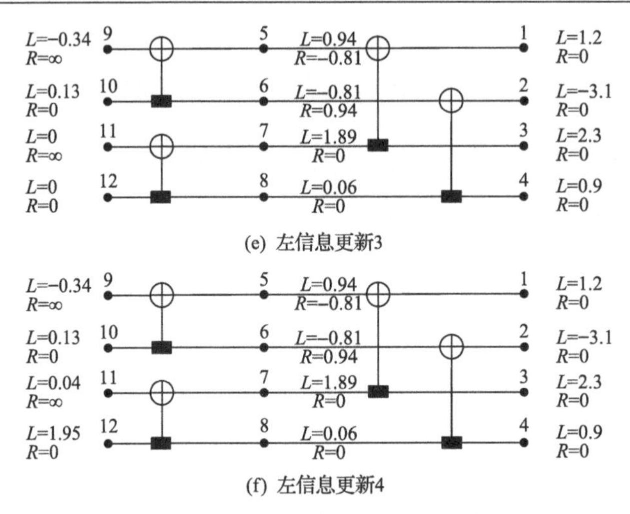

(e) 左信息更新3

(f) 左信息更新4

图 4.6.1　SCAN 译码过程($N=4$)

N 的极化码，因子图中包含 $\log_2 N$ 层运算结构以及 $\log_2 N+1$ 层节点。每一层包含 N 个节点，每个节点中记录着左信息 L 和右信息 R，通过迭代更新左、右信息获得最终的译码结果。

在 SCAN 译码中，最右侧节点左信息 L 接收信道 LLR 初始化为

$$L_{n+1,j}=\ln\frac{p(y_j\mid c_j=0)}{p(y_j\mid c_j=1)},\quad j=1,2,\cdots,N \tag{4.6.1}$$

式中，$n=\log_2 N$，最左侧节点右信息 R 则通过冻结比特决定，规则如下：

$$R_{1,j}=\begin{cases}0, & j\in\mathcal{I}\\ \infty, & j\in\mathcal{I}^{\mathrm{c}}\end{cases} \tag{4.6.2}$$

式中，$\mathcal{I}$ 为信息比特索引集合；$\mathcal{I}^{\mathrm{c}}$ 为冻结比特索引集合。其他节点的左、右信息均初始化为 0。

与 BP 译码相似，节点信息的更新离不开同一结构中的其他三个节点。图 4.6.2 为 SCAN 译码器基本计算单元，其中，L_a 和 R_a 分别代表节点 a 的左信息和右信息，L_b 和 R_b 分别为节点 b 的左信息和右信息，L_c 和 R_c 分别为节点 c 的左信息和右信息，L_d 和 R_d 分别为节点 d 的左信息和右信息，计算如下：

$$L_a=f(L_c,L_d+R_b) \tag{4.6.3}$$

$$L_b=f(L_c,R_a)+L_d \tag{4.6.4}$$

$$R_c=f(R_a,R_b+L_d) \tag{4.6.5}$$

$$R_d = f(R_a, L_c) + R_b \tag{4.6.6}$$

式中，f 运算与式(2.4.8)定义一样。

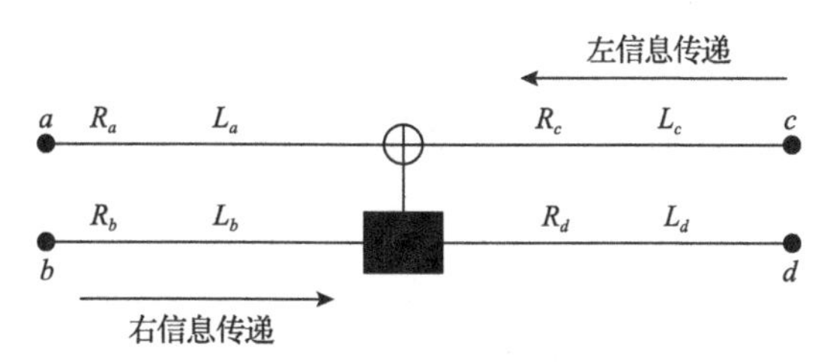

图 4.6.2　SCAN 译码器基本计算单元

表 4.6.1 为 $N=4$ 时的 SCAN 译码器信息迭代流程。与 BP 译码不同，SCAN 译码过程中同一列节点的左、右信息并不是在同一时刻进行更新，而是按照 SC 译码顺序在不同时刻进行更新。

表 4.6.1　SCAN 译码器信息迭代流程(N= 4)

时刻表	1	2	3	4	5
更新变量	$L_{2,1}$ $L_{2,2}$	$L_{1,1}$ $L_{1,2}$	$R_{2,1}$ $R_{2,2}$	$L_{2,3}$ $L_{2,4}$	$L_{1,3}$ $L_{1,4}$

图 4.6.3 展示了 N=32768、K=16384 时的 SCAN 译码器性能，并对比了 SC 译码性能[8]。SCAN 译码在迭代次数为 1 时纠错性能劣于 SC 译码，当迭代次数增加为 2 时纠错性能明显优于 SC 译码，并且 SCAN 译码在迭代次数为 2 与迭代次数为 4 时的纠错性能几乎一样，具有易收敛特性。

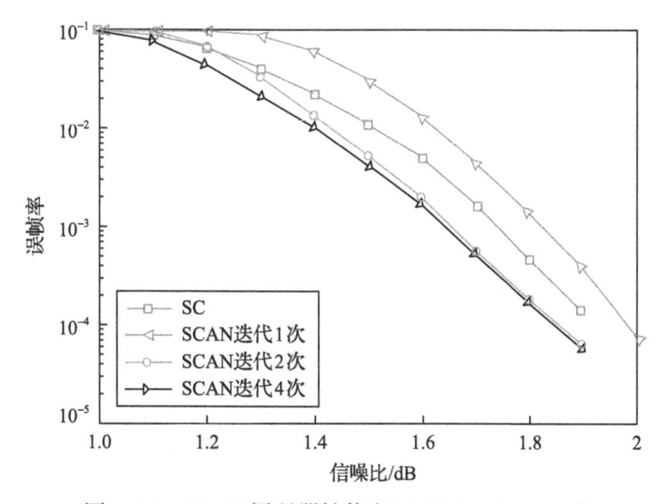

图 4.6.3　SCAN 译码器性能(N=32768，K=16384)

4.6.2　PCA-SCAN 译码

基于 SCAN 译码原理，文献[9]提出了校验辅助的 SCAN(parity check aided SCAN，PCA-SCAN)译码器。为便于读者理解，在介绍 PCA-SCAN 译码器之前，首先介绍 SCAN 树形译码结构，如图 4.6.4 所示。

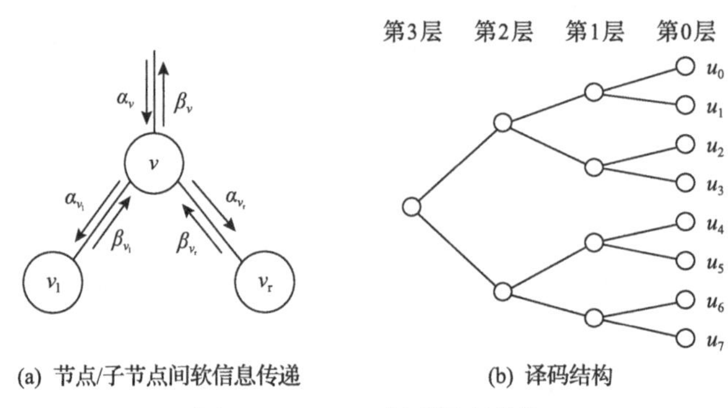

图 4.6.4　SCAN 树形译码结构

SCAN 译码顺序本质上与 SC 译码类似，因此，SCAN 树形译码结构与 SC 树形译码结构并无差别。二者之间的区别主要在于节点中存储信息的类型以及节点间信息传递的方式不同。在 SC 译码中，译码树中节点存储的 β 信息为 0、1 序列。在 SCAN 译码过程中，译码树中节点存储的 α 信息和 β 信息均为软信息。此外，在节点之间信息传递的过程中，节点 v 与其子节点 v_l 和 v_r 根据如下公式完成 α 信息和 β 信息的更新：

$$\begin{cases} \alpha_{v_l}^i = h(\alpha_v^i, \beta_{v_r}^i + \alpha_v^{i+2^{s-1}}), & i \in \{0,1,\cdots,2^{s-1}-1\} \\ \alpha_{v_r}^i = h(\alpha_v^i, \beta_{v_l}^i) + \alpha_v^{i+2^{s-1}}, & i \in \{0,1,\cdots,2^{s-1}-1\} \end{cases} \tag{4.6.7}$$

$$\begin{cases} \beta_v^i = h(\beta_{v_l}^i, \beta_{v_r}^i + \alpha_v^{i+2^{s-1}}), & i \in \{0,1,\cdots,2^{s-1}-1\} \\ \beta_v^{i+2^{s-1}} = h(\alpha_v^i, \beta_{v_l}^i) + \beta_{v_r}^i, & i \in \{0,1,\cdots,2^{s-1}-1\} \end{cases} \tag{4.6.8}$$

式中，s 代表节点所在的层数；h 运算表达如下：

$$h(\alpha,\beta)=2\operatorname{arctanh}\left(\tanh\left(\frac{\alpha}{2}\right)\times\tanh\left(\frac{\beta}{2}\right)\right) \tag{4.6.9}$$

在树形译码结构的基础上，PCA-SCAN 译码器根据规定的校验关系，在树的底端形成多条奇偶校验链。图 4.6.5 为码长 $N=64$ 时的 PCA-SCAN 译码结构，出于空间考虑，图中省略了第一个信息比特索引之前和最后一个奇偶校验比特索引之后的叶节点。

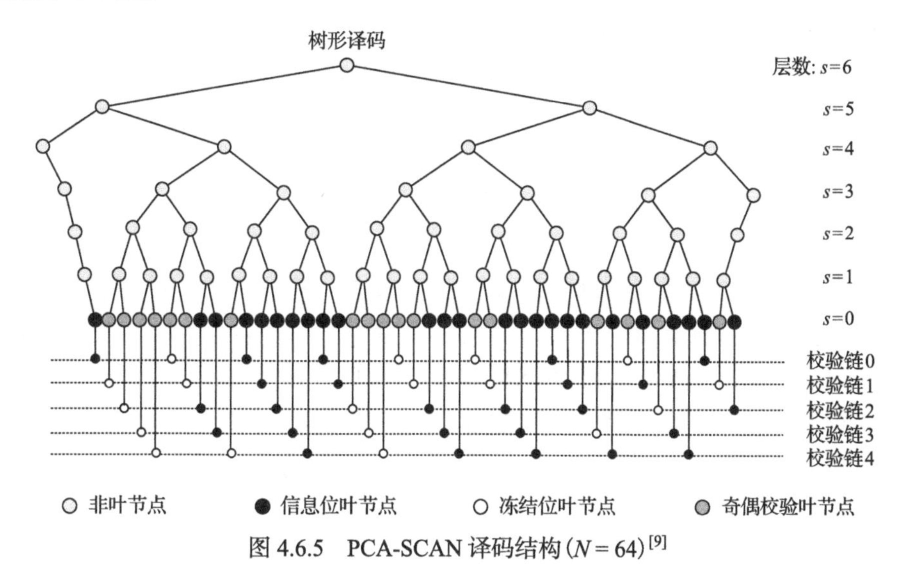

图 4.6.5　PCA-SCAN 译码结构 ($N=64$)[9]

PCA-SCAN 译码算法与 SCAN 译码算法的主要区别在于叶节点软信息的计算方式不同，下面对其进行详细介绍。

情况 1：当叶节点属于校验节点 u 时，返回的 β 信息依赖同一校验方程中其他信息节点的 α 信息，计算如下：

$$\beta_u = \lambda_P \times f(\alpha_{u'_0}, \alpha_{u'_1}, \cdots, \alpha_{u'_k}) \tag{4.6.10}$$

式中，λ_P 为经验参数；u'_i (i=0,1,$\cdots$,k) 为与校验节点 u 在同一校验方程中的其他信息节点。

情况 2：当叶节点属于被校验的信息位节点 u 时，返回的 β 信息计算如下：

$$\beta_u = \sum_{u' \in P(u)} \lambda_I \times f(\alpha_{u'}, \alpha_{u''_0}, \cdots, \alpha_{u''_k}) \tag{4.6.11}$$

式中，λ_I 为经验参数；$P(u)$ 为节点 u 所参与的校验方程中校验节点 u' 的集合；u''_i (i=0,1,$\cdots$,k) 为与校验节点 u' 在同一校验方程中除 u 之外的其他信息位节点。

情况 3：当叶节点属于冻结位节点 u 时，返回的 β 信息计算如下：

$$\beta_u = \infty \tag{4.6.12}$$

情况4：剩余节点返回的β信息计算如下：

$$\beta_u = 0 \tag{4.6.13}$$

接下来具体介绍PCA-SCAN的译码流程。

步骤1：初始化α、β，以及迭代次数$t=1$和最大迭代次数$T_{\max}$。

步骤2：判断t是否达到最大迭代次数$T_{\max}$。若是，执行步骤6；否则，执行步骤3。

步骤3：进行SCAN译码。判断是否达到叶节点，若是，执行步骤4；否则继续译码。

步骤4：对叶节点软信息更新。若为校验节点，根据式(4.6.10)更新软信息；若为被校验的信息位节点，根据式(4.6.11)更新软信息；若为冻结位节点，根据式(4.6.12)更新软信息；剩余节点根据式(4.6.13)更新软信息。

步骤5：判断是否到达最后一个叶子节点。若是，令$t=t+1$，并执行步骤2；否则，执行步骤3。

步骤6：译码结束。

4.7 本章小结

本章针对PCC极化码，分别介绍了PCA-SCL译码、PCA-ASCL译码、PCA-BP译码、PCA-BPL译码、PCA-SC-Flip译码和PCA-SCAN译码，并在不同仿真参数下对比了各种译码算法的纠错性能。通过学习校验辅助极化码译码，可以更好地理解PCC极化码的特征及优势。

参考文献

[1] 王涛, 屈代明, 江涛. 降低SCL译码错误的级联极化码[J]. 中兴通讯技术, 2019, (1): 5-11.

[2] Wang T, Qu D, Jiang T. Parity-check-concatenated polar codes[J]. IEEE Communications Letters, 2016, 20(12): 2342-2345.

[3] Li B, Shen H, Tse D. An adaptive successive cancellation list decoder for polar codes with cyclic redundancy check[J]. IEEE Communications Letters, 2012, 16(12): 2044-2047.

[4] Zhang J, Xu H, Zhang L, et al. Parity-check aided adaptive successive cancellation list decoding for polar codes[C]. IEEE 21st International Conference on Communication Technology(ICCT), Tianjin, 2021: 138-142.

[5] 王涛. 校验级联极化码及其构造[D]. 武汉：华中科技大学, 2019.

[6] 曹涵枫. 极化码高速率译码算法研究[D]. 武汉：华中科技大学, 2022.

[7] Dai B, Gao C Y, Yan Z Y, et al. Parity check aided SC-flip decoding algorithms for polar codes[J]. IEEE Transactions on Vehicular Technology, 2021, 70(10): 10359-10368.

[8] Fayyaz U U, Barry J R. Low-complexity soft-output decoding of polar codes[J]. IEEE Journal on Selected Areas in Communications, 2014, 32(5): 958-966.

[9] Tong J, Zhang H, Wang X, et al. A soft cancellation decoder for parity-check polar codes[C]. IEEE 31st Annual International Symposium on Personal, Indoor and Mobile Radio Communications, London, 2020: 1-6.

第5章　PCC极化码硬件实现

第3、4章详细阐述了PCC极化码的编码、译码原理，本章将重点介绍其硬件实现。为便于读者理解与学习，本章从极化码的编码架构设计、译码架构设计与硬件实现三个方面展开详细介绍。在编码架构设计方面，根据编码过程的并行程度划分为并行架构和半并行架构。译码架构设计则从量化方案、SC译码、SCL译码、BP译码四个方面探讨主流极化码译码器的硬件设计思路。在硬件实现方面，重点介绍PCC极化码编码、译码硬件实现方案。

5.1　极化码编码架构设计

极化码编码过程规律易循，故编码器的硬件实现相对容易。目前，极化码编码器的硬件实现的重点在于通过控制编码的并行程度以平衡硬件资源消耗与吞吐率等性能。随着并行程度的降低，极化码编码器的硬件资源消耗与吞吐率也随之降低。因此，针对特定场景需求，选择合适并行程度的编码器设计架构对于降低硬件资源开销、提高系统吞吐率具有重要意义。

如2.3节所述，极化码是一种线性分组码，其编码过程可表示为

$$\boldsymbol{c}_1^N = \boldsymbol{u}_1^N \boldsymbol{G}_N \tag{5.1.1}$$

式中，N 表示码长；$\boldsymbol{u}_1^N$ 表示信息比特与冻结比特混合映射后的比特序列；$\boldsymbol{c}_1^N$ 表示编码序列；$\boldsymbol{G}_N$ 表示极化码生成矩阵，表达如下：

$$\boldsymbol{G}_N = \boldsymbol{B}_N \boldsymbol{F}^{\otimes n} \tag{5.1.2}$$

其中，$n = \log_2 N$，$\boldsymbol{F}^{\otimes n}$ 表示矩阵 $\boldsymbol{F}$ 的 n 次克罗内克积，$\boldsymbol{B}_N$ 表示比特翻转矩阵。

显然，极化码编码器主要实现待编码数据与生成矩阵相乘的过程。图5.1.1展示了 $N=8$ 时的极化码通用编码器电路结构，其中 $\boldsymbol{R}_4$ 和 $\boldsymbol{R}_8$ 表示奇偶排列矩阵，即先排列奇数列再排列偶数列，$\boldsymbol{u}_1^K$ 表示长度为 K 的信息比特序列，$\boldsymbol{c}_1^N$ 为编码后结果。

在硬件实现过程中，信息比特与冻结比特混合映射、比特位翻转操作均可以通过对存储结构的控制来实现。待编码数据与 $\boldsymbol{F}^{\otimes n}$ 矩阵相乘的过程主要有两种实现方式：并行架构和半并行架构。具体地，并行架构为每一个模2加法操作部署

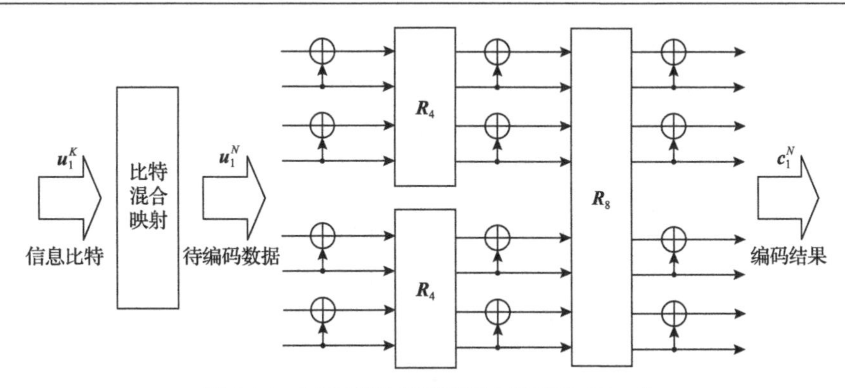

图 5.1.1　极化码通用编码器电路结构($N=8$)

一个异或门电路(若无特殊说明，本书中异或门均表示二输入异或门)，编码数据与 $F^{\otimes n}$ 矩阵相乘的过程仅需消耗一个时钟周期。半并行架构则在并行架构的基础上，以一定的时钟周期消耗和存储资源消耗为代价，在不降低硬件资源利用率的前提下，减少该过程的逻辑资源开销。本书将依次介绍极化码的并行架构和半并行架构，并对其吞吐率性能和资源消耗进行分析。

5.1.1　并行架构

以码长 $N=8$ 为例，这时，矩阵 F 的 3 次克罗内克积为

$$F^{\otimes 3}=\begin{bmatrix}1&0&0&0&0&0&0&0\\1&1&0&0&0&0&0&0\\1&0&1&0&0&0&0&0\\1&1&1&1&0&0&0&0\\1&0&0&0&1&0&0&0\\1&1&0&0&1&1&0&0\\1&0&1&0&1&0&1&0\\1&1&1&1&1&1&1&1\end{bmatrix} \tag{5.1.3}$$

图 5.1.2 显示了 $N=8$ 时 u_1^N 与 $F^{\otimes 3}$ 的相乘过程。待编码数据 u_1^N 与 $F^{\otimes 3}$ 相乘可表示为从左往右的传递过程，当数据传输至最右侧时即可得到矩阵相乘的结果。

图 5.1.3 为 $N=8$ 时的极化码编码器并行架构，该图采用异或门电路的形式实现了图 5.1.2 所示的相乘过程。当码长为 N 时，共有 $\log_2 N$ 层电路，每层包含 $N/2$ 个异或门电路。数据流从最左侧运行至最右侧，在不考虑电路时延的情况下，通过组合逻辑可以即刻获得异或操作结果。这种架构称为极化码的并行编码架构。

显而易见，并行架构中每一层异或门电路的数目相同。因此，对其中一层门电路进行复用，即可将异或门电路总数降低至 $N/2$，但时钟周期延迟却增加至

$\log_2 N$。此外，矩阵 $\boldsymbol{F}$ 的 $k+1$ 次克罗内克积矩阵中包含 k 次克罗内克积的矩阵结构，即长码长的并行编码电路中包含短码长的并行编码电路。以图 5.1.3 所示的编码器并行架构为例，虚线标注部分即为码长 $N=4$ 的并行编码电路。

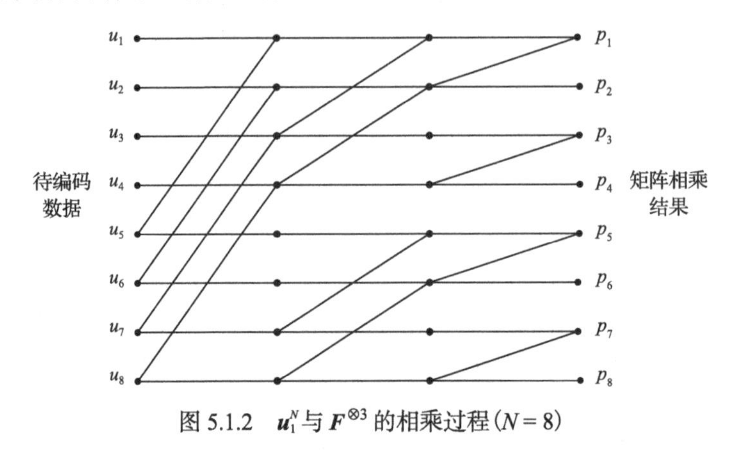

图 5.1.2　$\boldsymbol{u}_1^N$ 与 $\boldsymbol{F}^{\otimes 3}$ 的相乘过程 $(N=8)$

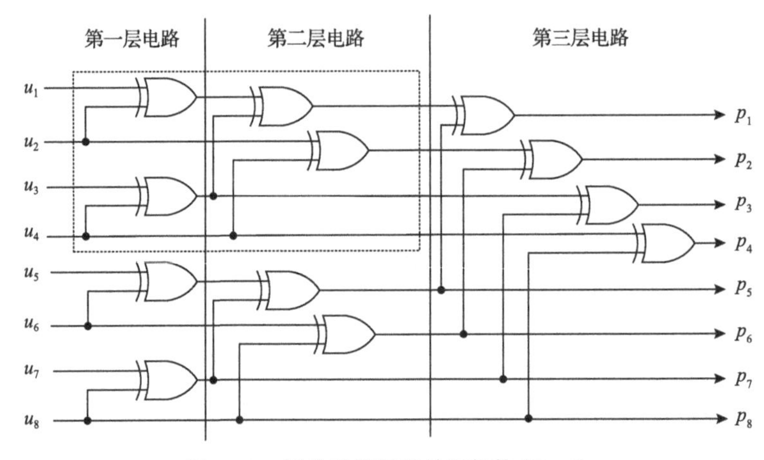

图 5.1.3　极化码编码器并行架构 $(N=8)$

需要注意的是，并行架构虽然是一种具有极高吞吐率的实现方案，但在适用范围上存在如下局限性。

(1) 难以实现长码长下的编码过程。当码长为 N 时，并行架构需要 $\log_2 N$ 层异或门电路，每层门电路数目为 $N/2$，共需要 $(N\log_2 N)/2$ 个异或门电路。如表 5.1.1 所示，随着码长的增长，异或门资源消耗也随之增加。当码长达到 $2^{15}=32768$ 时，异或门资源消耗高达 2.46×10^5 个，硬件实现难度激增。此外，随着逻辑门电路面积消耗的增加，电路工作频率也会随之降低。

(2) 难以适配不同码长码率的编码过程。并行架构在完成部署后仅能实现特定码长的编码过程，尽管可以通过复用部分电路结构来实现短码长的编码，但通常以消耗额外的存储与控制资源为代价，从而导致硬件电路资源复用度降低。

表 5.1.1　并行架构异或门电路资源消耗

码长	1024	2048	4096	8192	16384	32768
异或门数目/个	5120	11264	24576	53248	114688	245760

5.1.2　半并行架构

针对 5.1.1 节中并行架构存在的问题，极化码编码器的半并行架构被提出，通过调用方案可以满足码长码率灵活可变、低硬件资源开销等需求。相较于并行架构，极化码半并行编码架构主要通过复用数量较少的异或门电路，以较低的硬件资源开销来实现长码长编码。我们主要从结构设计、工作流程、资源与性能分析等方面介绍常见的极化码半并行编码架构。

对于码长为 N 的编码过程，并行架构需要 $\log_2 N$ 层异或门电路，每层门电路数目为 $N/2$ 。Yoo 等[1]于 2014 年提出了一种减少每层门电路数目的半并行编码架构，虽然同样需要 $\log_2 N$ 层异或门电路，但每层的门电路数目由并行度 P 决定。对于码长为 N、并行度为 P 的编码结构，只需要 $(P\log_2 N)/2$ 个异或门电路。

图 5.1.4 为码长 $N=16$ 且并行度 $P=4$ 的半并行编码器。图中， $k=0,1,2,3$ ，R 表示寄存器，用于存储编码过程产生的中间值。当并行度 $P=4$ 时，每一层异或门电路数目为 $P/2=2$。第一层与第二层的计算过程无须存储上一次计算的结果。因此，不消耗额外的存储单元。但第二层与第三层的计算过程共需要消耗 4 个寄存器用于存储上一次计算的结果。以此类推，第三层与第四层的计算过程共需要消耗 12 个寄存器用于存储上一次计算的结果。

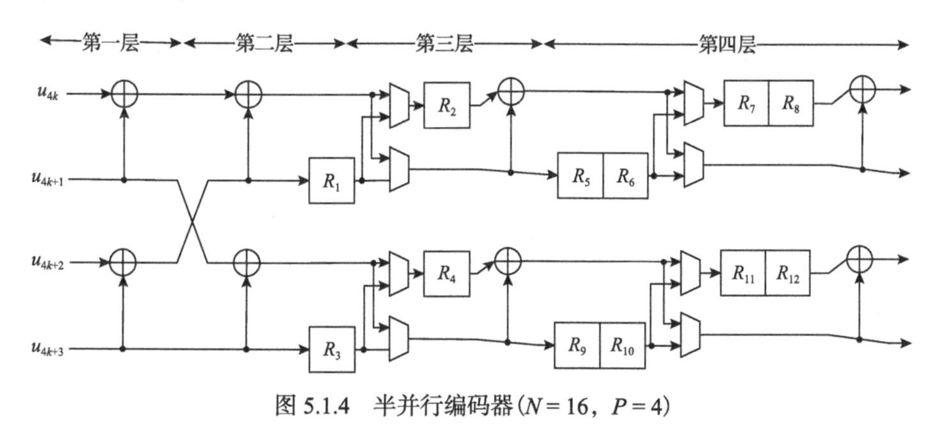

图 5.1.4　半并行编码器($N=16$，$P=4$)

当码长 $N=16$ 时，极化码编码过程如图 5.1.5 所示，其中，$A_0\sim A_7$、$B_0\sim B_7$、$C_0\sim C_7$、$D_0\sim D_7$ 节点表示异或操作，对应的硬件结构为异或门电路。图中 $w_{i,j}$ 表示

转移概率，i 为极化码编码层级，j 为该概率所关联 u_j 索引。

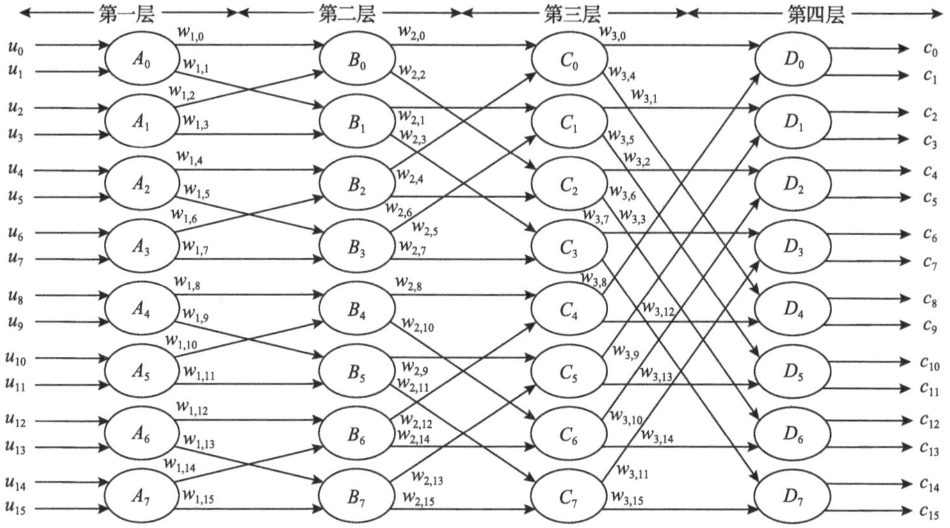

图 5.1.5　极化码编码过程($N = 16$)

对应地，图 5.1.6 为半并行编码器工作流程。在第一个时钟周期内，第一层和第二层电路完成$\{A_0, A_1\}$与$\{B_0, B_1\}$的计算。在第二个时钟周期内，第一层和第二层电路完成$\{A_2, A_3\}$与$\{B_2, B_3\}$的计算，第三层电路根据前两个时钟周期存储的数据完成$\{C_0, C_1\}$的计算。在第三个时钟周期内，第一层和第二层电路完成$\{A_4, A_5\}$与$\{B_4, B_5\}$的计算，第三层电路完成$\{C_2, C_3\}$的计算。在第四个时钟周期内，第一层和第二层电路完成$\{A_6, A_7\}$与$\{B_6, B_7\}$的计算，第三层电路完成$\{C_4, C_5\}$的计算，第四层电路完成$\{D_0, D_1\}$的计算。在第五个时钟周期内，第一层和第二层电路开始进入空闲状态，第三层电路完成$\{C_6, C_7\}$的计算，第四层电路完成$\{D_2, D_3\}$的计算。在第六个时钟周期内，第四层电路完成$\{D_4, D_5\}$的计算。在第七个时钟周期内，第四层电路完成$\{D_6, D_7\}$的计算。

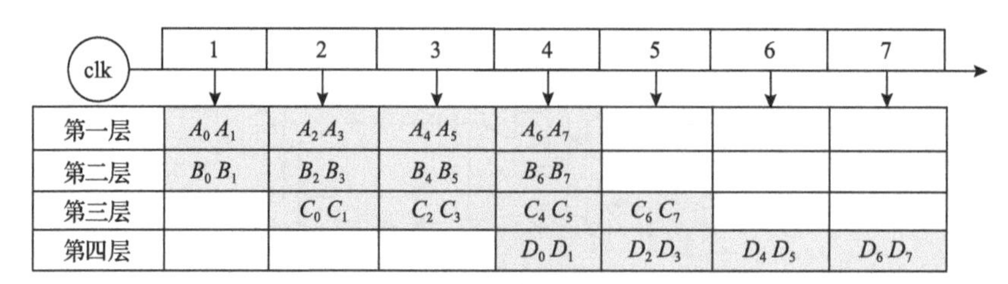

clk	1	2	3	4	5	6	7
第一层	$A_0 A_1$	$A_2 A_3$	$A_4 A_5$	$A_6 A_7$			
第二层	$B_0 B_1$	$B_2 B_3$	$B_4 B_5$	$B_6 B_7$			
第三层		$C_0 C_1$	$C_2 C_3$	$C_4 C_5$	$C_6 C_7$		
第四层				$D_0 D_1$	$D_2 D_3$	$D_4 D_5$	$D_6 D_7$

图 5.1.6　半并行编码器工作流程

相应地，图 5.1.7 为半并行编码器数据使用与存储过程，方框所标注的是当前时钟周期内下一层计算过程需要消耗的数据，箭头表示变量从当前寄存器迁移至另一个寄存器。若第二层和第三层电路生成的数据在当前时钟周期内未被使用，则会被写入对应位置的存储结构中。以第二个时钟周期为例，第一层和第二层电路结构生成$\{w_{2,4}, w_{2,6}, w_{2,5}, w_{2,7}\}$，其在上个时钟周期生成的$\{w_{2,2}, w_{2,0}, w_{2,3}, w_{2,1}\}$数据已存储至$\{R_1, R_2, R_3, R_4\}$中。

周期	第二层	R_1	R_2	R_3	R_4	第三层	R_5	R_6	R_7	R_8	R_9	R_{10}	R_{11}	R_{12}
1	$w_{2,0}$ $w_{2,2}$ $w_{2,1}$ $w_{2,3}$													
2	$w_{2,4}$ $w_{2,6}$ $w_{2,5}$ $w_{2,7}$	$w_{2,2}$	$w_{2,0}$	$w_{2,3}$	$w_{2,1}$	$w_{3,0}$ $w_{3,4}$ $w_{3,1}$ $w_{3,5}$								
3	$w_{2,8}$ $w_{2,10}$ $w_{2,9}$ $w_{2,11}$	$w_{2,6}$	$w_{2,2}$	$w_{2,7}$	$w_{2,3}$	$w_{3,2}$ $w_{3,6}$ $w_{3,3}$ $w_{3,7}$	$w_{3,4}$		$w_{3,0}$		$w_{3,5}$		$w_{3,1}$	
4	$w_{2,12}$ $w_{2,14}$ $w_{2,13}$ $w_{2,15}$	$w_{2,10}$	$w_{2,8}$	$w_{2,11}$	$w_{2,9}$	$w_{3,8}$ $w_{3,12}$ $w_{3,9}$ $w_{3,13}$	$w_{3,6}$	$w_{3,4}$	$w_{3,2}$	$w_{3,0}$	$w_{3,7}$	$w_{3,5}$	$w_{3,3}$	$w_{3,1}$
5		$w_{2,14}$	$w_{2,10}$	$w_{2,15}$	$w_{2,11}$	$w_{3,10}$ $w_{3,14}$ $w_{3,11}$ $w_{3,15}$	$w_{3,12}$	$w_{3,6}$	$w_{3,4}$	$w_{3,2}$	$w_{3,13}$	$w_{3,7}$	$w_{3,5}$	$w_{3,3}$
6							$w_{3,14}$	$w_{3,12}$	$w_{3,6}$	$w_{3,4}$	$w_{3,15}$	$w_{3,13}$	$w_{3,7}$	$w_{3,5}$
7								$w_{3,14}$		$w_{3,6}$		$w_{3,15}$		$w_{3,7}$

图 5.1.7　半并行编码器数据使用与存储过程

由图 5.1.6 可知，当前时钟周期内还需完成$\{C_0, C_1\}$的计算。因此，需要消耗$\{w_{2,4}, w_{2,5}, w_{2,0}, w_{2,1}\}$。$\{C_0, C_1\}$计算所得结果$\{w_{3,4}, w_{3,0}, w_{3,5}, w_{3,1}\}$在当前时钟周期内未参与后续层的计算，将在下一时钟周期写入$\{R_5, R_7, R_9, R_{11}\}$存储单元中。

显而易见，对于半并行编码架构，关注的性能主要有吞吐率、资源开销(包括逻辑资源开销和存储资源开销)等。

吞吐率：半并行编码器能够以流水线的形式工作，当每一层电路均处于满负荷状态时，编码器的吞吐率仅由每层电路的工作时长决定。每一层异或运算的次数为$N/2$ (N为码长)。所以，对于并行度为P的半并行架构，每层计算所需时钟周期数目为

$$\frac{N}{2}\Big/\frac{P}{2}=\frac{N}{P} \tag{5.1.4}$$

因此，半并行编码架构的吞吐率可表示为

$$N\Big/\frac{N}{P}=P \tag{5.1.5}$$

式中，吞吐率的单位为比特每时钟周期。

资源开销：当码长为N、并行度为P时，半并行架构所需的异或门电路数目为$(P/2)\log_2 N$。此外，并非每一层电路的输入都需要进行存储。当并行度为P时，前$\log_2 P$层电路无须使用存储结构，第$1+\log_2 P$层至第$\log_2 N$层，每层异或门电路均需要$P\times 2^{s-1-\log_2 P}$个存储结构，s表示层数。以码长$N=16$、并行度$P=4$

为例，第一层和第二层异或门电路不需要使用存储结构，第三层异或门电路需要使用 4 个存储结构，第四层异或门电路需要使用 8 个存储结构。因此，当码长为 N、并行度为 P 时，半并行编码器消耗的存储单元数目为

$$\sum_{s=1+\log_2 P}^{\log_2 N} P\times 2^{s-1-\log_2 P}=N-P \tag{5.1.6}$$

显然，相较于并行编码架构，半并行编码架构能够在不降低逻辑门资源利用率的前提下，以增加一定的存储资源开销和降低一定的吞吐率为代价，实现长码长情况下的极化码编码。

在中短码长情况下，极化码可通过添加级联码字的方式提升纠错性能，因此在设计编码器时，通常需要在编码主体设置额外的电路结构。本书将在 5.3 节对 PCC 极化码编码器的设计进行详细论述。

5.2　极化码译码架构设计

极化码译码器的实现主要依托于高效稳定的译码算法。本节将在前文所论述的 SC 译码、SCL 译码、BP 译码等算法的基础上，分析常用的硬件架构设计。首先，介绍译码器的量化方案。其次，介绍 SC 译码器的计算单元结构、快速傅里叶变换型架构、树型架构、线型架构和半并行 SC 架构，并在此基础上分析具备高吞吐率的多比特译码架构以及 Fast-SSC 译码设计方案。接着，根据 SCL 译码器的基本特点，重点介绍硬件高效 SCL 译码器方案和可满足不同码长码率与纠错性能需求的多模式 SCL 译码器方案。最后，针对基础计算块及其调度机制对 BP 译码器展开详细介绍。

5.2.1　译码器量化方案

极化码常用信道转移概率、对数似然比等软信息进行译码。因此，软信息的形式与精度决定了译码器的纠错性能。一般而言，软信息精度较高的译码器性能更优，但在硬件实现过程中资源开销也更大。因此，需根据实际应用场景综合考虑纠错性能与资源开销，选取最合适的量化方案进行译码器实现。

在极化码译码器设计过程中，数据位宽将直接影响存储资源消耗和逻辑运算电路复杂度。译码器量化是指用有限位数来表示译码过程中的各种常量和变量，避免直接使用浮点型数据。对于极化码译码器设计，软信息输入位宽、计算过程中软信息位宽、路径度量值的最大值等参数均需要进行量化设计，以达到译码性能与资源消耗之间的平衡。

本节介绍基于 LLR 值的极化码 SCL 译码器量化方案，主要围绕极化码串行译码过程中的均匀量化方案与非均匀量化方案展开详细说明。在分析量化方案之前，首先以 AWGN 信道条件下的极化码编码、译码实现过程为例，介绍软信息分布特点。

图 5.2.1 为 AWGN 信道条件下的极化码编码、译码通信过程。发射机将信息比特序列 $\boldsymbol{u}_1^K$ 进行极化码编码得到序列 $\boldsymbol{c}_1^N$，并采用 BPSK 调制将编码后的二进制比特 0 调制为 1，比特 1 调制为 -1。发送端第 i 个符号表示为

$$s_i = \sqrt{E_s}(1-2c_i) \tag{5.2.1}$$

式中，E_s 表示符号能量。对应接收端第 i 个符号可以表示为

$$y_i = s_i + n_i \tag{5.2.2}$$

式中，n_i 表示二进制信道条件下的加性高斯白噪声。从统计角度分析，n_i 服从均值为 0、方差为 $N_0/2$ 的高斯分布，N_0 为噪声的单边功率谱密度。因此，接收序列的概率密度函数(PDF)可以表示为

$$\begin{aligned} f(y) = {} & p(s=0)\frac{1}{\sigma\sqrt{2\pi}}\mathrm{e}^{-\frac{(y-\sqrt{E_s})^2}{2\sigma^2}} \\ & + p(s=1)\frac{1}{\sigma\sqrt{2\pi}}\mathrm{e}^{-\frac{(y+\sqrt{E_s})^2}{2\sigma^2}} \end{aligned} \tag{5.2.3}$$

式中，σ 表示噪声标准差；$p(s=0)$ 和 $p(s=1)$ 分别表示发送端发送数据为 1 和 -1 的概率。

图 5.2.2 为 AWGN 信道条件下接收信号的 PDF 分布。当 1 与 -1 等概率发送时，接收信号的 PDF 曲线为两个高斯分布的线性组合。对于 BPSK 调制，可以通过如下公式计算得到 LLR 值：

$$\mathrm{LLR}_i = \frac{2y_i}{\sigma^2} \tag{5.2.4}$$

则接收序列的 LLR 值可表示为

$$L_1^{(1)}(y_i) = \log_2\frac{p(y_i \mid s_i=0)}{p(y_i \mid s_i=1)} = 4\frac{\sqrt{E_s}}{N_0}y_i \tag{5.2.5}$$

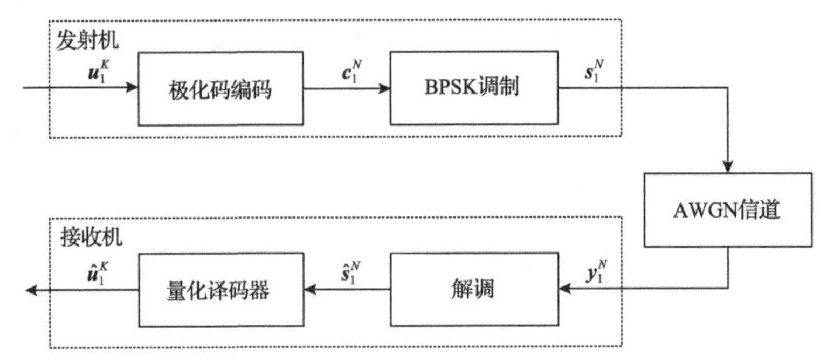

图 5.2.1　AWGN 信道条件下的极化码编码、译码通信过程

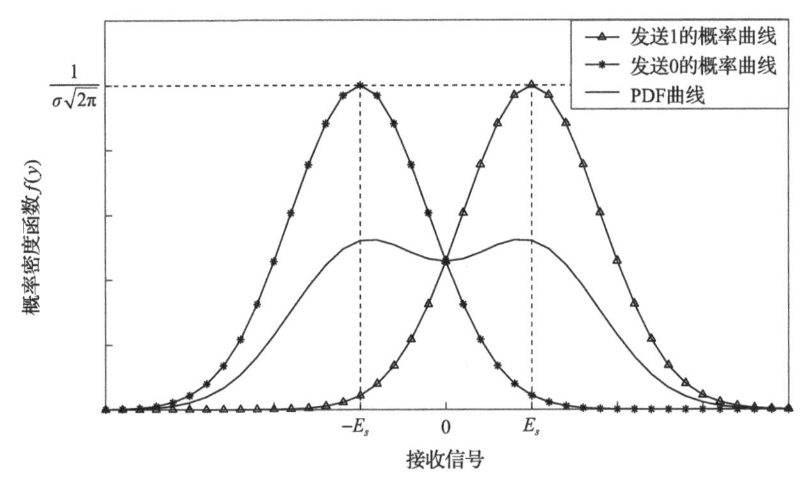

图 5.2.2　AWGN 信道条件下接收信号的 PDF 分布

图 5.2.3 为 AWGN 信道条件下软信息 LLR 值的 PDF 分布，其中，M 为量化截止门限，T_j 表示第 j 个量化区间。明显地，接收序列 LLR 值的 PDF 分布同样可以认为是两个高斯分布的线性组合。

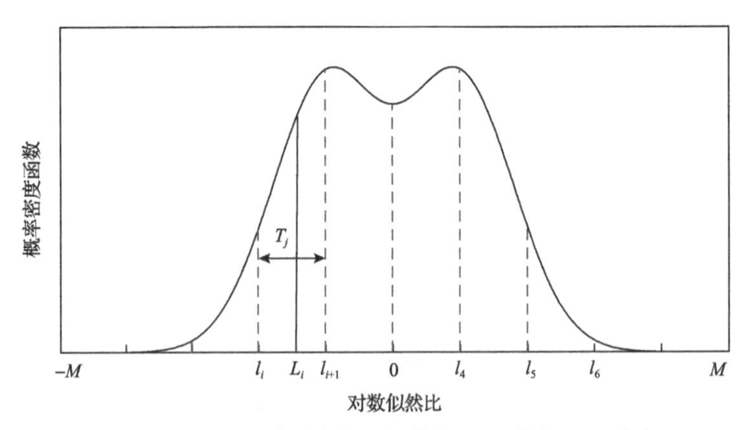

图 5.2.3　AWGN 信道条件下软信息 LLR 值的 PDF 分布

由图 5.2.3 可知，输入至译码器的 LLR 值可由如下公式表示：

$$\mathrm{LLR}=\begin{cases}-M, & L<-M\\ L_i, & l_i\leqslant L<l_{i+1}\\ M, & L>M\end{cases} \tag{5.2.6}$$

当计算得到的 LLR 值绝对值大于量化截止门限 M 时，直接将其设置为 M 或者$-M$。当 LLR 值位于量化截止门限以内时，根据其所处区域确定输入至译码器的 LLR 值。可见，完成接收序列 LLR 值的量化需要提前确定量化截止门限、各量化区间的范围以及该区间量化后的 LLR 值。对于二进制输入的 AWGN 信道，量化后得到的信道转移概率可表示为

$$p(y_i\in T_j\,|\,s_i=i)=\int_{T_j}p(y_i\,|\,s_i=i)\mathrm{d}y_i \tag{5.2.7}$$

式中，i 等于 0 或者 1，分别对应发送端发送 1 或者-1；T_j 表示第 j 个量化区间。

当采用式(5.2.8)和式(5.2.9)分别进行 f 运算与 g 运算时，f 运算前后数据的位宽不发生变化。当参与 g 运算的数据值较为特殊时，g 运算输出结果的位宽可能会发生变化。

$$f(a,b)\approx\mathrm{sign}(a)\mathrm{sign}(b)\min\{|a|,|b|\} \tag{5.2.8}$$

$$g(a,b,\hat{u}_s)=(-1)^{\hat{u}_s}a+b \tag{5.2.9}$$

当软信息形式为 LLR 值时，SCL 译码过程中需要计算路径度量值以评判译码结果的可靠程度，其数值大小依据 LLR 值量化结果的不同而发生改变。如第 4 章所述，SCL 译码过程中的路径度量值可表示为

$$\mathrm{PM}_l^{(i)}=\sum_{j=1}^{i}\ln\left(1+\mathrm{e}^{-(1-2\hat{u}_j[l])\mathrm{LLR}_N^{(j)}(l)}\right),\quad \mathrm{PM}_l^{(0)}=0 \tag{5.2.10}$$

式中，$\mathrm{LLR}_N^{(j)}(l)$ 表示第 l 条路径中第 j 个比特的 LLR 值；$\hat{u}_j[l]$ 表示第 l 条路径中第 j 个比特的判决结果。

对于不同的判决情况，路径度量值的计算如下：

$$\mathrm{PM}_l^{(i)}=\begin{cases}\mathrm{PM}_l^{(i-1)}, & \hat{u}_i[l]=\Theta(\mathrm{LLR}_N^{(i)}(l))\\ \mathrm{PM}_l^{(i-1)}+|\mathrm{LLR}_N^{(i)}(l)|, & \hat{u}_i[l]\neq\Theta(\mathrm{LLR}_N^{(i)}(l))\end{cases} \tag{5.2.11}$$

式中，$\Theta(x)$ 表示硬判决函数，即

$$\Theta(x)=\frac{1}{2}(1-\mathrm{sign}(x)) \tag{5.2.12}$$

综上所述，极化码 SCL 译码器的量化方案主要解决 LLR 值量化取值的问题。

1. 均匀量化

在实际应用过程中，均匀量化方案是一种易于实施且性能优异的量化方案。该方案基于 LLR 值的取值进行量化，可通过如下公式说明：

$$\mathrm{LLR}=\begin{cases}-M+\dfrac{\varDelta}{2}, & L<-M\\ -M+i\varDelta+\dfrac{\varDelta}{2}, & -M+i\varDelta\leqslant L<-M+(i+1)\varDelta\\ M-\dfrac{\varDelta}{2}, & L>M\end{cases} \tag{5.2.13}$$

式中，$\varDelta$ 为量化步长；M 为量化截止门限；i 的取值范围为$[0,2M/\varDelta-1]$。当采用 q 比特进行均匀量化时，量化区间数目为 2^q，i 的取值范围可表示为$[0,2^q-1]$，量化步长可表示为$M/2^q$。

当量化方案确定后，译码器的性能会随着量化后比特数目的增大而提升。当量化后数据的比特数目确定后，对量化截止门限进行分析优化即可。当量化截止门限值设置偏大时，量化得到的 LLR 值会有较大的精度损失；反之，当量化截止门限值设置偏小时，部分较大的 LLR 值将直接被设置为量化截止门限，译码器的性能也会受到影响。

如前所述，当传输信道为 AWGN 信道时，接收序列 LLR 值的 PDF 分布可以认为是两个高斯分布的线性组合，可借助高斯分布的3σ准则确定量化截止门限 M。当发射机发送信号 1 时，接收机得到的 LLR 值服从高斯分布 $\mathcal{N}(2/\sigma^2,4/\sigma^2)$。当发射机发送信号 -1 时，接收机得到的 LLR 值服从高斯分布 $\mathcal{N}(-2/\sigma^2,4/\sigma^2)$。因此，当量化比特数目为 q 时，门限值可设置为$2/\sigma^2+6/\sigma$，量化步长可设置为$(2/\sigma^2+6/\sigma)/2^q$。

为寻找性能更优的量化截止门限，文献[2]中提出了三个指标用于表征截止门限与译码性能之间的关系。

1) 基于均方误差的门限值设计

在均匀量化过程中，量化后信息的失真函数 D 可定义为

$$\begin{aligned}D(\varDelta)=&2\sum_{i=1}^{M-1}\int_{(i-1)\varDelta}^{i\varDelta}f\left(x-\frac{2i-1}{2}\varDelta\right)p(x)\mathrm{d}x\\&+2\int_{(M-1)\varDelta}^{\infty}f\left(x-\frac{2M-1}{2}\varDelta\right)p(x)\mathrm{d}x\end{aligned} \tag{5.2.14}$$

式中，第一项代表 LLR 值绝对值小于门限值时的误差；第二项代表 LLR 值绝对值大于门限值时的误差；$p(x)$ 是接收序列 LLR 值的概率密度函数。

在最小均方误差准则中，失真函数 $f(x)=x^2$，找到合适的门限值 M 使得

$$\frac{\mathrm{d}D}{\mathrm{d}\varDelta}=0 \tag{5.2.15}$$

2) 基于信道容量的门限值设计

二进制输入离散无记忆信道的容量 C 可表示为

$$\begin{aligned}C&=I(X;Y)=H(Y)-H(Y\mid X)\\&=-\sum_{j=0}^{L-1}p_j\log_2 p_j+\sum_{j=0}^{L-1}p_{0j}\log_2 p_{0j}\end{aligned} \tag{5.2.16}$$

式中，p_j 表示接收序列 y_i 值处于量化区间 T_j 的概率。该事件包含两种可能性：第一种是发射机发射信号 1，对应接收序列处于区间 T_j 的概率为 p_{0j}；第二种是发射机发射信号 -1，对应接收序列处于区间 T_j 的概率为 p_{1j}。以信道容量作为衡量指标时，信道容量 C 为量化步长的一维函数，找到合适的门限值 M 使得

$$\frac{\mathrm{d}C}{\mathrm{d}\varDelta}=0 \tag{5.2.17}$$

3) 基于截止速率的门限值设计

量化后译码器的截止速率 R 可表示为

$$\begin{aligned}R(\varDelta)&=\max_{p(s)}\left(-\log_2\sum_{y\in\boldsymbol{Y}}\left(\sum_{s\in\boldsymbol{S}}p(s)\sqrt{p(y|s)}\right)^2\right)\\&=-\log_2\frac{1}{2^2}\sum_{y\in\boldsymbol{Y}}\left(\sum_{s\in\boldsymbol{S}}\sqrt{p(y|s)}\right)^2\\&=2\log_2 2-\log_2\sum_{j=0}^{L-1}\left(\sqrt{p_{0j}}+\sqrt{p_{1j}}\right)^2\\&=1-\log_2\left(1+\sum_{j=0}^{L-1}\sqrt{p_{0j}p_{1j}}\right)\end{aligned} \tag{5.2.18}$$

与信道容量类似，截止速率 R 也可视为量化步长的一维函数，需要找到最佳的门限值 M 使得

$$\frac{\mathrm{d}R}{\mathrm{d}\Delta}=0 \tag{5.2.19}$$

文献[2]采用数值二分法在局部区间内寻找最优的量化步长，其信道转移概率可简化为

$$Q(x)=\frac{1}{\sqrt{2\pi}}\int_{x}^{\infty}\mathrm{e}^{-t^2/2}\mathrm{d}t \tag{5.2.20}$$

2. 非均匀量化

非均匀量化的核心思路是使用缩放因子对 LLR 值进行校正，从而节省内存资源以利于硬件实现。文献[3]中提出了一种压缩函数，以特定区间内 LLR 值的精度降低为代价来实现非均匀量化：

$$f(x)=\begin{cases}\mathrm{sign}(x)(2^{-\beta}|x|+b), & \alpha M\leqslant|x|\leqslant M\\ x, & 0\leqslant|x|<\alpha M\end{cases} \tag{5.2.21}$$

式中，$0<\alpha<1$，β 为正整数。

LLR 值经过压缩函数处理后，区间 $[-\alpha M,\alpha M]$ 中的数据不发生变化，其余区间中的数据均缩小到之前的 $1/2^{\beta}$。图 5.2.4 为均匀量化与非均匀量化对比。可见，当量化截止门限相同时，经过数据压缩后所需的量化区间小于均匀量化方案。

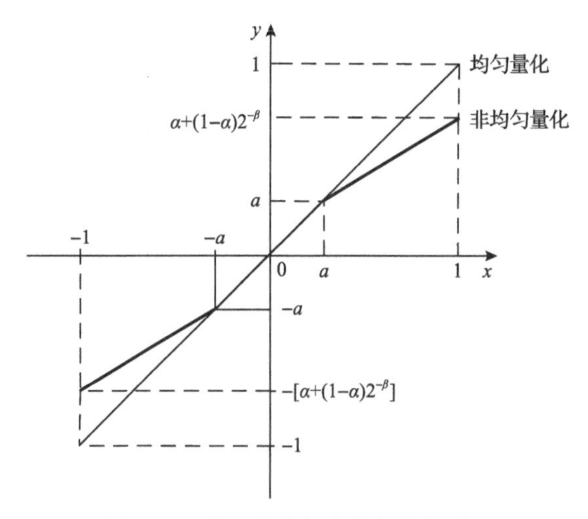

图 5.2.4　均匀量化与非均匀量化对比

需要注意的是，经过非均匀量化数据处理后，在进行路径度量值计算时需要重新将压缩后的数据恢复至原本大小，其反函数可表示为

$$f^{-1}(x)=\begin{cases}\text{sign}(x)(2^{\beta}\,|\,x\,|-b'), & \alpha M\leqslant|\,x\,|\leqslant M'\\ x, & 0\leqslant|\,x\,|<\alpha M\end{cases} \tag{5.2.22}$$

式中，$b'=2^{\beta}b$；$M'=M[\alpha+(1-\alpha)2^{-\beta}]$。

除上述非均匀量化方案外，还可以针对较低位宽的量化方案进行设计，在接收端缺乏信道状态信息的情况下，使用均匀比例因子对软信息进行校正。LLR 计算公式为

$$\text{LLR}=\frac{2\alpha}{\sigma^2}y \tag{5.2.23}$$

式中，α 为缩放因子。该方案对所有 LLR 值区间进行缩放。当采用合适的 α 值时，与均匀量化译码器相比，可进一步降低硬件资源开销，且性能损失可以忽略不计。

在进行译码器设计时，除了要根据信道条件设计合适的量化方案以提升性能外，还需要考虑译码器的实际工作条件，以保证译码器的性能能够维持稳定且具有较高的鲁棒性。

5.2.2　SC 译码架构

图 5.2.5 为极化码 SC 译码器基本架构，主要由计算单元、存储单元和控制单元等部分组成。

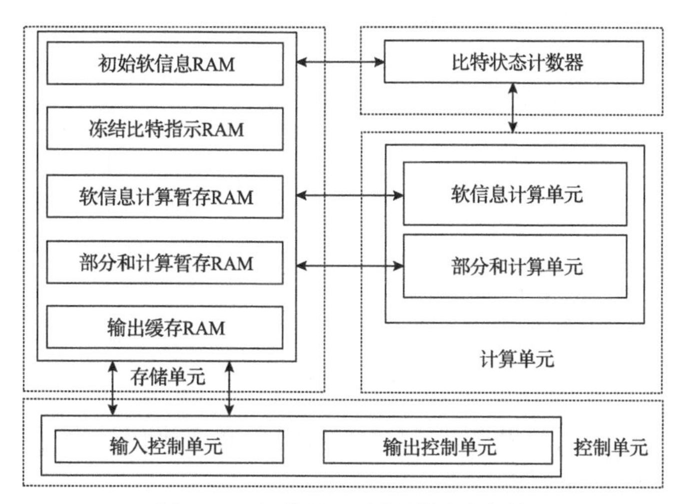

图 5.2.5　极化码 SC 译码器基本架构

极化码 SC 译码器的计算单元由软信息计算单元、部分和计算单元两部分组成，分别用于软信息、部分和的计算。存储单元由初始软信息随机存储器(random access memory，RAM)、冻结比特指示 RAM、软信息计算暂存 RAM、部分和计算暂存 RAM、输出缓存 RAM 组成。控制单元主要包括输入控制单元和输出控制

单元。其中，存储单元和控制单元根据实际需求做出相应的调整，下面重点介绍极化码 SC 译码器的计算单元(process element，PE)。

部分和的计算过程本质上可视为极化码编码过程。为节省计算资源消耗，可在部分和的实现中使用极化码串行编码方式，即每次输入一个比特的判决结果，根据码长来选择对应的结果序列进行输出。而在软信息计算过程中，可以采用转移概率 W 或者对数似然比 LLR 等形式，下面将详细介绍它们在 SC 译码器计算单元结构中的差异。此外，本节还将介绍几种常见的 SC 译码器实现架构，即快速傅里叶变换(fast Fourier transform，FFT)型架构、树型架构、线型架构和半并行架构，并对以上架构进行性能的对比与分析。最后重点介绍高吞吐率 SC 和 Fast-SSC 译码架构。

1. 计算单元结构

图 5.2.6 为软信息传递计算单元，其中图(a)为软信息传递示意，图(b)为蝶形运算结构。以码长 $N=4$ 的极化码译码过程为例。其中，第一层为信道层，从接收序列计算得到第一层节点的软信息；第二层为中间层，代表一层极化码运算；第三层为判决层，根据判决层软信息得到所有比特的判决结果。每层节点均由上一层节点通过蝶形运算得到。

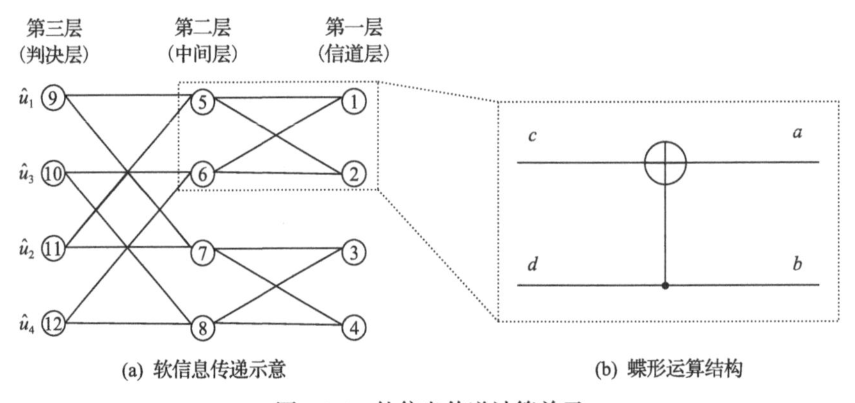

(a) 软信息传递示意　　(b) 蝶形运算结构

图 5.2.6　软信息传递计算单元

下面将详细介绍转移概率 W、对数似然比 LLR 两种形式的软信息计算过程，并给出对应的计算单元结构。

1)基于转移概率 W 的译码器

在 AWGN 信道中，从信道层可接收到码字 $\boldsymbol{y}_1^N$，各节点的转移概率计算为

$$W_N^{(i)}(c_i)=\frac{1}{\sqrt{2\pi}\sigma}\mathrm{e}^{-\frac{(y_i-\mu(c_i))^2}{2\sigma^2}} \tag{5.2.24}$$

式中，c_i 表示编码后数据；$\mu(c_i)$ 表示采用 BPSK 调制后的数值，$\mu(0)=1$，$\mu(1)=-1$。

以图 5.2.6(b)的蝶形运算结构为例，若 a、b 处的转移概率分别为 $W_a(0)$ 和 $W_a(1)$、$W_b(0)$ 和 $W_b(1)$，通过 f 运算可得蝶形结构上节点 c 的转移概率为 $W_c(0)$ 和 $W_c(1)$，通过 g 运算可得蝶形结构下节点 d 的转移概率为 $W_d(0)$ 和 $W_d(1)$。具体地，f 运算和 g 运算表达如下。

$$f\text{运算：}\begin{cases} W_c(0)=\dfrac{1}{2}W_a(0)W_b(0)+\dfrac{1}{2}W_a(1)W_b(1) \\ W_c(1)=\dfrac{1}{2}W_a(1)W_b(0)+\dfrac{1}{2}W_a(0)W_b(1) \end{cases} \tag{5.2.25}$$

$$g\text{运算：}\begin{cases} \text{当 } c \text{ 判决为 0 时}\begin{cases} W_d(0)=\dfrac{1}{2}W_a(0)W_b(0) \\ W_d(1)=\dfrac{1}{2}W_a(1)W_b(1) \end{cases} \\ \text{当 } c \text{ 判决为 1 时}\begin{cases} W_d(0)=\dfrac{1}{2}W_a(1)W_b(0) \\ W_d(1)=\dfrac{1}{2}W_a(0)W_b(1) \end{cases} \end{cases} \tag{5.2.26}$$

译码过程中需要根据信道层信息得到判决层各个比特的判决值。下面将以图 5.2.6(a)中码长 $N=4$ 时的极化码译码过程为例，详细描述译码过程中得到各个比特判决值的计算过程。

步骤 1：从信道层接收码字，通过式(5.2.24)计算得到节点 1、2、3、4 的转移概率。

步骤 2：由节点 1、2 通过 f 运算得到节点 5 的转移概率，由节点 3、4 通过 f 运算得到节点 7 的转移概率。

步骤 3：由节点 5、7 通过 f 运算得到节点 9 的转移概率，进而得到节点 9 的判决值。

步骤 4：由节点 5、7 的转移概率和节点 9 的判决值通过 g 运算得到节点 11 的转移概率，进而得到节点 11 的判决值。

步骤 5：由节点 9、11 的判决值通过部分和运算得到节点 5、7 的判决值。

步骤 6：由节点 1、2 的转移概率和节点 5 的判决值通过 g 运算得到节点 6 的转移概率。

步骤 7：由节点 3、4 的转移概率和节点 7 的判决值通过 g 运算得到节点 8 的转移概率。

步骤 8：由节点 6、8 通过 f 运算得到节点 10 的转移概率，进而得到节点 10 的判决值。

步骤 9：由节点 6、8 的转移概率和节点 10 的判决值通过 g 运算得到节点 12 的转移概率，进而得到节点 12 的判决值。至此，u_1、u_2、u_3、u_4 的判决值均已得到。

根据式(5.2.25)和式(5.2.26)可得基于概率的极化码译码器计算单元结构，如图 5.2.7 所示，其中，sel 信号用于切换运算状态，f_node 与 g_node 分别代表 f 运算与 g 运算节点。

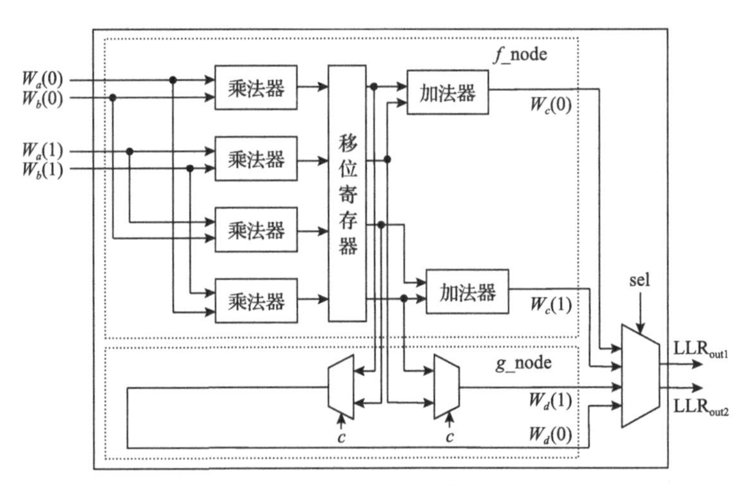

图 5.2.7　基于概率的极化码译码器计算单元结构

2) 基于 LLR 的译码器

从信道层可接收到码字 $\boldsymbol{y}_1^N$，各节点的对数似然比计算如下：

$$\mathrm{LLR}_N^{(i)} = \mathrm{LL}_N^{(i)}(0) - \mathrm{LL}_N^{(i)}(1) = \frac{2y_i}{\sigma^2} \tag{5.2.27}$$

式中，$\mathrm{LL}_N^{(i)}$ 为对数似然值。信道条件为 AWGN 信道；调制方式为 BPSK。

以图 5.2.6(b)的蝶形运算结构为例，若 a、b 处的对数似然比分别为 LLR_a 和 LLR_b，且 LLR_a 和 LLR_b 均已知，通过 f 运算可得蝶形结构上节点 c 的对数似然比 LLR_c，通过 g 运算可得蝶形结构下节点 d 的对数似然比 LLR_d。具体地，f 运算和 g 运算分别为

$$f\text{运算：}\ \mathrm{LLR}_c = \ln\frac{\mathrm{e}^{\mathrm{LLR}_a+\mathrm{LLR}_b}+1}{\mathrm{e}^{\mathrm{LLR}_a}+\mathrm{e}^{\mathrm{LLR}_b}} \tag{5.2.28}$$

$$g\text{运算：}\begin{cases}\mathrm{LLR}_d = \mathrm{LLR}_a + \mathrm{LLR}_b, & \hat{c}=0\\ \mathrm{LLR}_d = \mathrm{LLR}_b - \mathrm{LLR}_a, & \hat{c}=1\end{cases} \tag{5.2.29}$$

各节点的具体译码过程与基于转移概率的过程类似，但对数似然比的递推运算更为简单，计算过程中数值更为稳定，便于硬件实现，使用较为广泛。然而，对于式(5.2.28)中的对数运算，若直接使用查找表来实现仍需耗费大量资源。针对上述问题，通常采用式(5.2.30)进行逼近。

$$f\text{运算：}\mathrm{LLR}_c \approx \mathrm{sign}(\mathrm{LLR}_a)\mathrm{sign}(\mathrm{LLR}_b)\min(|\mathrm{LLR}_a|,|\mathrm{LLR}_b|) \quad (5.2.30)$$

图 5.2.8 为基于 LLR 的极化码译码器计算单元结构。在 f_node 中，首先获取 LLR_a 和 LLR_b 的符号位（即最高位），然后通过一个异或门来实现 $\mathrm{sign}(\mathrm{LLR}_a)\mathrm{sign}(\mathrm{LLR}_b)$ 运算。与此同时，根据符号位判断两个 LLR 值是否为负值(即最高位是否为 1)，若为负值，则进行取反运算，数据选择器在符号位的控制下分别输出 $|\mathrm{LLR}_a|$ 和 $|\mathrm{LLR}_b|$。比较器则负责 $|\mathrm{LLR}_a|$ 和 $|\mathrm{LLR}_b|$ 的大小比较，选择较小的值 V 进行输出。在 g_node 中，包含一个加法器、一个减法器和一个数据选择器，部分和 $\hat{u}_{\mathrm{sum}}$ 作为数据选择器的控制信号。在该硬件结构中，f_node 与 g_node 相互独立。

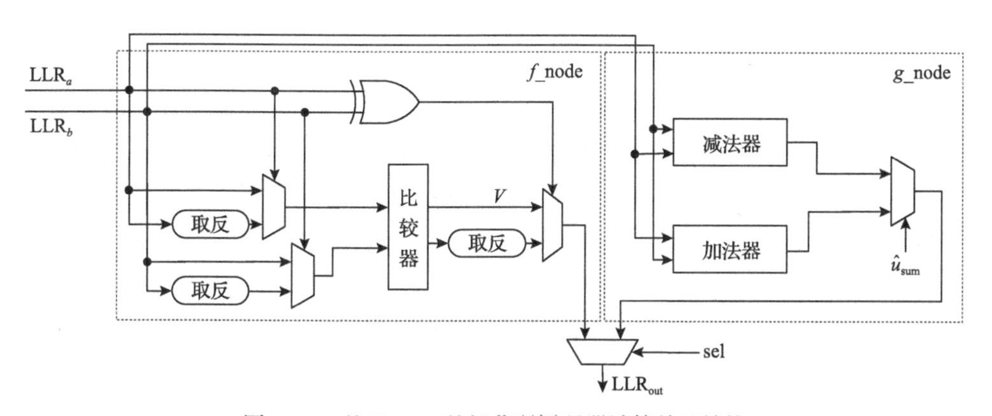

图 5.2.8　基于 LLR 的极化码译码器计算单元结构

2. FFT 型 SC 译码架构

由图 5.2.6 可知，SC 译码过程是一种类似 FFT 运算的架构，直接采用这种架构进行硬件实现的译码器称为 FFT 型 SC 译码器[4]。

图 5.2.9 为码长 $N=4$ 时的极化码 FFT 型 SC 译码架构示意图。其中，按照每一列从左到右划分为第 $n,n-1,\cdots,0$ 阶段，第 $n=\log_2 N$ 阶段为判决阶段，第 0 阶段为信道计算阶段。L_s^i 表示第 s 阶段第 i 个节点对应的软信息，$\hat{u}_s^i$ 表示第 s 阶段第 i 个节点对应的比特判决值。

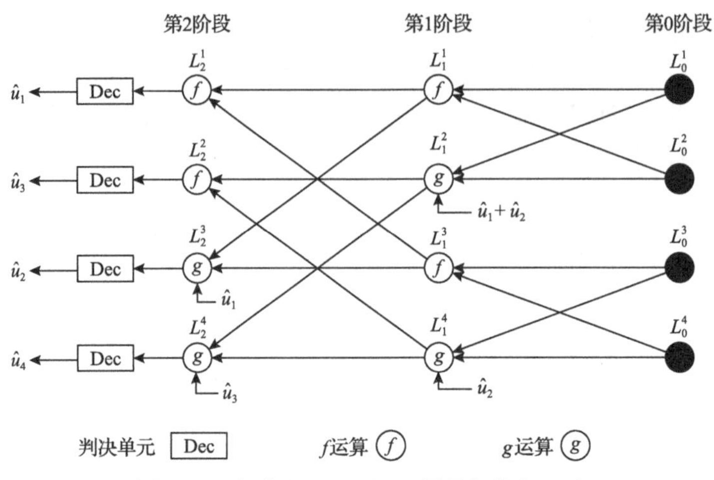

图 5.2.9　极化码 FFT 型 SC 译码架构($N=4$)

在 SC 译码过程中，每个阶段 s 被激活 2^s 次。第 0 阶段为信道计算阶段，不考虑在其中。因此，译码器总耗时为 $\sum_{s=1}^{n}2^s=2N-2$。

同样，若不考虑第 0 阶段，对于码长为 N 的极化码，FFT 型译码架构共有 $\log_2 N$ 个阶段，每个阶段中的 f 运算或 g 运算单元个数为 N。因此，整个译码器的运算单元个数为 $N\log_2 N$。在数据存储方面，各阶段之间需要用寄存器进行连接，所需存储单元的个数为 $N\log_2 N$。若将资源利用率定义为总的节点更新次数与计算复杂度乘以计算时间的比值，则 FFT 型 SC 译码架构的资源利用率为

$$\frac{N\log_2 N}{N\log_2 N(2N-2)}\approx\frac{1}{2N} \tag{5.2.31}$$

3. 树型 SC 译码架构

在 FFT 型 SC 译码架构中，当第 s 个阶段被激活时，该阶段中实际被计算的节点数为 2^{n-s} 个 $(n=\log_2 N)$，而不是 N 个。例如，在图 5.2.9 中，第 1 阶段激活后计算的节点为 (L_1^1,L_1^3) 或 (L_1^2,L_1^4)，每次计算的节点数目为 2。由此可以看出，FFT 型架构中存在大量的资源浪费。为解决这一问题，对 FFT 型架构进行简化，得到一种树型 SC 译码架构[4]。

在树型 SC 译码架构中，f 运算和 g 运算合并为一个处理单元 PE，输出口通过状态控制进行复用，每个 PE 使用一个寄存器来存储计算结果。图 5.2.10 为 $N=4$ 时的极化码树型 SC 译码架构。图中，PE_s^i 表示第 s 阶段中第 i 个处理单元。可见，第 1 阶段需要 2 个处理单元，第 2 阶段只需要 1 个处理单元。在判决阶段(即第 2

阶段)，相比 FFT 架构，树型架构所需的判决单元个数由 4 个简化为 1 个，在不同的时隙复用。同理，码长 $N=8$ 时的树型 SC 译码架构如图 5.2.11 所示。

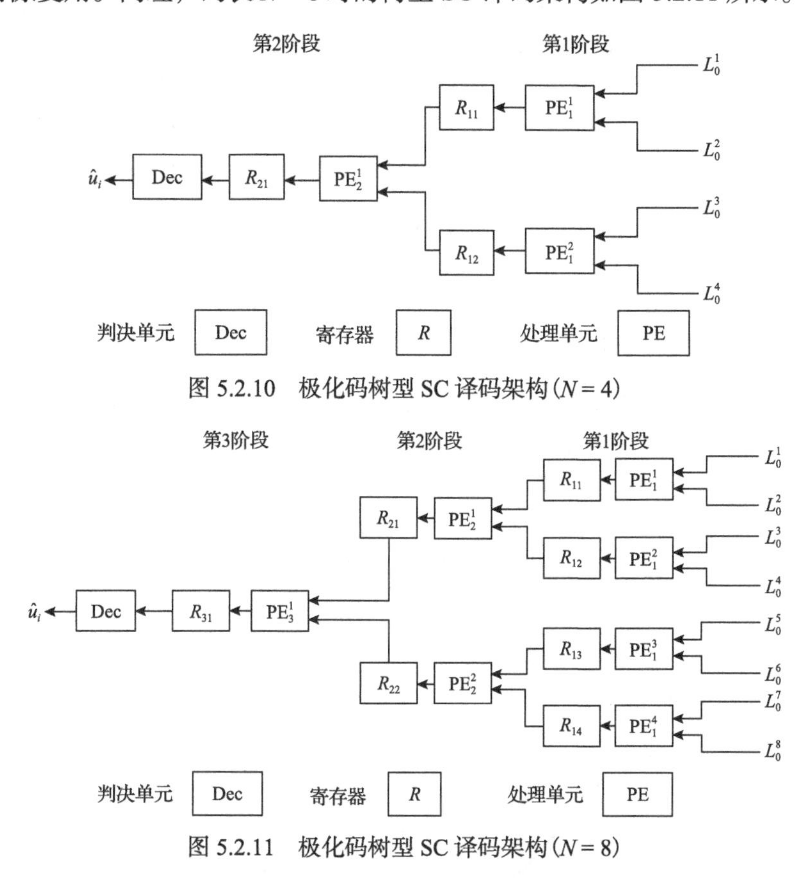

图 5.2.10　极化码树型 SC 译码架构($N=4$)

图 5.2.11　极化码树型 SC 译码架构($N=8$)

$N=4$ 时树型 SC 译码架构的时序表如表 5.2.1 所示，其中，L_s^i 表示第 s 阶段第 i 个节点对应的软信息，与 FFT 型 SC 译码架构中的表示方法一致；带框信息表示由处理单元中的 g 运算得到，其他表示由处理单元中的 f 运算得到。

表 5.2.1　树型 SC 译码架构时序表($N=4$)

时钟	0	1	2	3	4	5
PE_1^1	L_1^1			$\boxed{L_1^2}$		
PE_1^2	L_1^3			$\boxed{L_1^4}$		
PE_2^1		L_2^1	$\boxed{L_2^3}$		L_2^2	$\boxed{L_2^4}$
输出		$\hat{u}_1$	$\hat{u}_2$		$\hat{u}_3$	$\hat{u}_4$

下面以 PE_2^1 为例，分析树型 SC 译码架构中处理单元的激活过程。在时钟周

期 1，通过PE_2^1中的 f 运算单元得到L_2^1；在时钟周期 2，通过 g 运算单元得到L_2^3；在时钟周期 4，通过 f 运算单元得到L_2^2；在时钟周期 5，通过 g 运算单元得到L_2^4。

显然，树型 SC 译码架构剔除了 FFT 型 SC 译码架构中的冗余部分。在码长为 N 的情况下，仅需 $N-1$ 个 PE。在数据存储方面，每个阶段 s 被激活时，该阶段上次存储的数据可以被覆盖。因此，所需存储单元的数目仅为 $N-1$。在流程上，树型架构与 FFT 型架构一致，译码器耗时同为 $2N-2$。因此，资源利用率为

$$\frac{N\log_2 N}{2(N-1)(2N-2)}\approx\frac{\log_2 N}{4N} \tag{5.2.32}$$

4. 线型 SC 译码架构

线型 SC 译码架构在树型架构基础上继续进行优化，进一步减少 PE 数目，以降低硬件实现复杂度。由表 5.2.1 可以看出，在任何一个时钟周期内，仅有一个阶段是处于激活状态的，且最多只有 $N/2$ 个 PE 被同时使用。

图 5.2.12 展示了 $N=8$ 时的 SC 译码拆分过程。明显地，前 4 个比特和后 4 个比特的译码过程仅存在微小差异，即第 0 阶段使用的函数类型不同。而在硬件实现过程中，f 函数和 g 函数通常被处理为一个 PE 结构。因此，可以在第 0 阶段复用以进一步减少 PE 的数目。显而易见，对应码长为 N 的极化码，仅需使用 $N/2$ 个 PE 进行译码架构设计。

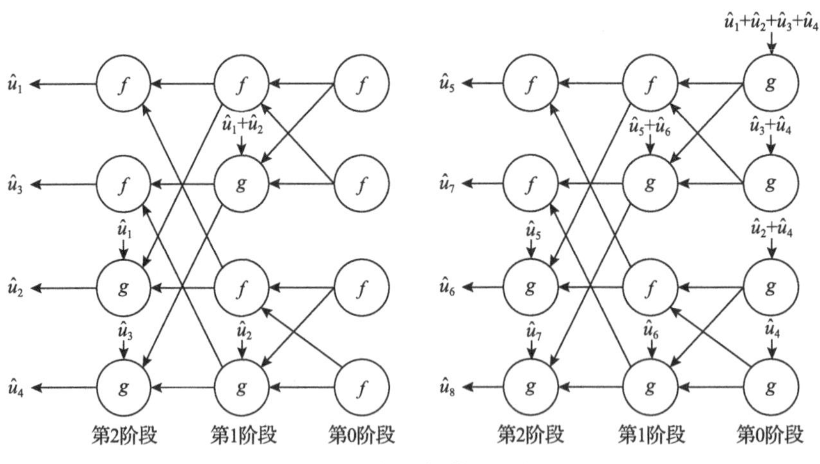

图 5.2.12　SC 译码拆分过程($N=8$)

图 5.2.13 为 $N=8$ 时的极化码线型 SC 译码架构示意图。与图 5.2.11 所示树型架构相比，当极化码码长 $N=8$ 时，该架构通过复用某阶段处于空闲状态的 PE，将 PE 数目进一步减少至 4 个。以此类推，当码长为 N 时，该架构仅需 $N/2$ 个 PE 以及 $N-1$ 个寄存器。

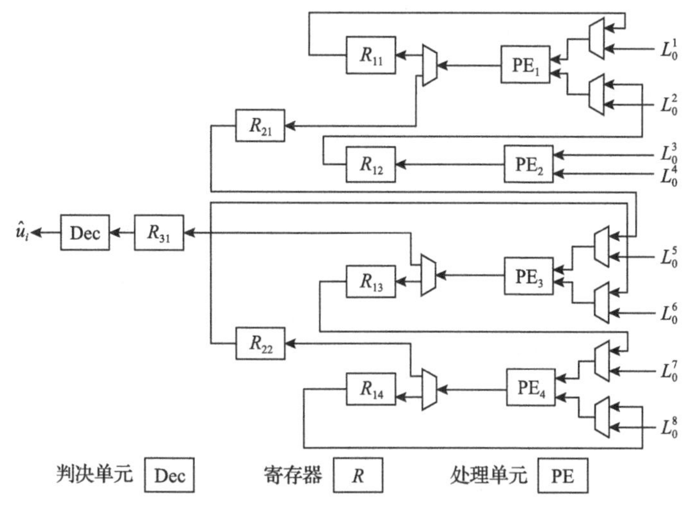

图 5.2.13　极化码线型 SC 译码架构示意图($N=8$)

下面举例说明线型架构的转化过程。图 5.2.13 中的 PE_4 由图 5.2.11 中的 PE_2^2 和 PE_1^4 复合得来，故 PE_4 需具备如下功能：①计算信道层 LLR 值；②从 R_{13} 和 R_{14} 中调用数据；③计算并更新数据至 R_{14} 或 R_{22}。

由于码长 $N=8$ 时，极化码的 3 个译码阶段都在同一层 PE 上进行，故线型架构能够达到和树型架构相同的吞吐率，且能进一步提升硬件资源利用率。需要注意的是，为实现 PE 结构的有效复用，需要为线型架构中的 PE 配置多个输入输出端口，便于进行路径选择。

5. 半并行 SC 译码架构

在树型架构中，计算当前阶段时其他阶段的 PE 处于空闲状态，资源未被充分利用。针对这一问题，半并行架构被提出，通过对 PE 进行复用，在增加少量译码时延的情况下，大幅缩减译码电路的复杂度[4]。

同样，以码长 $N=4$ 的极化码为例，将原来的三个处理单元(PE_1^1,PE_1^2,PE_2^1)简化为 1 个处理单元(PE_0)，对应的译码架构时序如表 5.2.2 所示。表中，带框信息表示由处理单元中的 g 运算得到，其他表示由处理单元中的 f 运算得到。明显地，各阶段各节点的软信息均通过 PE_0 进行计算。

表 5.2.2　半并行 SC 译码架构时序表($N=4$，一个 PE)

时钟	0	1	2	3	4	5	6	7
PE_0	L_1^1	L_1^3	L_2^1	$\boxed{L_2^3}$	$\boxed{L_1^2}$	$\boxed{L_1^4}$	L_2^2	$\boxed{L_2^4}$
输出			$\hat{u}_1$	$\hat{u}_2$			$\hat{u}_3$	$\hat{u}_4$

在树型架构中，时钟周期 0 可同时进行 L_1^1 和 L_1^3 的计算，而在半并行架构中，时钟周期 0 只能进行 L_1^1 的计算，在时钟周期 1 时复用 PE_0 计算 L_1^3。对于半并行架构的 SC 译码器，当码长为 N、PE 个数为 P（$P=2^p$，其中 p 为不小于 0 的整数）时，其译码所需时钟为

$$\begin{aligned}\mathcal{T} &= \sum_{l=n-p}^{n} 2^l + \sum_{l=1}^{n-p-1} 2^l 2^{n-p-l} \\ &= 2N\left(1-\frac{1}{2P}\right)+(n-p-1)\frac{N}{P} = 2N + \frac{N}{P}\log_2\frac{N}{4P}\end{aligned} \tag{5.2.33}$$

资源利用率为

$$\frac{N\log_2 N}{2P\left(2N+\dfrac{N}{P}\log_2\dfrac{N}{4P}\right)} \approx \frac{\log_2 N}{4P+2\log_2\dfrac{N}{4P}} \tag{5.2.34}$$

在数据存储方面，虽然半并行架构的 PE 可以进行复用，但各阶段需要存储的数据与树型架构保持一致。因此，所需存储单元数目仍为 $N-1$。可见，半并行架构 SC 译码器通过复用操作来减少 PE 数量，在增加可接受译码时延的条件下，实现了硬件资源消耗和吞吐率之间的平衡。

上述四种 SC 译码架构的复杂度对比如表 5.2.3 所示，其中，N 为极化码码长，C_r 为寄存器复杂度(考虑信道层存储)，C_{mux} 为选择器复杂度，C_s 为 f 函数或 g 函数的复杂度，故一个 PE 的复杂度为 $2C_s$。

表 5.2.3　四种 SC 译码架构复杂度比较[5]

译码架构	复杂度
FFT 架构	$(N\log_2 N)C_s + (N + N\log_2 N)C_r$
树型架构	$(N-1)2C_s + (2N-1)C_r$
线型架构	$(N/2)2C_s + (2N-1)C_r + (N/2-1)3C_{mux}$
半并行架构	$(N/4)2C_s + (2N-1)C_r + (N/4)3C_{mux}$

在四种 SC 译码架构中，半并行架构相比线型架构，其硬件资源利用率和吞吐率均有所提高，但在计算过程中容易产生资源冲突。线型架构基于树型架构进行改进，通过增加选择器数目，实现 PE 的有效复用。树型架构作为 FFT 架构的改进版本，其硬件资源消耗和复杂度均得到明显改善。因此，在硬件设计过程中，需要根据实际需求选择合适的译码架构，并做出合理的调整与改进。

6. 高吞吐率 SC 译码架构

前文介绍了多种 SC 译码架构，但这些架构大多从硬件资源消耗的角度进行优化，忽略了硬件吞吐量这一重要指标。为提高 SC 译码器的吞吐量，各种基于 SC 译码算法的流水线结构被提出。

文献[6]提出了一种流水线组合译码器。该译码器工作于相对较低的时钟频率，消耗的动态功率较小，可有效降低整体功耗。此外，该译码器具有较高的并行度，可实现中短码长下吞吐率和能量效率之间的平衡。在此基础上，引入流水线结构，牺牲少许硬件资源利用率来提高吞吐率。

1)组合译码器

码长为 N 的极化码组合译码器结构如图 5.2.14 所示，由两个大小为 $N/2$ 的组合译码器、一个大小为 $N/2$ 的编码器、一个大小为 $N/2$ 的 f 运算逻辑块、一个大小为 $N/2$ 的 g 运算逻辑块和冻结位判断模块组成。输入数据为 LLR 值和冻结比特信息，输出数据为译码判决值。

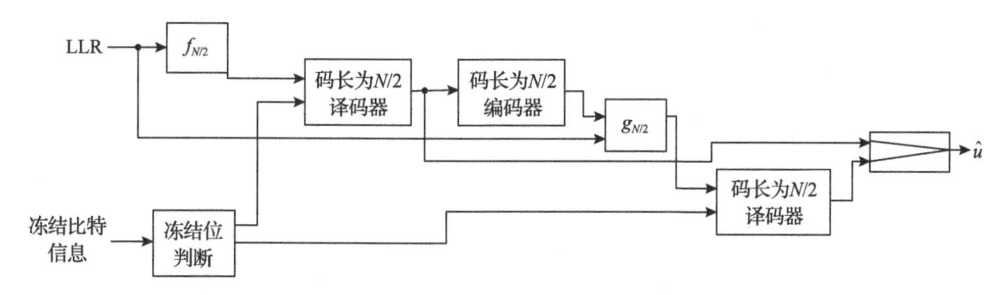

图 5.2.14　码长为 N 时极化码组合译码器结构

在 SC 译码过程中，g 运算需要利用部分比特的判决值，而这部分判决值需借助编码器进行部分和计算而得到。因此，将编码器与译码器组合连接，在避免内存重复使用的同时可有效降低硬件复杂度。

图 5.2.15 为码长 $N=8$ 时组合译码器的时序逻辑图。具体来说，可以将码长 $N=8$ 的译码过程分解为两个 $N=4$ 的译码过程。前 4 个比特 LLR 值通过 f 运算进入上半部分 $N=4$ 的组合译码器，随后将译码结果输入至一个 $N=4$ 的编码器来计算部分和。后 4 个比特 LLR 值结合部分和结果，通过 g 运算进入下半部分 $N=4$ 的组合译码器。

组合译码器电路如图 5.2.16 所示，其中最右侧数据表示信道层输入的 LLR 值，$S(\text{LLR}_i)$ 表示当前 LLR 对应的硬判决值，a_i 表示该比特的位置信息，$\hat{u}_i$ 表示译码输出的最终判决值，i=0, 1, 2, 3。

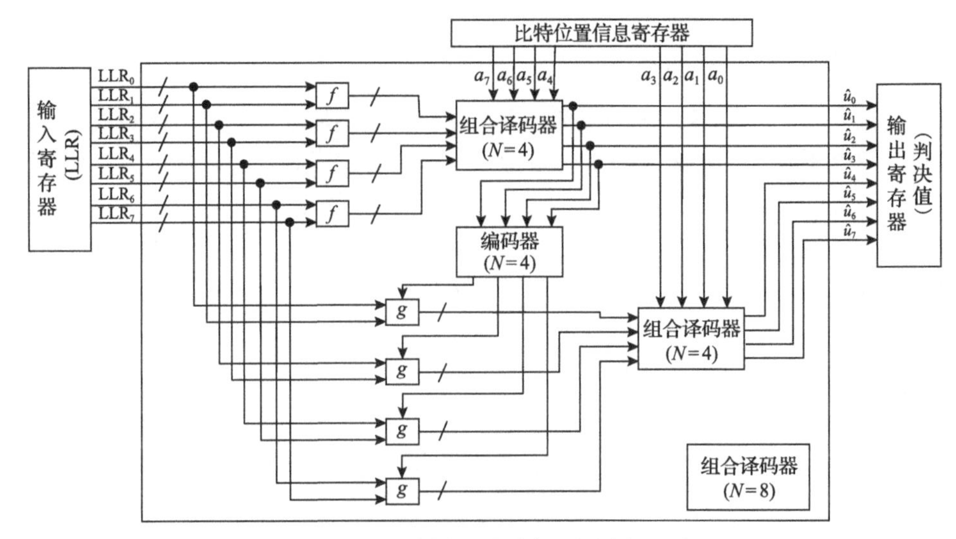

图 5.2.15　组合译码器时序逻辑图($N=8$)

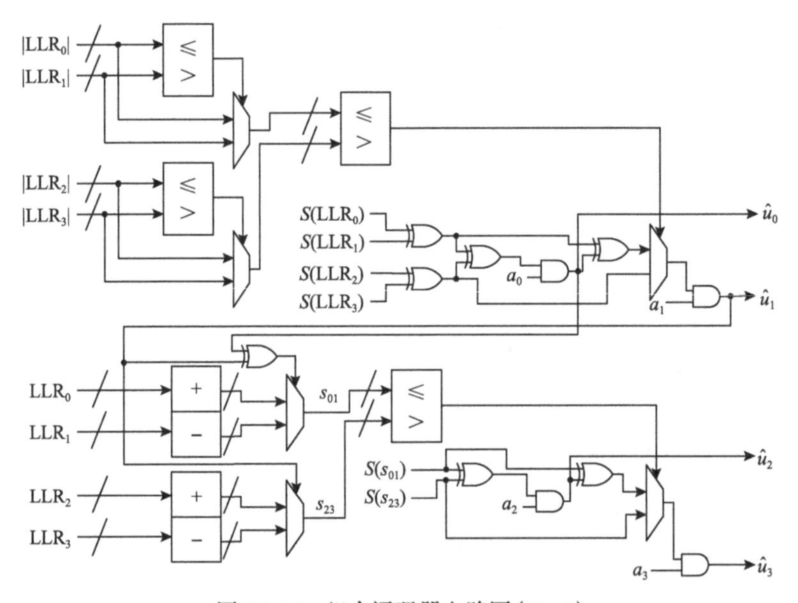

图 5.2.16　组合译码器电路图($N=8$)

2) 流水线组合译码器

与时序电路不同，组合译码架构不需要任何内部存储元件，其时钟周期数目仅由最长路径延迟决定。该设计通过避免使用内存来节省硬件开销，但会导致译码速度减慢。因此，引入流水线技术，以增加硬件开销为代价来提高吞吐量。

图 5.2.17 为单级流水线组合译码器示意图。相较于组合译码器，该结构在 g 运算之前增加两个寄存器来完成数据的复用，以避免译码器在处理多个码字时发

生计算冲突。复用次数及对应阶段取决于并行处理的码字数目。

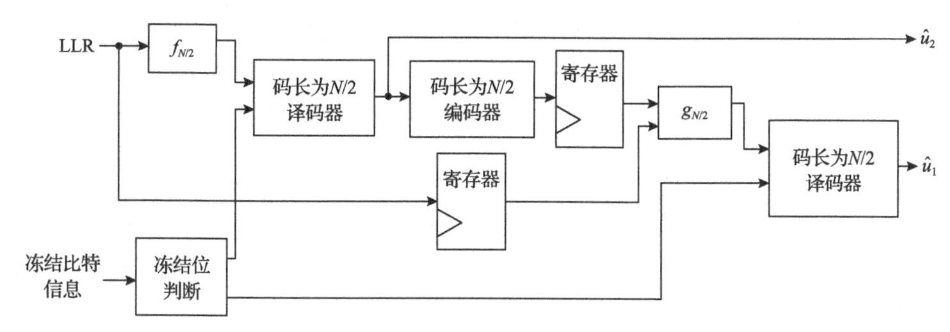

图 5.2.17　单级流水线组合译码器

表 5.2.4 为使用 Xilinx Virtex-6-XC6VLX550T 的 FPGA (field programmable gate array，现场可编程逻辑门阵列) 核时，组合译码器与流水线组合译码器资源消耗与吞吐量的对比。从表中可以看出，在码长相同的情况下，流水线组合译码器的 FF 和 RAM 消耗更多，但其所获得的吞吐量约为组合译码器的 2 倍。

表 5.2.4　组合译码器与流水线组合译码器对比[6]

N	组合译码器				流水线组合译码器				
	LUT	FF	RAM	吞吐量/(Gbit/s)	LUT	FF	RAM	吞吐量/(Gbit/s)	吞吐量增益
2^4	1479	169	112	1.05	777	424	208	2.34	2.23
2^5	1918	206	224	0.88	2266	568	416	1.92	2.18
2^6	5126	392	448	0.85	5724	1166	832	1.80	2.11
2^7	14517	783	896	0.82	13882	2211	1664	1.62	1.97
2^8	35152	1561	1792	0.75	31678	5144	3328	1.58	2.10
2^9	77154	3090	3584	0.73	77948	9367	6656	1.49	2.04
2^{10}	193456	6151	7168	0.60	190127	22928	13312	1.24	2.06

注：目前电路实现主要采用两种方式：ASIC (application specific integrated circuit，专用集成电路) 和 FPGA。前者主要通过逻辑门数目或硅片面积进行表述，后者主要通过 LUT、FF 和 RAM 等进行评价，LUT (look-up table) 表示查找表，FF (flip-flop) 表示触发器。本书主要基于后者对算法性能进行评估。

7. Fast-SSC 译码架构

受限于串行译码的特点，SC 译码器或 SCL 译码器难以满足高吞吐率的需求，无论在硬件结构中如何简化和复用，都无法达到 LDPC 并行译码器的吞吐率性能，这在很大程度上限制了极化码的推广与使用。然而，对于极化码的另一类译码器——Fast-SSC 译码器，由于采用了归纳特殊节点、简化译码过程的方式，可大幅降低译码时延，从而易于满足高吞吐率的需求[7,8]。

文献[7]对极化码的 Fast-SSC 译码算法进行了详细描述，本节主要关注 Fast-SSC 译码器的硬件架构和基本组成单元。图 5.2.18 为 Fast-SSC 译码架构。Fast-SSC 译码器包括传递控制信息的控制端，存储 α 信息、β 信息和译码结果的存储器以及执行逻辑运算的基本处理单元。译码器采用循环处理节点的方式进行译码，在一个时间段内仅对一个节点内的信息进行处理。译码器中的控制端主要负责输出控制信息，如当前节点索引、节点类型、节点状态、下一个节点索引等。根据控制端输出的相关信息，译码器从存储器中取出相应的数据，并根据不同模式在 PE 中对数据进行针对性处理，接着跳转至下一节点，直至所有节点信息均处理完毕。

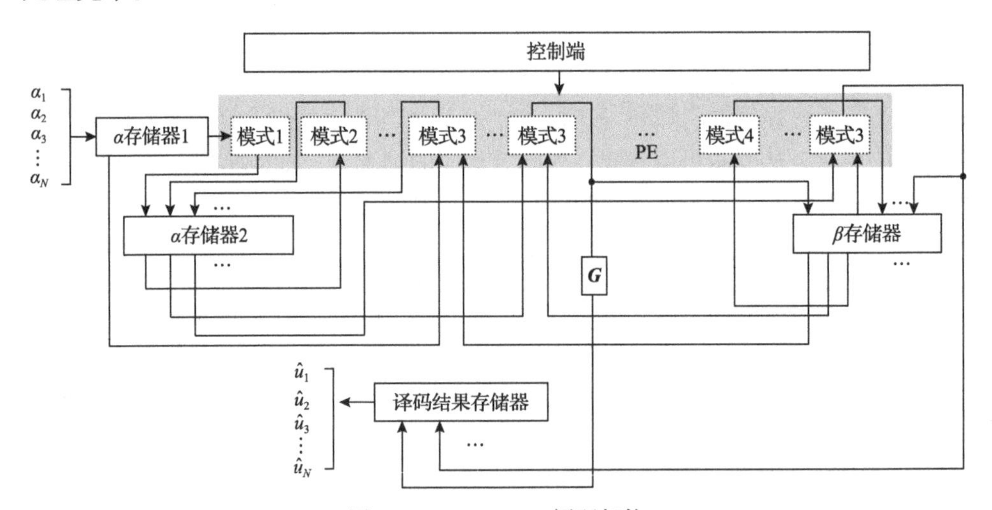

图 5.2.18 Fast-SSC 译码架构

在 Fast-SSC 译码架构中，PE 是最重要的组成部分，负责使用相应的计算模块处理从存储器中读取的数据。PE 内部结构如图 5.2.19 所示，由于对不同的特殊节点采用不同的计算规则，PE 中包含多个运算模块，如计算 α 信息所需的 f 运算模块和 g 运算模块，特殊节点快速译码所需的重复(repetition，REP)模块、单奇偶校验(single-parity-check，SPC)模块、Rate_0 模块和 Rate_1 模块，以及计算 β 信息所需的 C 运算模块。

f 运算模块负责使用 f 运算更新左子节点的 α 信息，输入的两组 α 信息在经过 f 运算模块处理后得到一组新的 α 信息。g 运算模块负责使用 g 运算更新右子节点的 α 信息，计算公式为

$$g(a,b,\hat{u}) = a(1-2\hat{u}) + b \tag{5.2.35}$$

式中，a 和 b 表示输入的两组 α 值；$\hat{u}$ 表示第一组 α 值对应节点的 β 值，$\hat{u}$ 取值为 0 或 1。因此，g 运算可转换为如下形式：

$$\begin{cases} g(a,b)=a+b, & \hat{u}=0 \\ g(a,b)=b-a, & \hat{u}=1 \end{cases} \tag{5.2.36}$$

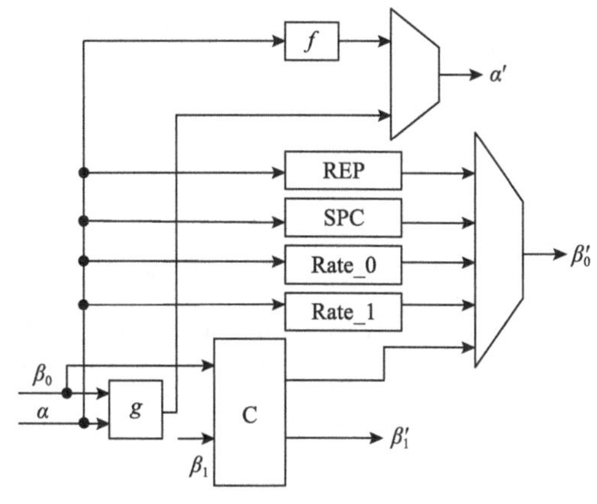

图 5.2.19　PE 内部结构图

f 运算模块和 g 运算模块可分别通过如图 5.2.20 和图 5.2.21 所示硬件电路实现。

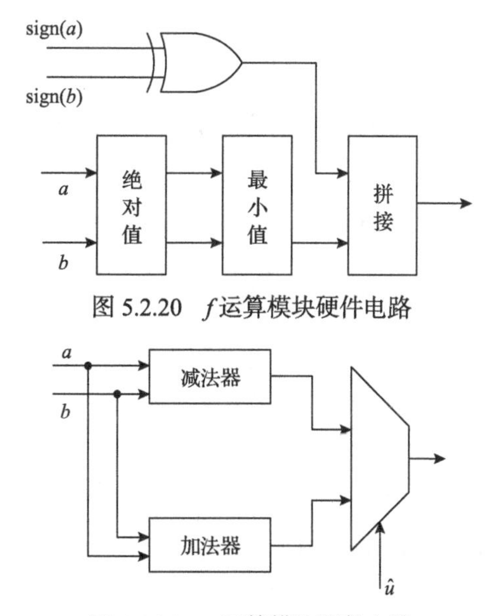

图 5.2.20　f 运算模块硬件电路

图 5.2.21　g 运算模块硬件电路

C 模块负责接收两个子节点的 β 信息并更新得到节点自身的 β 信息，C 模块的实质是部分和运算，计算公式如下：

$$\begin{cases} \beta_i = \beta_{li} \oplus \beta_{ri} \\ \beta_{i+1} = \beta_{ri} \end{cases} \tag{5.2.37}$$

该模块接收两个 β 值，对两个值进行异或操作作为第一个计算结果，将第二个值直接输出作为第二个计算结果。如图 5.2.22 所示，C 运算模块可借助一个异或门电路实现。

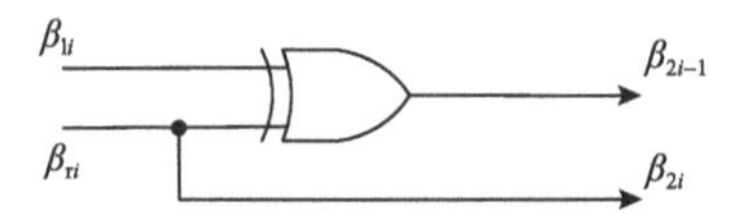

图 5.2.22　C 运算模块硬件电路

Rate_0 模块用于实现 rate_0 节点的快速译码。对于 rate_0 节点，无论接收 α 信息为何值，均返回同等长度的全零向量。因此，可以采用一个选择器作为该模块的基本组成单元，选择器输入为 α 信息和 0 值。在实际硬件电路中，若某节点经判断确定为 rate_0 节点，则直接向部分和存储器、译码结果存储器中输入相应长度的全零向量。

Rate_1 模块用于实现 rate_1 节点的快速译码。对于 rate_1 节点，输出的 β 信息由对应 α 信息和 0 的大小决定，判决公式如下：

$$\beta_i[i]=\begin{cases}0, & a_V[i]\geqslant 0\\ 1, & 其他\end{cases} \tag{5.2.38}$$

因此，可以采用一个选择器作为 Rate_1 模块的基本组成单元。选择器输入为 0 和 1，判断依据为 α 信息的大小，若其大于 0 则选择器输出 0；否则，选择器输出 1。Rate_1 运算模块硬件电路如图 5.2.23 所示。

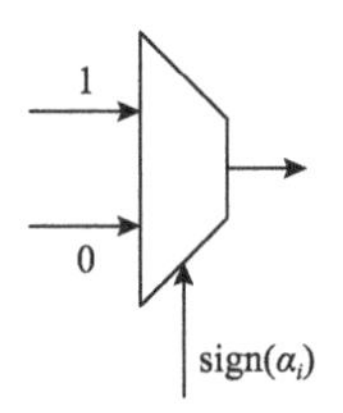

图 5.2.23　Rate_1 运算模块硬件电路

REP 模块用于实现 REP 节点的快速译码。对于 REP 节点，首先需要计算出节点的 α 信息和，再与 0 进行比较。若 α 信息和大于 0，则输出同等长度的全零向量；若 α 信息和小于等于 0，则输出同等长度的全一向量。REP 节点的 β 信息生成过程为

$$\beta_V=\begin{cases}0, & \sum_{i=0}^{N_V-1} a_V[i]\geqslant 0\\ 1, & 其他\end{cases} \tag{5.2.39}$$

由于 REP 节点长度可变且大于 2，在硬件电路中需并行使用多个加法器以实现多个数据的逐层相加。图 5.2.24 为 $N_V = 8$ 时的 REP 运算模块硬件电路。

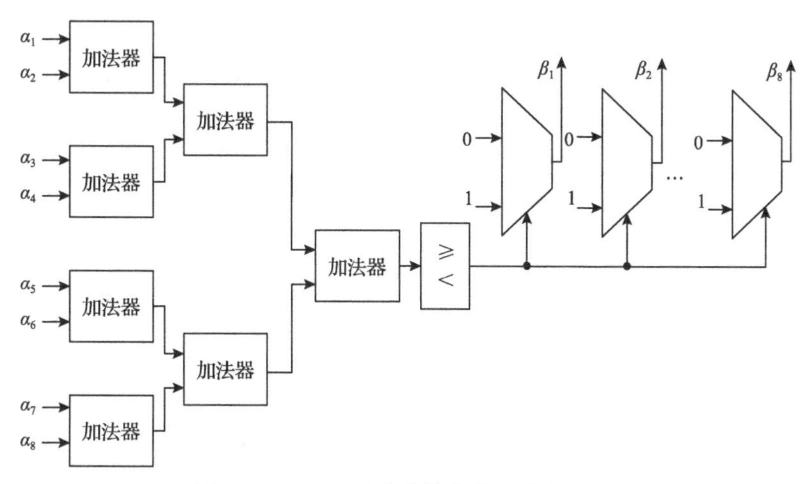

图 5.2.24　REP 运算模块硬件电路($N_V = 8$)

对于长度为 N_V 的 REP 节点，需要 $N_V - 1$ 个加法器实现所有 α 信息的相加操作。此外，需要 N_V 个选择器，每个选择器输入端为 0 和 1，将 α 信息和与 0 比较所得结果作为选择器的指示信息。

SPC 模块用于实现 SPC 节点的快速译码。对于 SPC 节点，首先需要对 α 信息依次进行硬判决得到 h 序列，接着计算 h 序列元素的累加模 2 和。若结果等于 0，则该节点 β 信息等于 h 序列；若结果等于 1，则根据 α 信息定位 LLR 最小值的位置，将 h 序列对应位置处的硬判决结果进行翻转，得到最终 β 信息。计算公式如下：

$$h_i = \begin{cases} 0, & a_V[i] \geqslant 0 \\ 1, & \text{其他} \end{cases} \tag{5.2.40}$$

$$\begin{cases} \beta = h, & \oplus_{i=1}^{N} h_i = 0 \\ \beta_i = h_i \oplus 1, & \oplus_{i=1}^{N} h_i = 1, i = \underset{j=1,2,\cdots,N}{\arg\min} |\alpha_j| \\ \beta_i = h_i, & \text{其他} \end{cases} \tag{5.2.41}$$

图 5.2.25 为 $N_V = 4$ 时 SPC 模块的硬件电路结构。上半部分用于确定所有 α 值中绝对值最小的一个并将其索引值按独热编码形式输出。下半部分则是完成异或运算及选择输出，首先计算 h 序列的累加模 2 和，随后将该结果与 h 序列各元素分别进行异或运算，所得结果作为选择器的第一个输入，另一个输入则为 h

序列各元素本身。选择器依照最小值索引判断，选择异或结果或原始数据进行输出。

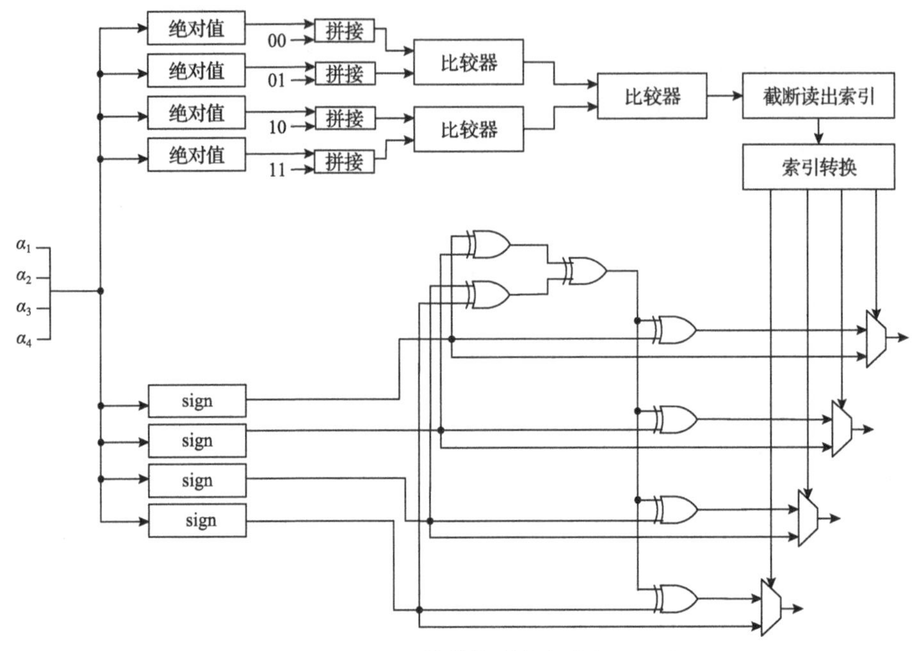

图 5.2.25　SPC 运算模块硬件电路（$N_V=4$）

按照上述架构在型号为 Altera Stratix V 5SGXEA7N2F45C2 的 FPGA 上对码长为 1024、码率为 1/2 的极化码进行译码性能测试[7]，将 LLR 值进行 6 比特量化处理，所得译码器的资源消耗和性能参数如表 5.2.5 所示。

表 5.2.5　Fast-SSC 译码器资源消耗和性能参数[7]

ALM/个	寄存器/bit	存储器/bit	频率/MHz	时延/μs	吞吐量/(Gbit/s)
81498	96762	2367488	300	1.16	307.2

注：ALM(adaptive logic module)表示自适应逻辑模块。

5.2.3　SCL 译码架构

1. SCL 译码器基本架构

根据 SCL 译码原理，为同时获得 L 条候选路径，SCL 译码器需要部署 L 个 SC 译码器。图 5.2.26 和图 5.2.27 分别为 SCL 译码器的实现架构和硬件架构。如图 5.2.26 所示，可将 SCL 译码器实现架构视为 L 个 SC 译码器的并行计算过程。在此基础上，添加路径计算和排序模块，用于从 L 条候选路径中选择正确的译码结果进行输出。

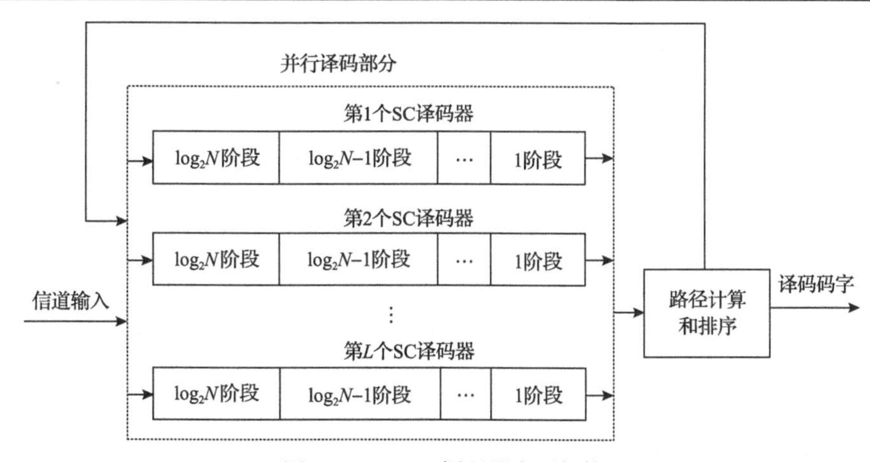

图 5.2.26　SCL 译码器实现架构

如图 5.2.27 所示，SCL 译码器硬件架构由 LLR 计算、路径度量值计算、路径排序、部分和计算、控制模块和存储单元六个部分组成。其中，控制模块通过状态机来调度各子模块进行工作，存储单元用于保存各阶段所产生的 LLR 值、部分和、路径信息。下面介绍 SCL 译码器工作流程。

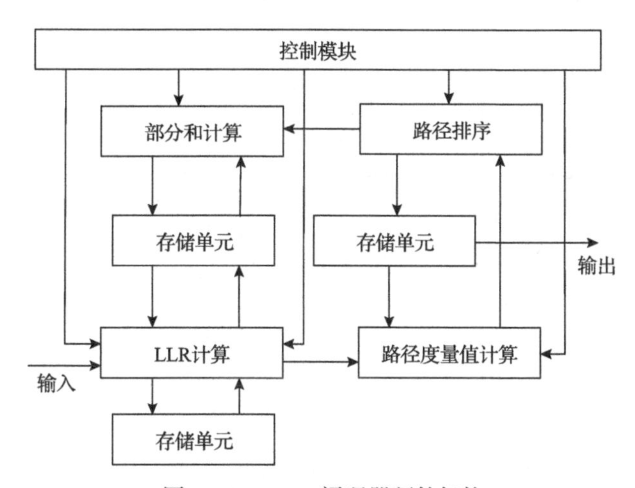

图 5.2.27　SCL 译码器硬件架构

步骤 1：将解调后所得信息输入至 LLR 计算模块，并在该模块中完成 f 运算或者 g 运算。每次调用此模块时，计算将从不同的层开始，且每一层的计算均迭代进行，所得结果保存至存储单元，作为下一层的输入数据。每当完成一个比特的 LLR 值计算后，进入路径度量值计算模块统计每条路径当前的路径度量值。

步骤 2：进入路径排序模块，对所得路径度量值进行排序和筛选。具体而言，在对所有子路径进行排序后，保留 L 条度量值较小的路径，并计算出对应的原始父路径索引，将其反馈给 LLR 计算、部分和计算模块。

步骤 3：待当前比特部分和计算完成后，控制模块发出信号，随即进行下一个比特的 LLR 值计算，以此循环直至全部比特译码完成，将最可靠路径所对应的序列作为译码结果输出。

由于 SCL 译码中 LLR 计算、部分和计算与 SC 译码中的实现方法基本相同，此处不再赘述。下面主要介绍路径度量值计算模块、路径排序模块和存储单元的具体功能与实现方案。

1) 路径度量值计算模块

图 5.2.28 为路径度量值计算模块硬件结构，其中路径度量值计算过程可由式(4.1.2)表示。当前 LLR 值计算完毕后，进入路径度量值计算模块。首先，通过 Bit_location 信号判断当前比特是否为冻结比特(此处默认冻结比特为 0)，若当前比特为冻结比特，则对判决为 1 的路径施加惩罚，即默认选择判决为 0 的路径。若当前比特为信息比特，则通过 sign 信号判断当前 LLR 的符号，若 LLR 符号为正，则对判决为 1 的路径施加惩罚，对判决为 0 的路径直接放行；若 LLR 符号为负则反之。此处惩罚为 LLR 值的绝对值，通过对输入的 Last_LLR 信号进行取模得到。然后，对所有路径度量值排序得到输出值 Path_metric。图中，Pre_metric 表示上一个比特计算完成后所得的路径度量值。

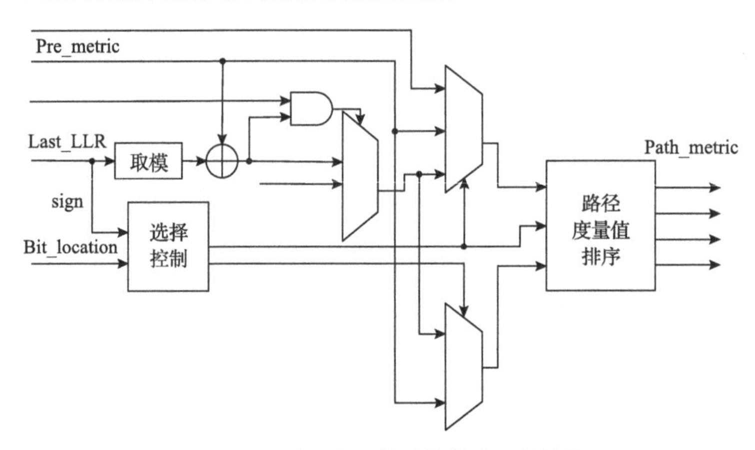

图 5.2.28　路径度量值计算模块硬件结构

下面以 4 比特的 SCL 译码为例。假设所有比特均为信息比特，则总共产生 16 条路径。4 比特 SCL 译码路径惩罚计算过程如图 5.2.29 所示。其中，虚线路径表示此次判决会施加惩罚。按照式(4.1.2)计算，每条路径判决比特与路径度量值如表 5.2.6 所示。

2) 路径排序模块

在得到 $2L$ 条路径度量值及对应的 $2L$ 条路径后，需要筛选出其中度量值较小的 L 条路径。图 5.2.30 为路径排序硬件结构。图中，采用冒泡排序法对输入的 $2L$

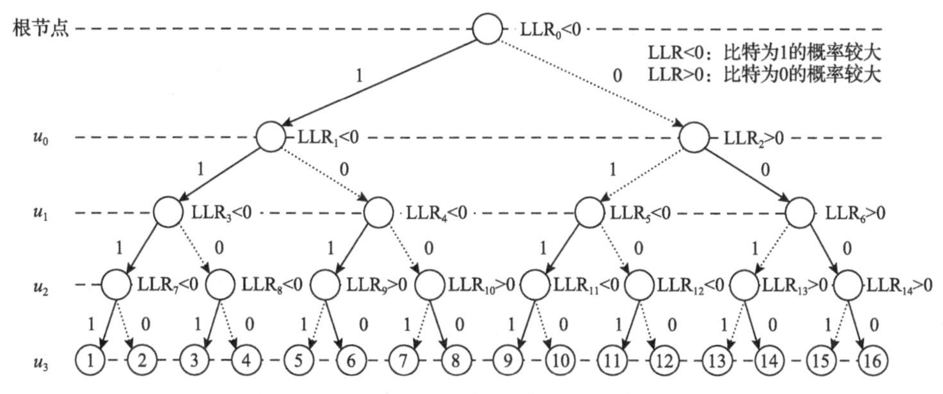

图 5.2.29　4 比特 SCL 译码路径惩罚计算过程

表 5.2.6　路径惩罚计算过程

路径序列	路径判决比特	路径度量值
1	1111	0
2	1110	$\lvert LLR_7\rvert$
3	1101	$\lvert LLR_3\rvert$
4	1100	$\lvert LLR_3\rvert+\lvert LLR_8\rvert$
5	1011	$\lvert LLR_1\rvert+\lvert LLR_9\rvert$
6	1010	$\lvert LLR_1\rvert$
7	1001	$\lvert LLR_1\rvert+\lvert LLR_4\rvert+\lvert LLR_{10}\rvert$
8	1000	$\lvert LLR_1\rvert+\lvert LLR_4\rvert$
9	0111	$\lvert LLR_0\rvert+\lvert LLR_2\rvert$
10	0110	$\lvert LLR_0\rvert+\lvert LLR_2\rvert+\lvert LLR_{11}\rvert$
11	0101	$\lvert LLR_0\rvert+\lvert LLR_2\rvert+\lvert LLR_5\rvert$
12	0100	$\lvert LLR_0\rvert+\lvert LLR_2\rvert+\lvert LLR_5\rvert+\lvert LLR_{12}\rvert$
13	0011	$\lvert LLR_0\rvert+\lvert LLR_6\rvert+\lvert LLR_{13}\rvert$
14	0010	$\lvert LLR_0\rvert+\lvert LLR_6\rvert$
15	0001	$\lvert LLR_0\rvert+\lvert LLR_{14}\rvert$
16	0000	$\lvert LLR_0\rvert$

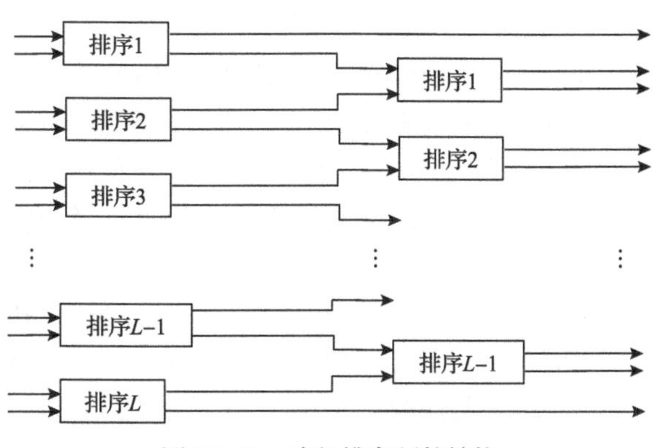

图 5.2.30　路径排序硬件结构

条路径度量值进行排序，输入信号每两个一组进入排序模块进行比较排序，$2L$ 条路径共需 L 个比较器。随着排序的进行，较小值不断上浮，较大值不断下沉，最后输出排序后的路径度量值及对应路径。其中，较小的 L 个度量值将反馈给路径度量值计算模块以进行下一轮计算。

3)存储单元

SCL译码器采用串行译码方式,后续比特的译码依赖于之前比特的判决结果。由于路径筛选特性，需要将LLR值、部分和、判决值以及路径信息保存在存储单元中。图5.2.31展示了SCL译码器的数据存储结构。

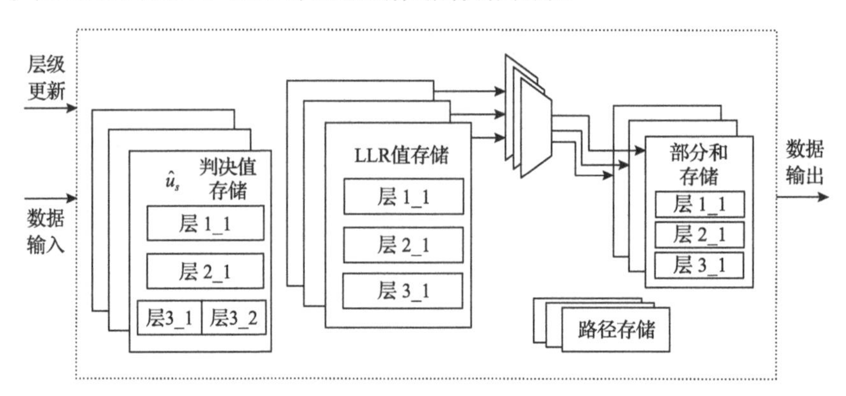

图5.2.31　SCL译码器的数据存储结构

2. 硬件高效SCL译码器设计

SCL译码可以有效改善中短码长下极化码的纠错性能，应用最为广泛。然而，现有的SCL译码器多采用列表并行结构进行实现，计算电路存在长时间相互等待的问题，硬件资源利用效率较低，资源受限情况下更为突出。针对上述问题，提出一种列表串行结构的极化码SCL译码器[4]，路径间采用串行流水计算，减少电路间的等待时间，提高资源利用效率；单条路径计算中，采用半并行结构，增加PE个数，降低串行计算带来的过大译码延迟。

类似SC译码算法，在SCL译码算法中当前比特LLR值计算依赖上一比特部分和计算的结果。在列表并行结构的SCL译码器中，各路径计算同时进行，计算电路只有通过长时间相互等待才能满足上述依赖关系。值得注意的是，上述依赖关系只存在于单条路径中，各条路径间并不存在。因此，考虑将各条路径的计算按串行流水方式进行。

图5.2.32展示了列表大小 $L = 8$ 时的列表串行SCL译码器各电路计算时序。在计算当前路径部分和的同时，计算其他路径LLR值，使计算电路尽可能多地处于工作状态。与此同时，单条路径的LLR计算与部分和计算依然满足相互之间的依赖关系，符合算法要求。

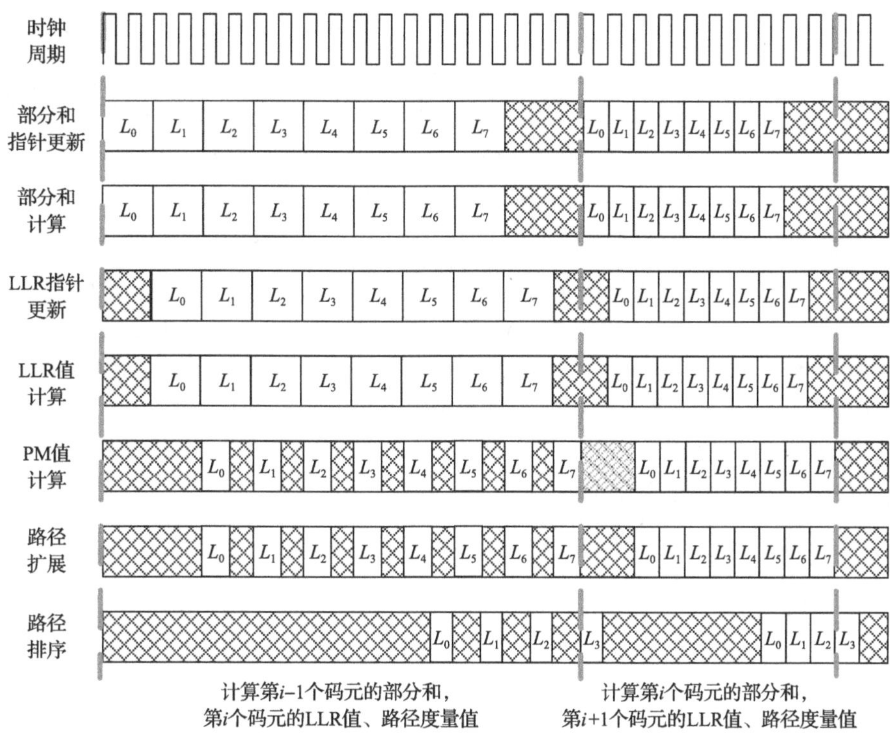

图 5.2.32　列表串行 SCL 译码器各电路计算时序($L=8$)

具体地，在计算过程中，每条路径之间互不干扰，计算过程采用串行方式。部分和计算电路先计算第 1 条路径对应的部分和，再在 LLR 计算电路计算第 1 条路径判决 LLR 值的同时，部分和计算电路开始计算第 2 条路径对应的部分和。LLR 计算电路先计算第 1 条路径所对应的判决 LLR 值，再在路径度量值计算电路计算第 1 条路径的路径度量值的同时，LLR 值计算电路开始计算第 2 条路径所对应的 LLR 值。以此类推，部分和计算电路、LLR 值计算电路和路径度量值计算电路依次串行计算不同路径的部分和、判决 LLR 值和路径度量值 PM。

当一条路径的 LLR 值计算完成后，随即进行路径的处理。具体而言，对于冻结比特，不需要进行路径扩展，路径更新后直接作为幸存路径输出；对于信息比特且列表中有效路径数小于 L 的情况，需要进行路径扩展，所有扩展路径均作为幸存路径输出；对于信息比特且列表中有效路径数为 L 的情况，需要进行路径扩展，当第 $L/2+1$ 条路径的 LLR 值计算完成后，扩展所得有效路径数为 $L+2$，超过列表上限,从中选择 2 条作为幸存路径进行输出。此后每计算完一条路径的 LLR 值，立即进行相似处理，挑选出 2 条幸存路径，直至所有路径计算完成，挑选出 L 条幸存路径。路径处理耗时过程可以被其他运算覆盖，耗时忽略不计。

从单条路径来看，当 LLR 计算开启时，所需要的部分和数据已经计算完成，符合串行消除译码的要求。从 LLR 计算电路、部分和计算电路的空闲时间可以看出，计算单元基本处于满负荷运行状态，降低了硬件资源开销。然而，与列表并行结构相比，列表串行 SCL 译码器面临一个极具挑战的问题，即译码延时大幅度增加。为解决该问题，在单条路径译码过程中采用半并行结构，增加 PE 个数，并行计算多个节点，实现资源消耗与吞吐率之间的平衡。

算法 5.2.1 总结了列表串行 SCL 译码算法$(\boldsymbol{y}_1^N,\mathcal{I},L)$流程。其中，$\boldsymbol{y}_1^N$为信道层接收序列，$\mathcal{I}$ 为信息比特索引集合，L 为列表大小。在传统的 SCL 译码方法中，判决 LLR 值由 L 个 SC 译码器并行获得，需要同时对 $2L$ 条路径度量值进行排序，以获取路径度量值最小的 L 条路径。相比之下，算法 5.2.1 所示的列表串行 SCL 译码仅需一个 $L+2$ 输入的排序器来进行路径管理。

算法 5.2.1　列表串行 SCL 译码算法$(\boldsymbol{y}_1^N,\mathcal{I},L)$

输入：活动路径号 $L'=1$，路径度量值 $\mathrm{PM}_0[l]=0$，其中，$l\in\{1,2,\cdots,L\}$ 为路径索引

输出：$\hat{\boldsymbol{u}}_1^N[l^*]$

1. for $i=1$ to N
2. 　for $l=1$ to L'
3. 　　SC 译码，计算 LLR 值 $\boldsymbol{L}_n^{(i)}[l]$；
4. 　　　if $i\notin\mathcal{I}$
5. 　　　　当前译码比特为冻结比特，直接令判决结果 $\hat{u}_i[l]=0$；计算当前路径度量值 $\mathrm{PM}_i[l]$；
6. 　　　else 当前比特为信息比特；
7. 　　　　if $L'<L$
8. 　　　　　$\hat{u}_1^{i-1}[l+L']=\hat{u}_1^{i-1}[l]$；$\hat{u}_i[l]=0$；
　　　　　$\hat{u}_i[l+L']=1$；$\mathrm{PM}_{i-1}[l+L']\leftarrow\mathrm{PM}_{i-1}[l]$；
9. 　　　　　分别计算 $\mathrm{PM}_i[l]$ 和 $\mathrm{PM}_i[l+L']$；
10. 　　　　　if $l=L'$
11. 　　　　　　进行路径扩展，$L'=2L'$；
12. 　　　　　end if
13. 　　　　else $L'=L$
14. 　　　　　$\hat{u}_1^{i-1}[l+L]=\hat{u}_1^{i-1}[l]$；$\hat{u}_i[l]=0$；
　　　　　$\hat{u}_i[l+L]=1$；$\mathrm{PM}_{i-1}[l+L]=\mathrm{PM}_{i-1}[l]$；

15. 分别计算 $\mathrm{PM}_i[l]$ 和 $\mathrm{PM}_i[l+L]$；

16. if $l > L/2$

17. 对 $(\hat{u}_1^i[l'],\mathrm{PM}_i[l'])$ 从小到大进行排序获得幸存路径和相应的路径度量值，并将所得序列赋给 Γ，其中 l' 表示未经排序的 $L+2$ 个路径索引值；

18. end if

19. end if

20. end if

21. end for

22. 将 Γ 赋给 $(\hat{u}_1^i[l],\mathrm{PM}_i[l])$，其中 $l \in \{1,2,\cdots,L\}$；

23. end for

24. 取 L 条路径度量值中的最小值赋给 l^*。

图 5.2.33 为列表串行 SCL 译码器顶层结构。主要分为三个部分：存储单元、计算单元、控制单元。顾名思义，存储单元主要负责存储 LLR 值、部分和、译码

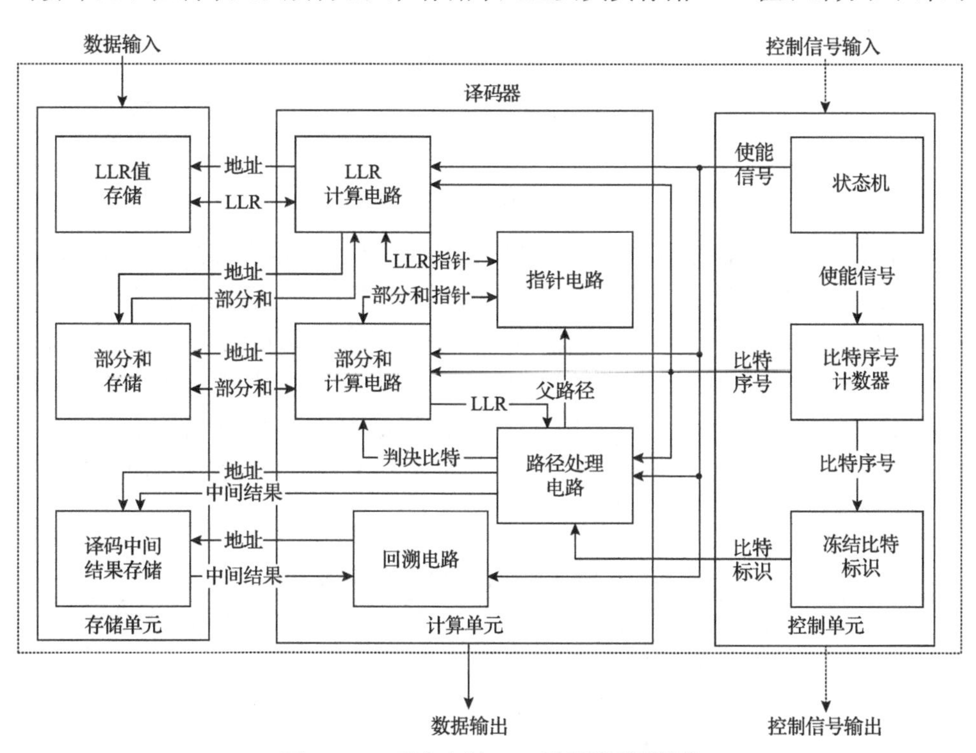

图 5.2.33　列表串行 SCL 译码器顶层结构

中间结果等数据；计算单元负责 LLR 计算、部分和计算、路径处理、结果回溯等，并对指针进行维护；控制单元对整个译码器的状态进行控制，同时负责计算单元中各电路的执行调度。计算单元依据不同功能可以分为五个子电路：LLR 计算电路、路径处理电路、部分和计算电路、指针电路和回溯电路。其中，LLR 计算电路、路径处理电路、部分和计算电路是译码器的核心计算电路，下面将对其进行详细介绍；指针电路主要用于避免大规模的数据复制；回溯电路从中间结果获取最终译码结果，在所有比特判决完成后开始工作。

1) LLR 计算电路

译码器 LLR 计算电路结构如图 5.2.34 所示，主要包含三个部分：LLR 计算控制单元、LLR 计算处理单元、数据恢复单元。

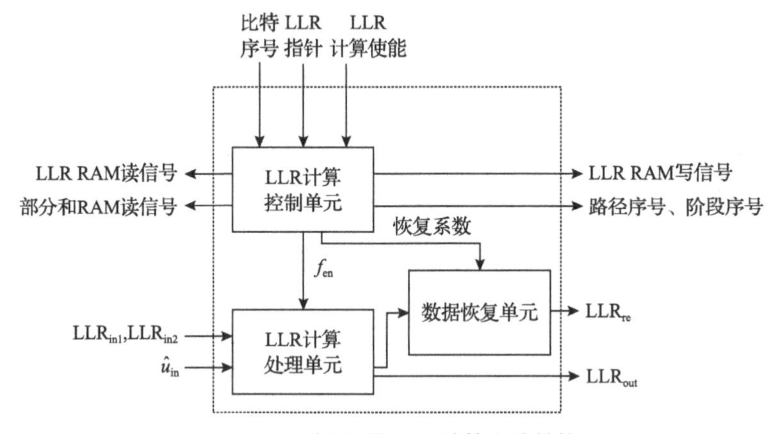

图 5.2.34 译码器 LLR 计算电路结构

当 LLR 计算使能信号有效时，LLR 计算控制单元将依次对 L_a 条有效路径进行计算。对于单条路径的计算，首先根据输入的比特序号计算起始阶段序号。便于硬件实现，当码长为 1024 时，定义信道计算阶段为第 9 阶段，比特判决阶段为第 0 阶段。若当前计算的比特序号为 $i(0 \leqslant i \leqslant 1023)$，则其二进制表示和 LLR 计算起始阶段序号的对应关系如表 5.2.7 所示。表中 x 表示当前值不固定，可以为 0 也可以为 1。当 $i=0$ 时，表示计算第一个比特的 LLR 值，视为特殊情况，需从信道计算阶段(阶段序号为 9)开始。

表 5.2.7 LLR 计算起始阶段序号对应表

比特序号(二进制表示)	起始阶段序号
xxxxxxxxx1	0
xxxxxxxx10	1
xxxxxxx100	2
xxxxxx1000	3

续表

比特序号(二进制表示)	起始阶段序号
xxxxx10000	4
xxxx100000	5
xxx1000000	6
xx10000000	7
x100000000	8
1000000000	9
0000000000	9

执行 LLR 计算时需从起始阶段依次计算至第 0 阶段。阶段 s 中的节点数目为 2^s，对当前阶段执行计算时需要遍历所有节点，即根据阶段序号、阶段内节点序号、路径序号和 LLR 指针，得到 LLR RAM、部分和 RAM 的读取地址，进而获取计算所需数据。当计算完成后，新的 LLR 数据需要存储在 LLR RAM 中，根据路径、阶段、节点序号得到对应的写入地址。同一阶段中的所有节点将采用相同运算(f 或 g 运算)，设比特序号 $i\left(0\leqslant i\leqslant 1023\right)$ 的二进制表示为 $\left(b_9,b_8,\cdots,b_0\right)$，则第 s 阶段的 f 运算使能信号为 $f_{en}=\sim b_s$，其中 ~ 表示取反。当一个阶段内所有节点的数据计算完成后，需要将当前路径、当前阶段的 LLR 指针更新为当前路径序号。当所有阶段计算完成后，需要恢复出 LLR_{re} 送入路径处理电路，恢复系数为比特序列 $\left(b_9,b_8,\cdots,b_0\right)$ 中 1 的个数。

LLR 处理单元是 LLR 计算电路的核心，包含 f 和 g 两种运算。如图 5.2.35 所示，该结构共有四个输入：f 运算使能信号 f_{en}、蝶形结构左上节点部分和值 $\hat{u}_{in}$、蝶形结构右上节点 LLR 值 LLR_{in1}、蝶形结构右下节点 LLR 值 LLR_{in2}。该结构仅

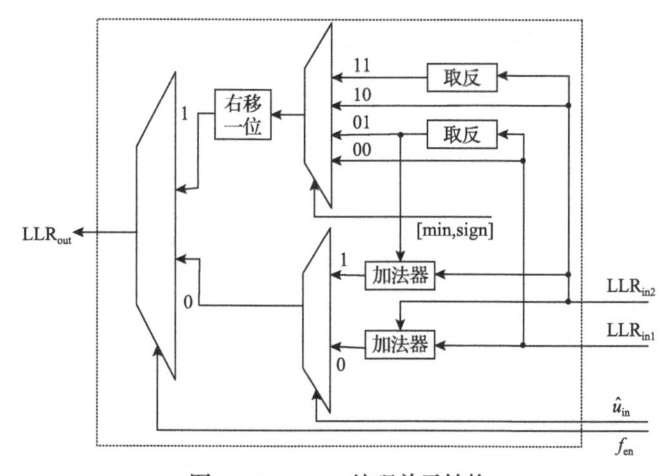

图 5.2.35　LLR 处理单元结构

有一个输出，即新计算出的 $\mathrm{LLR_{out}}$。需要说明的是，该处理单元所实现的 f 和 g 运算采用的是最小和近似算法。

此外，其中的选择信号[min,sign]可详细表述为：当 $\mathrm{LLR_{in1}}$ 的绝对值小于 $\mathrm{LLR_{in2}}$ 的绝对值时，min 置为 0，否则置为 1；当 $\mathrm{LLR_{in1}}$ 乘以 $\mathrm{LLR_{in2}}$ 大于 0 时，sign 置为 0，否则置为 1。为防止由位宽增加而导致的数据溢出，需执行右移操作，所以当一条路径的所有阶段计算完成后，需要将所得 $\mathrm{LLR_{out}}$ 恢复为 $\mathrm{LLR_{re}}$。恢复系数由 LLR 计算控制单元给出，操作较为简单，算术左移恢复系数位即可。

2)路径处理电路

路径处理电路结构如图 5.2.36 所示，主要包含四个部分：路径度量值 RAM、判决及度量值计算、排序选择、有效路径数。

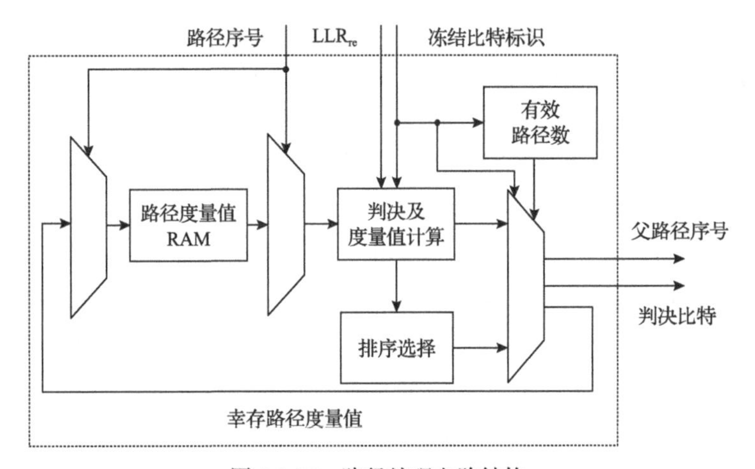

图 5.2.36　路径处理电路结构

路径处理电路的输入为当前译码路径的路径序号、对数似然比恢复值 $\mathrm{LLR_{re}}$ 和当前译码比特对应的冻结比特标识。输出为判决比特和幸存路径的父路径序号。路径度量值 RAM 用于存储上一比特各有效路径的路径度量值，供后续新的路径度量值计算使用。

判决及度量值计算部分负责当前比特的判决和路径度量值计算。若当前比特为冻结比特，即冻结比特标识为 1，直接将当前路径判决为 0；若当前比特为信息比特，则进行路径扩展。需要注意的是，设路径度量值量化位宽为 Q，若计算过程中数据发生溢出，则直接将其置为最大值 2^Q-1。

图 5.2.37 为 $L=8$ 时的排序选择电路结构。如前所述，当列表大小确定为 $L=8$ 时，对应的排序选择单元为 10 选 2 结构。在对数似然比域下，需要从 10 个度量值中选择 2 个最小的数值，其实现结构如图 5.2.37 所示。其中图(a)为一个基础的 4 选 2 结构(4CS2)，图(b)为多个 4 选 2 结构组合得到的 10 选 2 结构(10CS2)，

图中 PM_j 为第 j 条路径度量值，min_0 和 min_1 为排序后所得最小的两个数值。

有效路径数 L_a 的初始值为 1，当遇到冻结比特时 L_a 保持不变；当遇到信息比特时，若 $2L_a < L$，则有效路径数扩展为 $2L_a$，若 $2L_a \geqslant L$，则有效路径数 $L_a = L$。

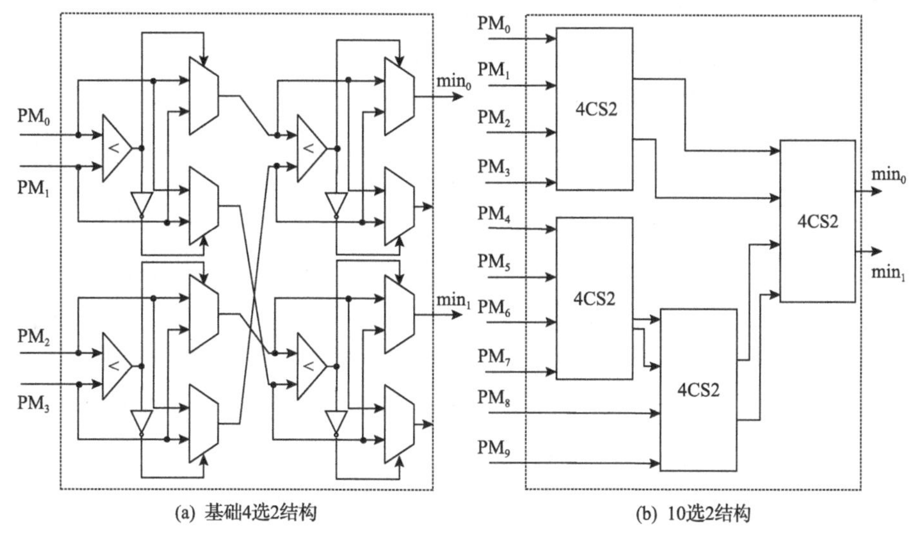

图 5.2.37　排序选择电路结构($L = 8$)

路径处理电路的最终输出结果由冻结比特标识和有效路径数 L_a 共同决定：当前比特为冻结比特或当前比特为信息比特但有效路径数 $L_a < L$ 时，输出未经排序选择的数据；当前比特为信息比特且有效路径数 $L_a = L$ 时，输出经过排序选择后的数据。经过筛选得到的幸存路径父路径序号和判决比特将输出至其他电路，幸存路径的度量值亦将写入路径度量值 RAM，供下次使用。

3) 部分和计算电路

部分和计算电路结构如图 5.2.38 所示，主要包含两个部分：部分和计算控制单元、部分和计算处理单元。

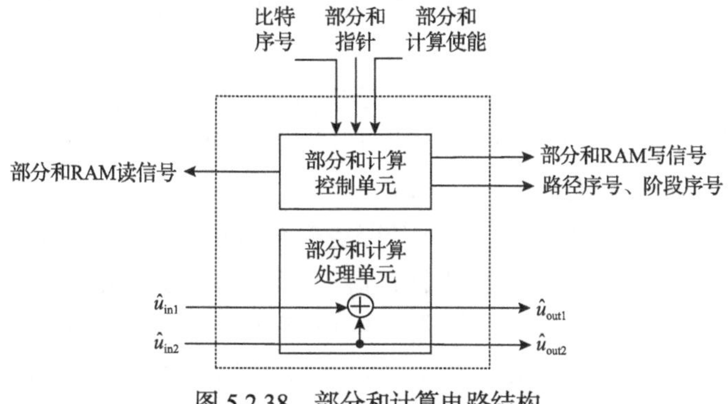

图 5.2.38　部分和计算电路结构

部分和计算控制单元与 LLR 计算控制单元类似，当部分和计算使能信号有效时，串行流水计算各有效路径的部分和值。然而，部分和的计算方向与 LLR 值的计算方向相反，由判决阶段(第 0 阶段)开始计算直至终止阶段。此外，部分和计算与 LLR 计算时的比特序号不一致。在部分和计算过程中，需要将输入的比特序号减 1，计算得到终止阶段序号。待终止阶段序号确定后，按照阶段序号、各阶段内节点序号依次进行计算。

部分和 RAM 的读写地址由路径序号、阶段序号、节点序号、部分和指针共同确定。当一个阶段内所有节点的部分和计算完成后，需要将当前路径下一阶段的部分和指针更新为当前路径序号。

由图 5.2.38 可见，部分和计算处理电路结构较为简单。异或结构中左上节点的部分和值 $\hat{u}_{\text{in1}}$ 与左下节点的部分和值 $\hat{u}_{\text{in2}}$ 异或，得到右上节点的部分和值 $\hat{u}_{\text{out1}}$；右下节点的部分和 $\hat{u}_{\text{out2}}$ 值与 $\hat{u}_{\text{in1}}$ 一致。部分和计算的所有结果均存储在部分和 RAM 中，在进行下一比特的 LLR 计算时，会从中读取对应节点的部分和值用于 g 运算。

3. 多模式 SCL 译码器设计

在极化码译码中，“多模式”既可以表示译码器支持不同的列表大小和并行度，也可以表示译码器支持不同的码长和码率。本节将从这两个方面介绍多模式 SCL 译码器。

1) 列表多模式 SCL 译码器设计

经典的 SCL 译码器在给定极化码参数的条件下可提供固定的吞吐量和译码延迟，但难以适应可变的信道条件和应用场景。为满足不同的吞吐量和延迟需求，列表多模式 SCL (multimode-SCL，MM-SCL) 译码器应运而生。若吞吐量或时延要求高，译码器以小列表执行并行译码；若纠错性能优先级更高，则切换至大列表串行模式，以此实现吞吐率、面积、纠错性能的均衡。

文献[9]提出了一种具有多条译码路径的 MM-SCL 译码器，能够并行译码 P 个接收序列，列表大小为 L。具有 4 条译码路径的 MM-SCL 译码器顶层架构如图 5.2.39 所示，此架构可配置为 SC 译码或者 SCL 译码，当配置为 SC 译码时，最多可支持 4 帧数据并行译码；当配置为 SCL 译码时，若 $L=2$，可并行译码 2 帧数据，若 $L=4$，则一次仅译码 1 帧数据。

由图 5.2.39 可知，该架构包含 4 条路径存储器和 1 个列表消息存储器，分别用于存储路径信息和更新后的中间 LLR 值。4 个计算更新单元负责 LLR 值、部分和的计算，低复杂度近似最大似然译码单元可以根据不同的模式进行译码输出。当选择 SC 译码模式时，从 SC_1、SC_2、SC_3、SC_4 端口并行输出译码结果；当选择

SCL 译码模式时，列表数目 L 可调整为 1、2 或 4。当 $L=1$ 时，SCL_1、SCL_2、SCL_3 和 SCL_4 分别对不同的序列进行译码；当 $L=2$ 时，SCL_1 和 SCL_2 用于一帧数据的译码，SCL_3 和 SCL_4 用于另一帧数据的译码；当 $L=4$ 时，每个 $SCL_i(1 \leqslant i \leqslant 4)$ 共同译码一帧数据。在该架构中，控制单元基于指令 RAM 进行控制，包括存储结构和状态机两个部分。存储结构用于存储冻结比特分布信息和译码参数；状态机控制电路需要根据存储器中的数据和当前译码状态输出控制信号，对 MM-SCL 译码器的模式进行选择。

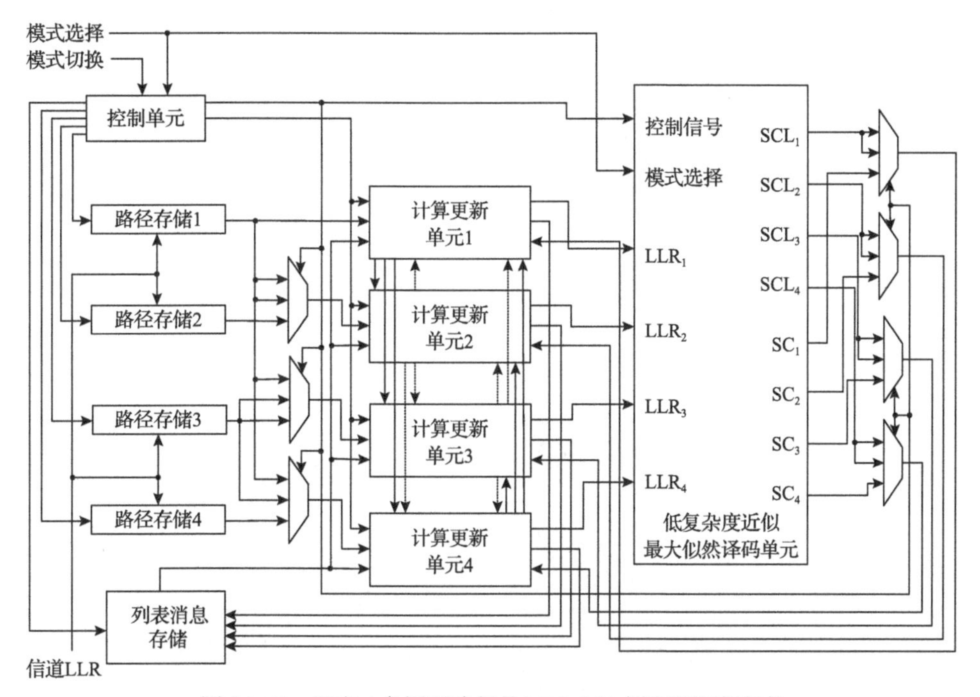

图 5.2.39　具有 4 条译码路径的 MM-SCL 译码器顶部架构

2) 码长码率多模式 SCL 译码器设计

为适应复杂多变的通信环境，极化码译码器需要兼容多种码长和码率。为此，研究码长码率多模式 SCL 译码器设计[10]。根据 f 运算和 g 运算过程中数据计算与存储的规律，设计一种合理的调度规则，以一个 PE 结构实现不同码长和码率的译码过程。

首先，根据码长 N 和当前比特的索引 i 确定开始计算的层。当码长为 N 时，对于第 i 个比特(i 大于 1)，将 $i-1$ 和 $i-2$ 均转化为位宽为 $\log_2 N$ 的二进制数据，两者进行对比，取发生变化的最高位所对应层数作为开始译码的层。然后，根据码长 N 和当前比特的索引 i 确定每一层的计算函数。对于码长为 N 的极化码译码过程，当前译码比特的 LLR 值计算可分为 $\log_2 N$ 层，每一层中计算类型相同。使用 $i-1$ 对应的位宽为 $\log_2 N$ 的二进制数据，表示不同层的 f 运算或 g 运算，1 代表 g 运算，0 代表 f 运算。

图 5.2.40 为 $N=8$ 时的 LLR 计算与存储过程。例如，当 $i=2$ 时，将 $i-1$ 转化为二进制数据 001，则第 1 层为 g 运算，第 2 层和第 3 层均为 f 运算。对于码长为 N 的第 i 个译码过程，从第 m_s 层开始计算时，需调用 2^{m_s-1} 次 PE 结构。码长为 N 的译码过程中，PE 结构总的调用次数为 $N\log_2 N$ 次。

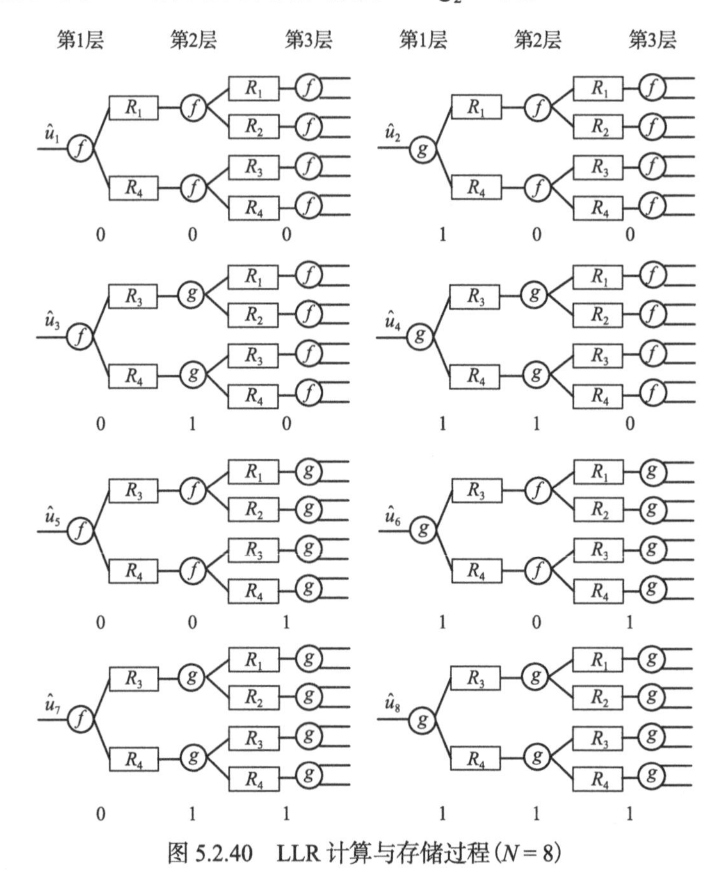

图 5.2.40　LLR 计算与存储过程($N=8$)

5.2.4　BP 译码架构

与 SC 译码器、SCL 译码器相比，极化码的 BP 译码器在并行性上具有内在优势，可以有效改善串行译码时延高、吞吐率低等问题。本节将从基础计算块(basic computational block，BCB)以及 BCB 的调用方案两个方面出发，详细介绍极化码 BP 译码器的实现方案。

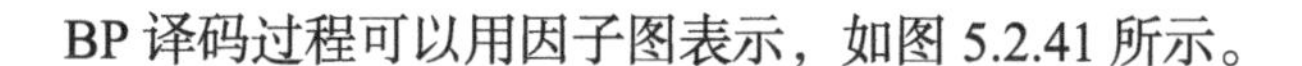

BP 译码过程可以用因子图表示，如图 5.2.41 所示。

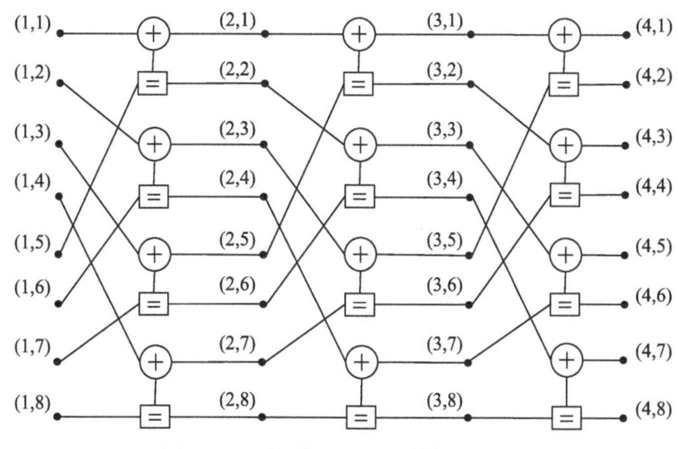

图 5.2.41　极化码因子图结构 $(N=8)$

1. 基础计算块

执行 BP 译码时，首先在因子图中从右到左传递信息(L 传播)，然后从左到右传递信息(R 传播)，重复迭代该过程，直至输出最后一次迭代的左、右信息之和。当使用因子图进行译码时，图中各节点计算过程如图 5.2.42 所示。其中，符号 $L_{i,j}$ 表示因子图第 i 列、第 j 行处的左信息，$R_{i,j}$ 表示因子图第 i 列、第 j 行处的右信息。

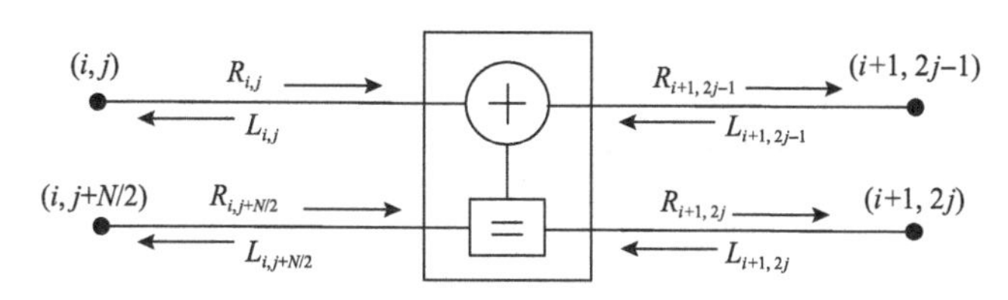

图 5.2.42　因子图中节点结构

左信息的初始值可通过信道接收序列计算 LLR 值得到，而最左侧的右信息可通过式(5.2.42)计算得到：

$$R_{1,j}=\begin{cases}0, & j\in\mathcal{I}\\ \infty, & j\in\mathcal{I}^{\mathrm{c}},u_j=0\end{cases}\tag{5.2.42}$$

式中，$\mathcal{I}$ 为信息比特索引集合。若当前比特为信息比特，则右信息的初始值为 0，否则右信息的初始值取决于冻结比特 u_j 的值。节点执行的计算可通过式(5.2.43)描述：

$$
\begin{aligned}
L_{i,j} &= f\left(L_{i+1,2j-1}, L_{i+1,2j} + R_{i,j+N/2}\right) \\
L_{i,j+N/2} &= f\left(R_{i,j}, L_{i+1,2j-1}\right) + L_{i+1,2j} \\
R_{i+1,2j-1} &= f\left(R_{i,j}, L_{i+1,2j} + R_{i,j+N/2}\right) \\
R_{i+1,2j} &= f\left(R_{i,j}, L_{i+1,2j-1}\right) + R_{i,j+N/2}
\end{aligned}
\tag{5.2.43}
$$

式中，f 运算函数可表示为 $f(x,y)=\ln(1+xy)-\ln(x+y)$。为便于硬件实现，$f$ 运算函数可简化为 $f(x,y)\approx \text{sign}(x)\text{sign}(y)\min(|x|,|y|)$。基础计算块的硬件实现如图 5.2.43 所示。

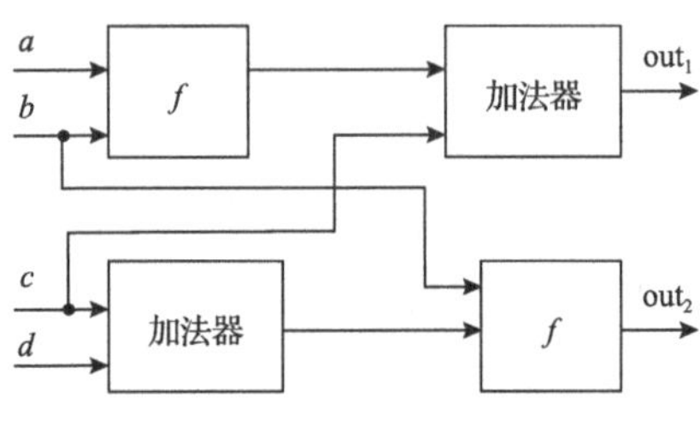

图 5.2.43　基础计算块结构

显然，当码长为 N、信息位宽为 Q 时，基础计算块在计算过程中一列节点可产生 N 个 Q 位的新信息。由于需要对左信息和右信息进行更新，所以会消耗 $2NQ\log_2 N$ 位存储空间以保存所有的更新信息。值得注意的是，在右信息传播过程中，左信息将被消耗掉，其存储位置可以被新产生的右信息替代。同理，在左信息传播过程中，新产生的左信息也可以替代原始右信息，因此，存储空间消耗可降低 50%。此外，当计算至最后一层时，所得数据不需要保存，所以整个译码过程所占用的存储空间为 $NQ(\log_2 N-1)$。

2. 基础计算块调度方案

在 BP 译码中，可通过调用合适数目的 BCB 完成逐列并行迭代译码。下面简单介绍三种常见的 BCB 调度方案[11]，即单列结构、双列结构、半列结构。

如图 5.2.44 所示，单列结构共使用 $N/2$ 个 BCB，用于处理因子图计算过程

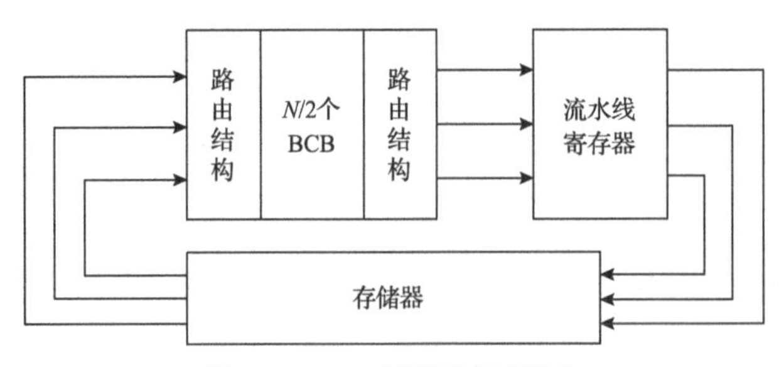

图 5.2.44　BP 译码器单列结构

中的一列。使用单列结构时，L 传播过程需要消耗 $\log_2 N$ 个时钟周期(共需计算 $\log_2 N$ 列数据)，R 传播过程需要消耗 $\log_2 N-1$ 个时钟周期(共需计算 $\log_2 N-1$ 列数据)，此外还需要消耗 1 个时钟周期以完成数据更新。对每列数据进行计算前，需要使用选择器完成数据路由操作。

双列结构是通过展开单列结构来构建的。如图 5.2.45 所示，双列结构共使用 N 个 BCB，且这些 BCB 在一个周期内处理因子图计算过程中的连续两列。N 个 BCB 分成两个部分，分别用于处理奇数列数据和偶数列数据。与计算结构相对应的存储结构也被分成两个部分，分别存储来自奇数列和来自偶数列的信息。与单列结构相比，总内存保持不变。

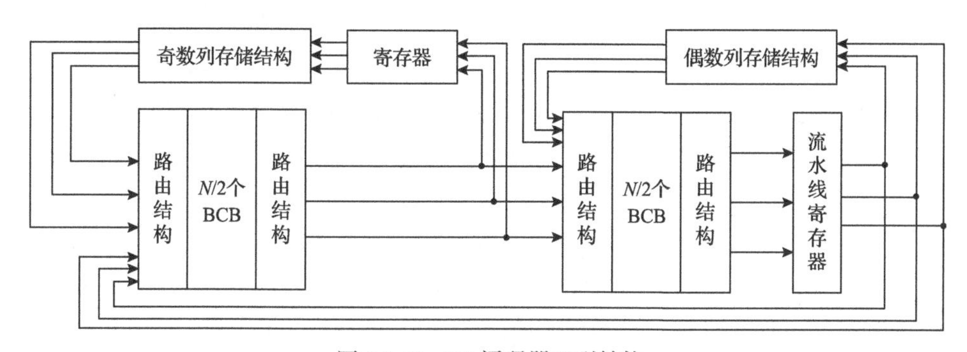

图 5.2.45　BP 译码器双列结构

双列结构可以将每次译码迭代的循环次数缩短至 $\log_2 N+2$ 。但是奇数列与偶数列数据的合并路由结构将导致时钟周期数略有增加。总体来看，双列结构是一种以增加硬件资源消耗为代价来提升吞吐率的实现方案。

不同于双列结构，半列结构是通过折叠单列结构来构建的。半列结构共使用 $N/4$ 个 BCB，这些 BCB 用于处理因子图中一列的上半部分或下半部分。如图 5.2.46 所示，该结构相较于单列结构需要额外增加一个存储结构用于数据缓存，且每次译码迭代的循环次数是单列结构的两倍。

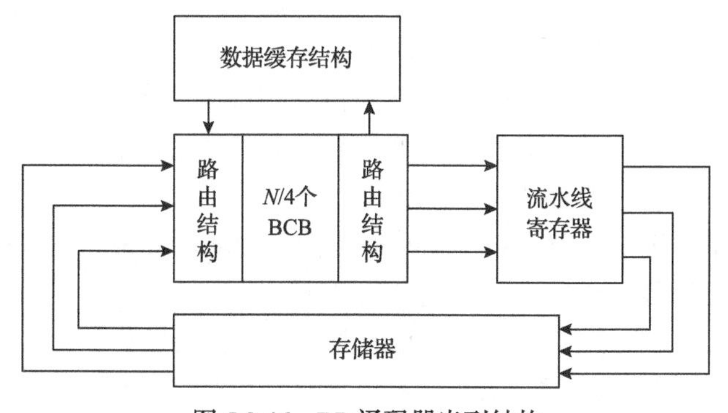

图 5.2.46　BP 译码器半列结构

5.3　PCC 极化码编译码器实现

根据 5.1 节和 5.2 节所述的编码译码硬件实现原理，本节进一步介绍 PCC 极化码编译码器实现。

5.3.1　编码器实现方案

本节主要从顶层电路设计、工作流程、基本电路结构等方面详细介绍 PCC 极化码的编码器实现方案。如图 5.3.1 所示，PCC 极化码编码实现过程可分四个主要步骤。

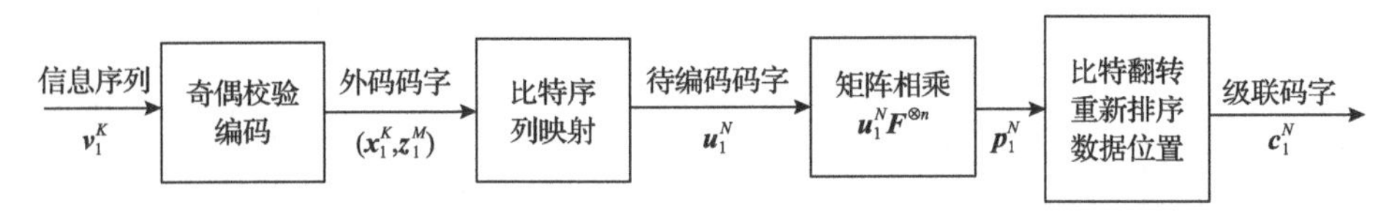

图 5.3.1　PCC 极化码编码实现过程

步骤 1：奇偶校验编码。信息序列经过奇偶校验编码器后得到 M 个校验码字。

步骤 2：比特序列映射。根据不同的码长码率，将信息比特、校验比特与冻结比特按照特定的排列顺序进行映射，得到待编码码字。

步骤 3：矩阵相乘。根据特定工作模式，使用对应的生成矩阵进行矩阵相乘。

步骤 4：比特翻转。根据极化码编码规则，对编码后的比特序列进行重新排序，使接收端得到的数据无须重新调整位置。

如图 5.3.2 所示，PCC 极化码编码器主要包括奇偶校验编码、比特混合映射、矩阵相乘与比特翻转共四个电路结构。

具体工作流程如下所示。

步骤 1：数据输入与校验编码过程。比特混合映射电路对原始输入数据进行缓存，同时奇偶校验编码电路根据校验方程生成 M 个校验比特。当串行输入的数据量达到信息比特长度时，将校验比特输入至比特混合映射电路。

步骤 2：比特混合映射过程。比特混合映射电路根据输入的码长等配置参数，得到冻结比特、校验比特与信息比特的索引，并根据指示信息完成比特的混合映射，映射完毕所得数据存储于寄存器中。

步骤 3：矩阵相乘过程。矩阵相乘电路使用异或门完成待编码数据的异或操作，使用一组寄存器存储矩阵相乘后所得数据。

步骤 4：比特翻转过程。比特翻转电路与比特混合映射电路类似，需根据码长等配置信息获取比特映射索引，随后根据指示信息完成比特的位置交换。交换后所得数据存储于寄存器中。

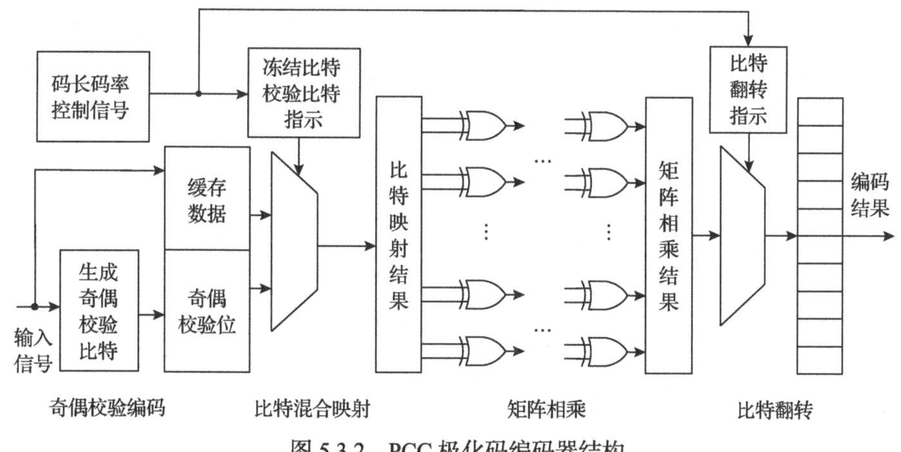

图 5.3.2　PCC 极化码编码器结构

1. 奇偶校验电路

在 PCC 极化码编码过程中，首先需要将信息序列 $\boldsymbol{v}_1^K$ 进行奇偶校验编码，根据 M 组不同的校验方程得到 M 个校验比特。该过程电路结构如图 5.3.3 所示，主要包括一个计数器、M 组校验电路结构和选择器。计数器用于记录输入至该结构的比特索引，选择器则根据当前工作模式、当前比特索引以及校验方程，确定 M 组校验电路结构的输入数据。M 组校验电路结构输出 M 个校验结果 $\boldsymbol{z}_1^M=(z_1,z_2,\cdots,z_M)$。

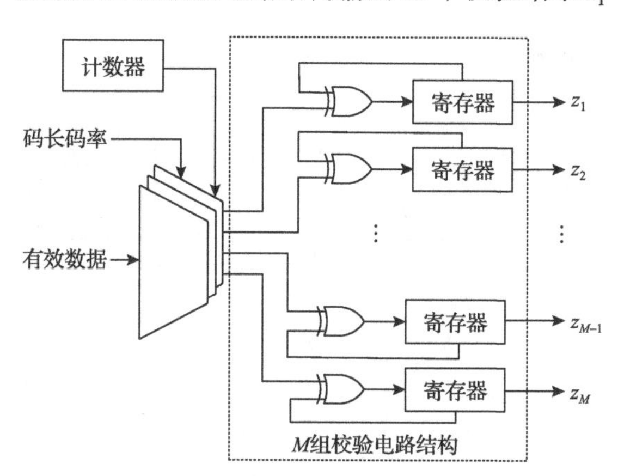

图 5.3.3　奇偶校验编码电路结构

2. 比特混合映射电路

比特混合映射电路通过选择器将冻结比特、校验比特与信息比特插入对应位置。根据极化码编码原理，不同比特信道的可靠程度不同，选择可靠性较高的比特信道传输信息比特，其余比特信道传输冻结比特。在 PCC 极化码编码过程中，需根据比特信道可靠性排序，获取比特索引，将信息比特、校验比特与冻结比特映射至对应位置。如图5.3.4所示，比特混合映射电路结构主要包含计数器、选择器与存储单元，其中存储单元用于存储有效数据、校验码字等信息。

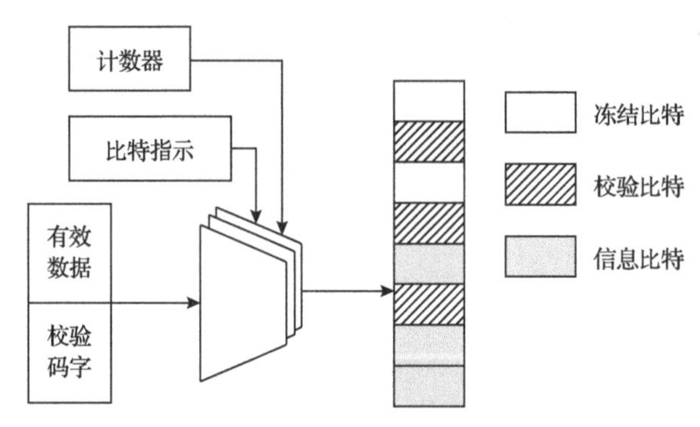

图5.3.4　比特混合映射电路结构

3. 矩阵相乘电路

待编码序列 $\boldsymbol{u}_1^N$ 与生成矩阵 $\boldsymbol{G}_N$ 的相乘，可以分解为矩阵相乘和比特翻转两个过程。其中，矩阵相乘过程可以由比特间的异或操作来实现。图5.3.5展示了 $N=16$ 时的异或操作电路结构，其中虚线标注部分为 $N=8$ 时的异或操作过程。

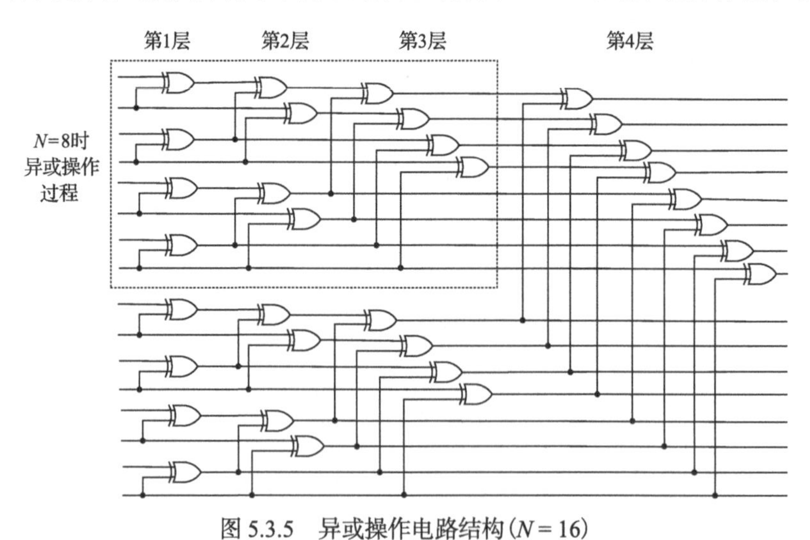

图5.3.5　异或操作电路结构($N=16$)

4. 比特翻转电路

比特翻转过程仅需根据不同码长对矩阵相乘所得数据进行重新排序和映射，以码长 $N=8$ 的比特翻转过程为例，其电路结构如图5.3.6所示。

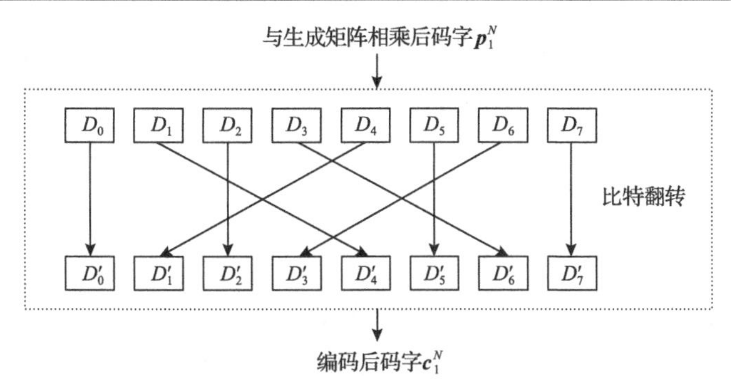

图 5.3.6　比特翻转电路结构($N=8$)

5.3.2　译码器实现方案

本节将从顶层电路设计、工作流程、基本电路结构等方面出发，详细介绍 PCC 极化码译码器实现方案。如图 5.3.7 所示，PCC 极化码译码器主要包含以下结构：输入模块、比特控制模块、LLR 值计算模块、部分和计算模块、LLR 指针模块、奇偶校验模块、部分和指针模块、路径度量值计算与排序模块、冻结比特映射模块等。

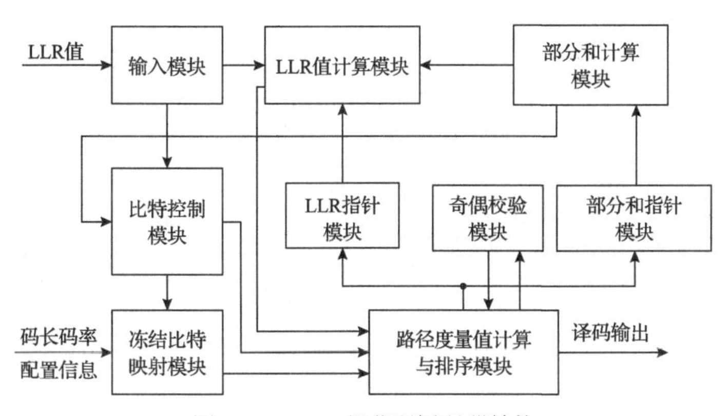

图 5.3.7　PCC 极化码译码器结构

图 5.3.8 为 PCC 极化码译码器工作流程，可以归纳如下。

步骤 1：LLR 值计算。当一帧数据输入完成后，依据开始译码信号，LLR 值计算模块从信道层 LLR RAM 中读取信道层 LLR 值，开始第一个比特 LLR 值的计算，比特控制模块按照译码顺序给出当前比特的序号。

步骤 2：路径扩展与删减。计算得到判决 LLR 值后，将其输入至路径度量值计算与排序模块中，进行路径度量值的计算以及路径的扩展与删减。根据冻结比特位置与校验比特位置，路径度量值计算与排序模块可确定当前比特的类别。若当前比特为冻结比特，则仅判断是否需要进行路径惩罚，不需要进行路径扩展；

若当前比特为校验比特，则根据当前路径译码结果进行奇偶校验，随后根据校验结果判断是否需要进行路径惩罚，不需要进行路径扩展；若当前比特为信息比特，则判断是否需要进行路径惩罚，并进行路径的扩展与删减。随后，得到当前比特的判决值与对应的父路径信息。

步骤 3：部分和计算。LLR 指针与部分和指针根据产生的父路径信息进行指针拷贝，指针拷贝完成后，根据当前比特的判决值与当前译码比特索引，部分和计算模块开始进行部分和计算。计算完毕后，产生指示信号，比特控制模块据此更新当前译码比特位序。然后，LLR 值计算模块开始执行下一个比特 LLR 值的计算。

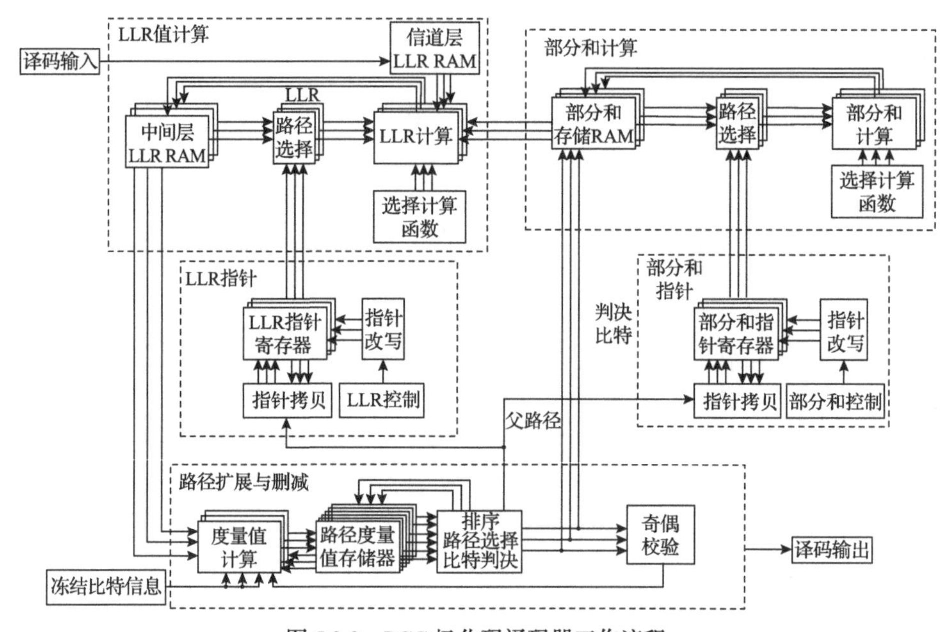

图 5.3.8 PCC 极化码译码器工作流程

1. LLR 值计算模块

LLR 值计算过程主要由 f 运算与 g 运算组成，对应电路结构(即 PE 结构)在 5.2 节已做详细阐述。除 PE 结构外，LLR 值计算模块还需要额外的控制电路与存储结构。LLR 值计算模块主要结构如图 5.3.9 所示。

LLR 值计算模块主要包括两个存储单元：信道层 LLR RAM 和中间层 LLR RAM，分别用于存储输入至译码器的信道层 LLR 值与计算过程中的 LLR 值。

LLR 值计算模块需根据当前码长码率与比特索引，确定开始进行译码的层数以及该层所使用的运算类型。存储器控制结构通过控制 RAM 的数据读取与写入地址，保证输入至 PE 的数据无误。

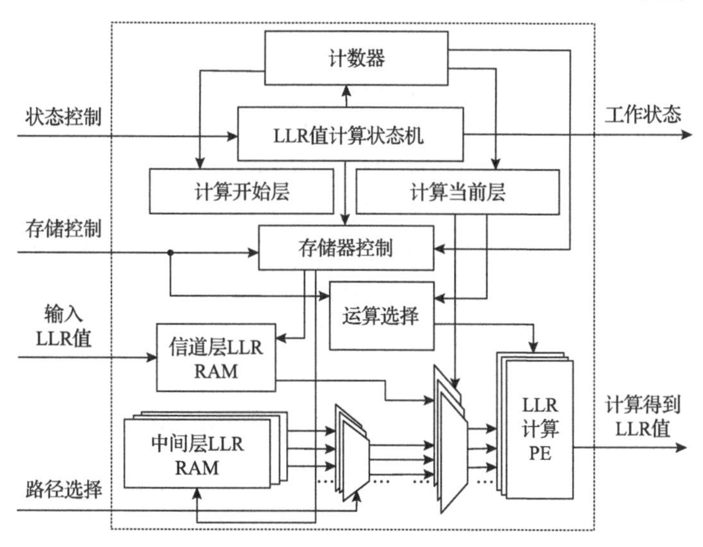

图 5.3.9　LLR 值计算模块主要结构

2. 部分和计算模块

部分和计算过程本质上是极化码编码过程，以码长 $N=8$ 的译码过程为例，该过程共需计算 1 次 $N=4$ 的编码过程与 2 次 $N=2$ 的编码过程，电路结构可参考 5.1 节或 5.3.1 节。部分和计算模块主要结构如图 5.3.10 所示，包含一个部分和 RAM 存储单元，用于存储其他模块产生的比特判决结果以及部分和计算结果。除此之外，还需要部署存储控制单元与状态控制单元，以保证部分和计算结构的输入数据无误。

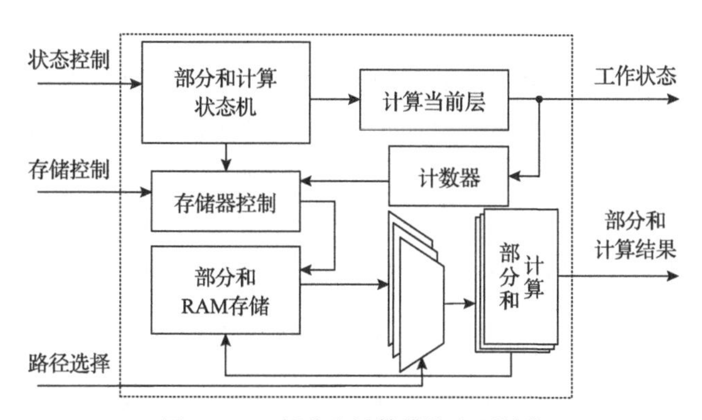

图 5.3.10　部分和计算模块主要结构

3. 路径度量值计算与排序模块

路径度量值计算过程可表示为：当前比特为冻结比特时，若判决结果为 1，则进行惩罚，路径度量值直接置为 PM_MAX。PM_MAX 为路径度量值量化后的最大值，路径度量值达到该值则表示该路径是最不可靠的路径。

当前比特为校验比特时，根据校验生成公式，将信息序列输入至奇偶校验编码模块得到奇偶校验结果，若校验结果与 LLR 值的符号相符，则不进行惩罚。

当前比特为信息比特时，若判决值与 LLR 值的符号相符，则不进行惩罚；若判决值与 LLR 值的符号不符，则对路径度量值施加惩罚，然后进行路径扩展。路径扩展后，排序电路对 $2L$ 条输入路径的度量值进行排序，得到 L 条路径度量值较小的幸存路径，其度量值、判决比特与路径索引会反馈给路径扩展过程，便于进行下一次计算。

在硬件实现过程中，惩罚可以认为是路径度量值加上该 LLR 值的绝对值。上述过程电路结构如图 5.3.11 所示。

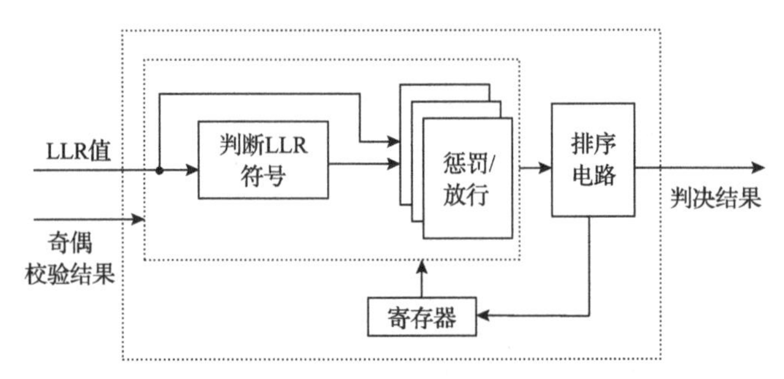

图 5.3.11　路径度量值计算模块结构

5.4　本 章 小 结

本章基于 PCC 极化码的编码、译码原理，重点介绍 PCC 极化码编码器、译码器硬件实现方案。首先，从并行架构和半并行架构出发，阐明极化码编码架构设计方法。随后，围绕译码器量化方案、SC 译码架构、SCL 译码架构、BP 译码架构四个方面，说明主流译码器的设计思路。在此基础上，详细介绍 PCC 极化码编码器、译码器硬件实现方案。

参 考 文 献

[1] Yoo H, Park I C. Partially parallel encoder architecture for long polar codes[J]. IEEE Transactions on Circuits and Systems II: Express Briefs, 2014, 62(3): 306-310.

[2] Shi Z, Niu K. On uniform quantization for successive cancellation decoder of polar codes[C]. IEEE 25th Annual International Symposium on Personal, Indoor, and Mobile Radio Communication, Washington, 2014: 545-549.

[3] Dong Y, Niu K, Dong C. Non-uniform quantization of successive cancellation list decoder for polar codes[C]. IEEE 31st Annual International Symposium on Personal, Indoor and Mobile Radio Communications, London, 2020: 1-6.

[4] 陈欣达. 列表串行极化码 SCL 译码器设计与 FPGA 实现[D]. 武汉: 华中科技大学, 2021.

[5] 卓卞欢心. 极化码的编译码研究及硬件设计[D]. 西安: 西安电子科技大学, 2020.

[6] Dizdar O, Arikan E. A high-throughput energy-efficient implementation of successive cancellation decoder for polar codes using combinational logic[J]. IEEE Transactions on Circuits & Systems I: Regular Papers, 2016, 63(3): 436-447.

[7] Zhang X, Yan X, Zeng Q, et al. High-throughput Fast-SSC polar decoder for wireless communications[J]. Wireless Communications and Mobile Computing, 2018: 1-10.

[8] 曹涵枫. 极化码高速率译码算法研究[D]. 武汉: 华中科技大学, 2022.

[9] Xiong C, Lin J, Yan Z. A multi-mode area-efficient SCL polar decoder[J]. IEEE Transactions on Very Large Scale Integration Systems, 2015, 24(12): 3499-3512.

[10] 牛聪. 多码长多码率 CRC 级联极化码编译码器设计与实现[D]. 武汉: 华中科技大学, 2022.

[11] Sun S, Zhang Z. Architecture and optimization of high-throughput belief propagation decoding of polar codes[C]. IEEE International Symposium on Circuits and Systems(ISCAS), Montreal, 2016: 165-168.

第 6 章　PCC 极化码技术演进

PCC 极化码将校验码和极化码有效级联，通过分散的校验比特实时校验译码路径，显著提升极化码的纠错性能。然而，PCC 极化码发展历程较短，在运算复杂度、纠错性能、硬件实现等方面还存在优化的空间，可以进一步拓展。本章详细介绍 PCC 极化码的几种演进方案：RC 极化码[1]、CRC-RC 极化码、CRC-PCC 极化码及 HARQ 中码率兼容 PCC 极化码。

6.1　RC 极化码

PCC 极化码在硬件实现和运算复杂度等方面还存在优化空间。在硬件实现方面，PCC 极化码中的外编码实现主要有两种方案：第一种方案是采用循环移位寄存器来完成外编码，该方案已被 5G 标准采纳。然而，由于循环移位寄存器的串行编码特性，校验比特的取值难以并行得到，实现复杂度略高。第二种方案是根据构造的校验方程，设计专用的校验电路，以低复杂度并行获取所有校验比特的取值。但是，该方案在校验方程较多时，实现复杂度仍然较高。此外，在运算复杂度方面，PCC 极化码中校验编码需要进行额外的移位操作及异或运算等。

为了降低编码译码运算及硬件实现复杂度，并促进 PCC 极化码的工程应用，进一步提出 PCC 极化码的简化结构，即 RC 极化码[1,2]。在 RC 极化码中，外编码器采用重复码编码，即每个校验比特仅校验(重复)一个信息比特；内编码器采用极化码；译码器采用重复辅助的 SCL 译码算法。显然，与经典的 PCC 极化码相比，RC 极化码具备如下优势。

(1)低硬件实现复杂度。外编码器仅需存储少量的重复关系，即可根据重复关系赋值重复比特，实现外码编码。因此，RC 极化码的外编码器不依赖移位寄存器，也不需要根据校验关系设计复杂的校验电路，硬件实现复杂度低。

(2)低编码译码运算复杂度。在编码译码过程中，PCC 极化码需要通过额外的移位操作、异或运算等得到校验比特，而重复比特的取值可直接根据对应信息比特赋值得到。因此，RC 极化码的外编码器不需要依赖移位寄存器即可实现并行编码，即给定信息序列之后，可同时赋值所有的重复比特，以低复杂度完成外码编码。

6.1.1　RC 极化码编码

图 6.1.1 为 RC 极化码编码流程，其中，$\boldsymbol{x}_1^N=(x_1,x_2,\cdots,x_N)$ 包含冻结比特与信

息比特。$\boldsymbol{x}_1^N$ 经过重复编码后得到内码极化码输入序列 $\boldsymbol{u}_1^N=(u_1,u_2,\cdots,u_N)$。图 6.1.2 为 $\boldsymbol{u}_1^N$ 的结构示意图。序列 $\boldsymbol{u}_1^N$ 中比特分为三类：信息比特、冻结比特和重复比特，其中，冻结比特一般取值为 0；重复比特分散于序列中，且每个重复比特仅匹配一个信息比特，组成一个二重复码。接下来，$\boldsymbol{u}_1^N$ 作为输入序列进行极化码编码，得到最终编码序列 $\boldsymbol{c}_1^N$。

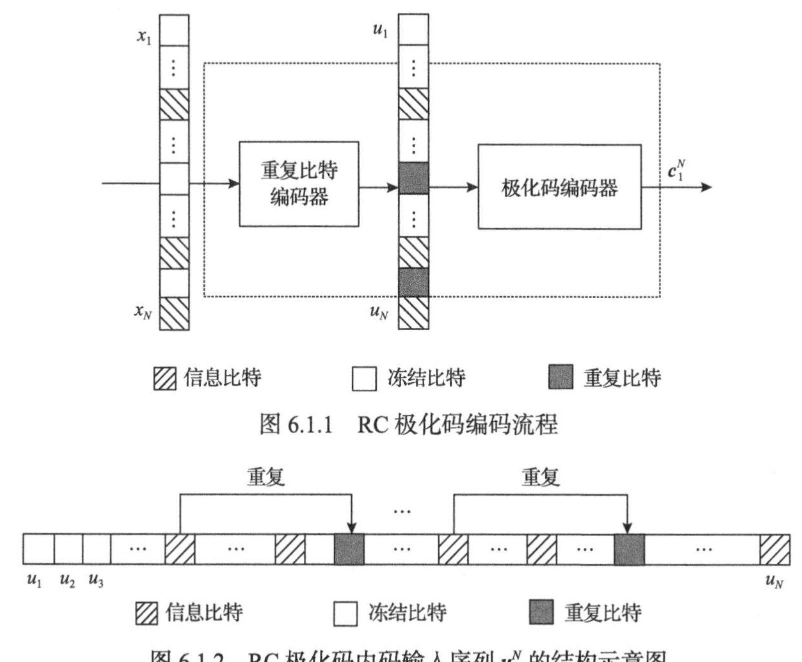

图 6.1.1　RC 极化码编码流程

图 6.1.2　RC 极化码内码输入序列 $\boldsymbol{u}_1^N$ 的结构示意图

明显地，RC 极化码是 PCC 极化码的一种简化结构。具体地，RC 极化码中的每个校验比特仅“校验(重复)”一个信息比特。定义 RC 极化码为四元组 $(N,\mathcal{I},\mathcal{R},\mathcal{T})$，其中，$N$ 为极化码码长，$\mathcal{I}$ 为信息比特索引集合，$\mathcal{R}$ 为 M 个重复比特在 $\boldsymbol{u}_1^N$ 中的索引集合，$\mathcal{T}$ 为被重复的信息比特在 $\boldsymbol{u}_1^N$ 中的索引集合。因此，集合 $\mathcal{R}$ 中的第 m 个重复比特与集合 $\mathcal{T}$ 中的第 m 个信息比特构成一个二重复码，即

$$u_{r_m}=u_{t_m},\quad m=1,2,\cdots,M \tag{6.1.1}$$

式中，r_m 和 t_m 分别表示集合 $\mathcal{R}$ 和 $\mathcal{T}$ 中的第 m 个元素。

为了保证 RC 极化码能采用 SC/SCL 的串行译码结构，r_m 与 t_m 之间需满足如下关系：

$$r_m>t_m \tag{6.1.2}$$

为了便于读者理解，接下来通过示例进行说明。设置初始化极化码参数：码长 N=16，即内编码器极化码输入序列为 $\boldsymbol{u}_1^{16}$；信息比特数量 K=8，在 $\boldsymbol{u}_1^{16}$ 中对应的索引集合 $\mathcal{I}=\{6,7,8,11,12,13,14,16\}$；校验比特数量 M=2，在 $\boldsymbol{u}_1^{16}$ 中对应的索引集合 $\mathcal{R}=\{10,15\}$，即 $r_1=10$，$r_2=15$。根据式(6.1.2)，被重复的信息比特位置 t_1 为集合 $\{6,7,8\}$ 中的一个元素，t_2 为集合 $\{6,7,8,11,12,13,14\}$ 中的一个元素，假如 $t_1=6$，$t_2=11$，给定发送的信息序列 $\boldsymbol{v}_1^8=(1,0,0,0,1,1,0,1)$，根据上述参数可得冻结比特

$$u_1=u_2=u_3=u_4=u_5=u_9=0 \tag{6.1.3}$$

信息比特为

$$\begin{cases} u_6=v_1=1, & u_7=v_2=0 \\ u_8=v_3=0, & u_{11}=v_4=0 \\ u_{12}=v_5=1, & u_{13}=v_6=1 \\ u_{14}=v_7=0, & u_{16}=v_8=1 \end{cases} \tag{6.1.4}$$

重复(校验)比特为

$$\begin{cases} u_{r_1=10}=u_{t_1=6}=1 \\ u_{r_2=15}=u_{t_2=11}=0 \end{cases} \tag{6.1.5}$$

图 6.1.3 展示了码长 N=16 时的 RC 极化码内码输入序列结构，具体表达如下：

$$\boldsymbol{u}_1^{16}=(0,0,0,0,0,1,0,0,0,1,0,1,1,0,0,1) \tag{6.1.6}$$

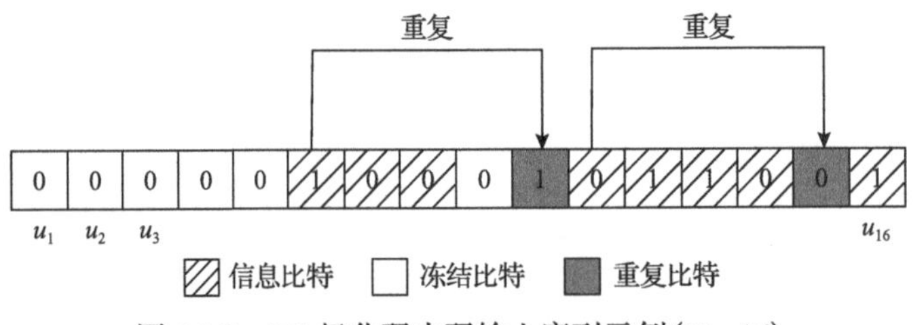

图 6.1.3　RC 极化码内码输入序列示例($N=16$)

进一步，归纳出不同码长下的 RC 极化码编码过程：针对给定信息比特序列，首先通过式(6.1.1)获得 M 个重复比特，进而得到内编码器输入序列 $\boldsymbol{u}_1^N$，最后将 $\boldsymbol{u}_1^N$ 作为内码输入序列进行极化码编码 $\boldsymbol{c}_1^N=\boldsymbol{u}_1^N\boldsymbol{G}_N$，其中，$\boldsymbol{G}_N$ 为码长为 N 时极化码的生成矩阵。

6.1.2　RC 极化码构造

6.1.1 节主要介绍了 RC 极化码编码。接下来，详细介绍 RC 极化码的构造。

在 RC 极化码构造中，针对给定信息比特索引集合 $\mathcal{I}$ 和重复比特索引集合 $\mathcal{R}$，优化构造被重复的比特索引集合 $\mathcal{T}$。类似 3.3 节中 PCC 极化码的构造，RC 极化码构造同样可以采用 CPEP 作为度量准则。基于此，第 m 个被重复比特的索引 t_m 的优化模型为

$$t_m = \arg\min_{t'_m \in \mathcal{I}_m} \sum_{\tilde{\boldsymbol{u}}_1^{r_m} \in \mathcal{U}(t_1, t_2, \cdots, t_{m-1}, t'_m)} P[E(\boldsymbol{0}_1^{r_m}, \tilde{\boldsymbol{u}}_1^{r_m}, \boldsymbol{0}_1^N)] \tag{6.1.7}$$

式中，$\mathcal{I}_m = \mathcal{I} \cap \{1,2,\cdots,r_m\}$ 表示小于 r_m 的信息比特索引集合；$\{t_k \mid k=1,2,\cdots,m-1\}$ 为式(6.1.7)确定的集合 $\mathcal{T}$ 中前 $m-1$ 个元素；$\mathcal{U}(t_1,t_2,\cdots,t_{m-1},t'_m)$ 表示重复比特 u_{r_m} 处的有效错误路径集合。具体地，集合 $\mathcal{U}(t_1,t_1,\cdots,t_{m-1},t'_m)$ 中每一条错误路径 $\tilde{\boldsymbol{u}}_1^{r_m}$ 均满足 $\tilde{\boldsymbol{u}}_1^{r_m} \neq \boldsymbol{0}_1^{r_m}$，并且

$$\tilde{u}_j = \begin{cases} 0 \text{ 或 } 1, & j \in \{1,2,\cdots,r_m\} \cap \mathcal{I} \\ \tilde{u}_{t_k}, & j = r_k \text{且} k = 1,2,\cdots,m-1 \\ \tilde{u}_{t'_m}, & j = r_m \\ 0, & \text{其他} \end{cases} \tag{6.1.8}$$

根据引理 3.3.2，CPEP 上界 $P[E'(\boldsymbol{0}_1^{r_m}, \tilde{\boldsymbol{u}}_1^{r_m}, \boldsymbol{0}_1^N)]$ 与路径度量值 $W_N^{(r_m)}(\boldsymbol{1}_1^N, \tilde{\boldsymbol{u}}_1^{r_m-1} \mid \tilde{\boldsymbol{u}}_{r_m})$ 呈单调递增关系，且度量值 $W_N^{(r_m)}(\boldsymbol{1}_1^N, \tilde{\boldsymbol{u}}_1^{r_m-1} \mid \tilde{\boldsymbol{u}}_{r_m})$ 相比 CPEP 及其上界更易被计算。因此，对式(6.1.7)进行转换，表达为

$$t_m = \arg\min_{t'_m \in \mathcal{I}_m} \sum_{\tilde{\boldsymbol{u}}_1^{r_m} \in \mathcal{U}(t_1, \cdots, t_{m-1}, t'_m)} W_N^{(r_m)}(\boldsymbol{1}_1^N, \tilde{\boldsymbol{u}}_1^{r_m-1} \mid \tilde{\boldsymbol{u}}_{r_m}) \tag{6.1.9}$$

在式(6.1.9)的优化模型中，集合 $\mathcal{I}_m$ 的维度小于码长 N。因此，t_m 的搜索复杂度不超过 $O(N)$。但是，式(6.1.9)中包含有效错误路径的集合 $\mathcal{U}(t_1,\cdots,t_{m-1},t'_m)$ 的维度与集合 $\mathcal{I}_m$ 的维度呈指数关系，即重复比特 u_{r_m} 处的有效错误路径总数为 $2^{|\mathcal{I}_m|}-1$，计算复杂度过高。因此，为了降低计算复杂度，采用一个列表大小为 J 的 SCL 译码器且译码全 1 序列，并在判决信息比特时，根据路径度量值保留最可靠的路径。根据 SCL 译码列表中得到的错误路径，式(6.1.9)的优化被限定在列表中的 J 或 $J-1$ 条错误路径中，即

$$t_m = \arg\min_{t'_m \in \mathcal{I}_m} \sum_{\dot{\boldsymbol{u}}_{1,l}^{r_m} \neq \boldsymbol{0}_1^{r_m}, l=1,2,\cdots,J} W_N^{(r_m)}(\boldsymbol{1}_1^N, \tilde{\boldsymbol{u}}_{1,l}^{r_m-1} \mid \tilde{\boldsymbol{u}}_{r_m,l}) \tag{6.1.10}$$

式中，$\dot{\boldsymbol{u}}_{1,l}^{r_m}$ 表示 SCL 译码列表中比特 u_{r_m} 处的第 l 条路径。

在 PCC 极化码构造中，如式(3.3.39)所示，校验关系集合 $\mathcal{T}_m$ 的候选个数与 $\mathcal{I}_m$

的维度呈指数关系。因此，必须限定参与 $\mathcal{T}_m$ 的信息比特范围才能优化构造校验关系集合 $\mathcal{T}_m$。然而，RC 极化码构造与 PCC 极化码构造的不同之处为：被重复比特索引 t_m 的搜索空间为维度小于 N 的集合 $\mathcal{I}_m$，式(6.1.10)可以在整个 $\mathcal{I}_m$ 的空间内搜索出最优的被重复比特的索引。因此，在同一个重复(校验)比特处，优化构造重复关系相比校验关系更为简单。算法 6.1.1 总结了 RC 极化码 $(N,\mathcal{I},\mathcal{R},\mathcal{T})$ 构造流程。

算法 6.1.1　RC 极化码 $(N,\mathcal{I},\mathcal{R},\mathcal{T})$ 构造

输入：码长 N，重复比特数量 M，信息比特索引集合 $\mathcal{I}$，重复比特索引集合 $\mathcal{R}$，列表大小 J，AWGN 信道噪声方差 σ^2

输出：构造的 RC 极化码 $(N,\mathcal{I},\mathcal{R},\mathcal{T})$

1. SCL 译码器输入全 1 向量；
2. for $i = 1$ to r_M
3. 　if $i = r_m$ $(m = 1, 2, \cdots, M)$
4. 　　按照式(6.1.9)优化得到被重复的信息比特的索引 t_m；
5. 　　将列表中的每条路径 $\dot{\boldsymbol{u}}_{1,l}^{i-1}$ 扩展为 $(\dot{\boldsymbol{u}}_{1,l}^{i-1}, \dot{\boldsymbol{u}}_{i,l} = \dot{\boldsymbol{u}}_{t_m,l})$；
6. 　else if $i \in \mathcal{I}$
7. 　　记列表中路径总数为 L'，将列表中每条路径 $\dot{\boldsymbol{u}}_{1,l}^{i-1}$ 扩展为两条子路径 $(\dot{\boldsymbol{u}}_{1,l}^{i-1},0)$ 和 $(\dot{\boldsymbol{u}}_{1,l}^{i-1},1)$，若 $2L' \leqslant J$，则将扩展的所有子路径保存于列表中，否则将路径度量值最可靠的 J 条子路径保存于列表中；
8. 　else
9. 　　将列表中的每条路径 $\dot{\boldsymbol{u}}_{1,l}^{i-1}$ 直接扩展为 $(\dot{\boldsymbol{u}}_{1,l}^{i-1},0)$；
10. 　end if
11. end for

6.1.3　RC 极化码译码

类似于 PCC 极化码译码过程(详见 4.1 节 PCA-SCL 译码)，算法 6.1.2 展示了 RC 极化码译码流程。具体地，接收序列 $\boldsymbol{y}_1^N$ 输入到重复辅助的 SCL 译码器，信息比特按照 SCL 译码判决获得；重复比特则由其重复的信息比特获得；冻结比特判决为 0。当最后一个比特 u_N 被判决之后，输出译码列表中最可靠路径对应的信息序列，完成译码。

算法 6.1.2　RC 极化码译码

输入：码长 N，列表大小 L

输出：列表中路径度量值最可靠对应的比特序列 $\hat{\boldsymbol{u}}_{1,l*}^{N}$

1. for $i = 1$ to N
2. 　以传统 SCL 译码算法计算每一条路径中的 $W_N^{(i)}(\boldsymbol{y}_1^N, \hat{\boldsymbol{u}}_1^{i-1} | 0)$ 和 $W_N^{(i)}(\boldsymbol{y}_1^N, \hat{\boldsymbol{u}}_1^{i-1} | 1)$；
3. 　if $i \in \mathcal{F}$
4. 　　for $l = 1$ to L
5. 　　　令 $\hat{u}_{1,l} = 0$；
6. 　　end for
7. 　else
8. 　　if $i = r_m$
9. 　　　for $l = 1$ to L
10. 　　　　根据式(6.1.1)得到对应的 $\hat{u}_{i,l}$；
11. 　　　end for
12. 　　else
13. 　　　使用传统 SCL 译码更新每条路径的 $\hat{u}_{i,l}$；
14. 　　end if
15. 　end if
16. end for

在算法 6.1.2 中，$W_N^{(i)}(\boldsymbol{y}_1^N, \hat{\boldsymbol{u}}_1^{i-1} | 0)$ 和 $W_N^{(i)}(\boldsymbol{y}_1^N, \hat{\boldsymbol{u}}_1^{i-1} | 1)$ 表示从 $\hat{\boldsymbol{u}}_1^{i-1}$ 分裂出的两条路径分别对应的路径度量值，且当 $i = 1$ 时，可表示为 $W_N^{(i)}(\boldsymbol{y}_1^N | 0)$ 和 $W_N^{(i)}(\boldsymbol{y}_1^N | 1)$；$\mathcal{F}$ 代表冻结比特索引集合，与 SCL 译码器相同，译码至冻结比特位时，直接在各路径后添加 0；r_m 表示第 m 个校验比特的位置，当译码至此位置上的比特时，将不根据转移概率或似然估计值决定结果，而是根据编码过程中相应的校验规则直接生成比特，即在原有路径后直接添加生成后的比特，不进行路径扩展。当生成比特与判决结果不一致时，其在下一次路径删减过程中被淘汰的概率增加，进而达到提升纠错性能的目的。

RC 极化码的外码编码中重复比特被直接赋值为对应的信息比特，不依赖移位寄存器实现即可并行编码。具体地，给定信息序列，所有重复比特可同时获取。根据 PCC 极化码编码原理，校验比特还需额外的移位操作和异或运算。在译码过程中，重复比特被直接赋值为其对应的信息比特判决值，而校验比特还需更多额外的移位操作和异或运算。因此，相比 PCC 极化码，RC 极化码外码具有更低的编码和译码运算复杂度。

6.2　CRC-RC 极化码

为进一步探索 PCC 极化码性能，在 6.1 节介绍的 RC 极化码基础上，进一步提出了 CRC-RC 极化码以有效提升编码纠错性能[3]。

6.2.1　CRC-RC 极化码编码

图 6.2.1 展示了 CRC-RC 极化码编码结构，具体步骤如下。

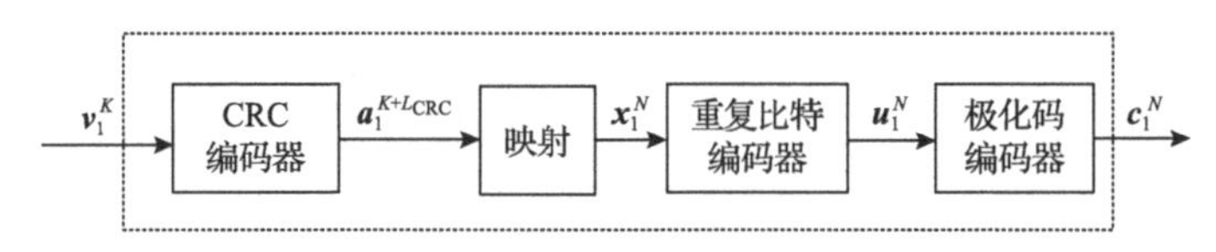

图 6.2.1　CRC-RC 极化码编码结构

步骤 1：获取信息序列 $\boldsymbol{v}_1^K$。发送端生成由 K 个信息比特组成的序列 $\boldsymbol{v}_1^K$。

步骤 2：获取 CRC 比特。将信息比特序列 $\boldsymbol{v}_1^K$ 经过校验长度为 L_{CRC} 的 CRC 编码器，得到编码序列 $\boldsymbol{a}_1^{K+L_{\text{CRC}}}$，其中包含 K 个信息比特和 L_{CRC} 个 CRC 比特。

步骤 3：信息比特与 CRC 比特映射。将 $\boldsymbol{a}_1^{K+L_{\text{CRC}}}$ 映射至 $K+L_{\text{CRC}}$ 个高容量比特信道，获得映射序列 $\boldsymbol{x}_1^N$。

步骤 4：重复编码。根据 6.1.1 节所述 RC 编码准则对序列 $\boldsymbol{x}_1^N$ 进行重复编码，得到极化码输入序列 $\boldsymbol{u}_1^N$。

步骤 5：极化码编码，得到编码码字 $\boldsymbol{c}_1^N$。

6.2.2　CRC-RC 极化码译码

CRC-RC 极化码译码方案采用的是 CRC 和重复辅助的 SCL 译码。CRC 和重复辅助的 SCL 译码流程如图 6.2.2 所示，具体步骤如下。

步骤 1：图 6.2.1 中码字 $\boldsymbol{c}_1^N$ 经信道传输，得到接收序列 $\boldsymbol{y}_1^N$。

步骤 2：对 $\boldsymbol{y}_1^N$ 进行重复辅助的 SCL 译码(具体可参照 6.1 节)，得到 L 条译码候选路径。

步骤 3：对步骤 2 中 L 条译码路径进行 CRC 校验。若 L 条路径中存在满足 CRC 校验的路径，则将满足 CRC 校验且度量值最可靠路径对应的信息序列作为最终的译码结果输出；否则，直接输出度量值最可靠路径对应的信息序列。

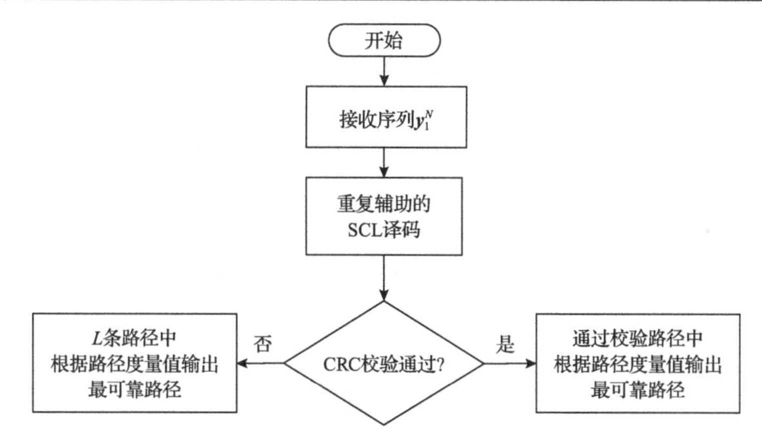

图 6.2.2　CRC 和重复辅助的 SCL 译码流程

CRC 和重复辅助的 SCL 译码流程详见算法 6.2.1。

算法 6.2.1　CRC 和重复辅助的 SCL 译码

输入：码长 N，列表大小 L

输出：路径度量值最可靠的路径

1. for $i=1$ to N
2. 　根据传统 SCL 方式计算每一条路径的 $W_N^{(i)}(\boldsymbol{y}_1^N,\hat{\boldsymbol{u}}_1^{i-1}\,|\,0)$ 和 $W_N^{(i)}(\boldsymbol{y}_1^N,\hat{\boldsymbol{u}}_1^{i-1}\,|\,1)$；
3. 　if $i\in\mathcal{F}$
4. 　　for $l=1$ to L
5. 　　　令 $\hat{u}_{i,l}=0$；
6. 　　end for
7. 　else
8. 　　if $i=r_m$
9. 　　　for $l=1$ to L
10. 　　　　根据式(6.1.1)计算得到对应的 $\hat{u}_{i,l}$；
11. 　　　end for
12. 　　else
13. 　　　根据传统 SCL 译码更新每条路径的 $\hat{u}_{i,l}$；
14. 　　end if
15. 　end if
16. end for
17. CRC 校验：对于任意的路径 $l(l=1,2,\cdots,L)$，判断是否通过 CRC 校验。

在算法 6.2.1 中，$W_N^{(i)}(\boldsymbol{y}_1^N, \hat{\boldsymbol{u}}_1^{i-1} | 0)$ 和 $W_N^{(i)}(\boldsymbol{y}_1^N, \hat{\boldsymbol{u}}_1^{i-1} | 1)$ 表示从 $\hat{\boldsymbol{u}}_1^{i-1}$ 分裂出的两条路径分别对应的路径度量值，且当 $i=1$ 时，可表示为 $W_N^{(i)}(\boldsymbol{y}_1^N | 0)$ 和 $W_N^{(i)}(\boldsymbol{y}_1^N | 1)$；$\mathcal{F}$ 代表冻结比特索引集合，当译码至冻结比特位时，直接在各路径后添加 0 元素；r_m 表示第 m 个重复(校验)比特的位置，当译码至此位置时，根据编码过程中相应的校验规则直接生成比特，并添加到原有路径后，不进行路径扩展。在译码过程中，当生成比特与判决结果不一致时，该路径在下一次路径删减过程中被淘汰的概率增加，进而达到提升纠错性能的目的。

6.3　CRC-PCC 极化码

PCC 极化码通过分散的校验比特来显著提升传统极化码的纠错性能，是有效的级联方案[4]。将 CRC 与 PCC 极化码结合，即 CRC-PCC 极化码[5]，不仅可利用分散的校验比特实时校验译码路径，还能利用 CRC 极化码辅助选择最终的译码路径，避免选择错误，进一步提升纠错性能。

6.3.1　CRC-PCC 极化码编码

图 6.3.1 描述了 CRC-PCC 极化码编码流程，具体步骤如下。

步骤 1：获取 L_{CRC} 个 CRC 比特。信息序列 $\boldsymbol{v}_1^K = (v_1, v_2, \cdots, v_K)$ 经过 CRC 编码器得到 CRC 比特。

步骤 2：获得含 CRC 比特的新序列 $\boldsymbol{a}_1^{K+L_{\text{CRC}}}$。根据 CRC 校验原理，将 CRC 比特置于 $\boldsymbol{v}_1^K$ 末尾，形成新的序列 $\boldsymbol{a}_1^{K+L_{\text{CRC}}}$。

步骤 3：奇偶校验编码。序列 $\boldsymbol{a}_1^{K+L_{\text{CRC}}}$ 经过奇偶校验编码器得到新序列 $\boldsymbol{s}_1^{K+L_{\text{CRC}}+M}$。

步骤 4：添加冻结比特，形成输入序列 $\boldsymbol{u}_1^N$。根据极化比特信道的错误概率[6]，将序列 $\boldsymbol{s}_1^{K+L_{\text{CRC}}+M}$ 映射到具有较高可靠性的 $K+L_{\text{CRC}}+M$ 个比特信道中，剩余比特信道传输冻结比特 0，进而获得极化码输入序列 $\boldsymbol{u}_1^N$。

步骤 5：极化码编码。输入序列 $\boldsymbol{u}_1^N$ 经过极化码编码器，得到 CRC-PCC 极化码码字 $\boldsymbol{c}_1^N$。

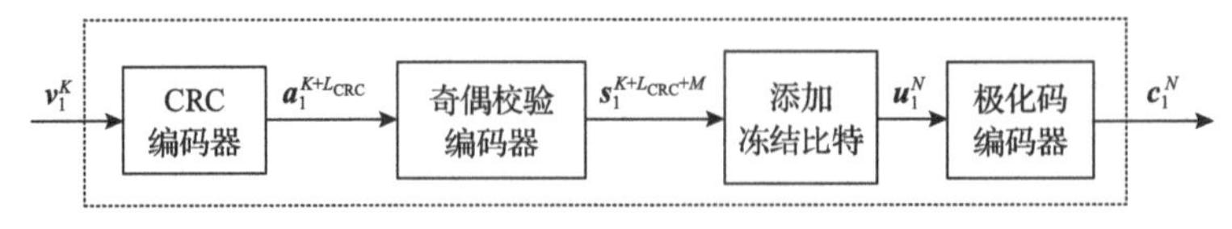

图 6.3.1　CRC-PCC 极化码编码流程

此外，在 CRC-PCC 极化码中，CRC 编码器与奇偶校验编码器无明显先后顺序，可以根据实际需求进行级联。

6.3.2　CRC-PCC 极化码译码

CRC 和 PCA-SCL 译码流程如图 6.3.2 所示，具体步骤如下。

步骤 1：图 6.3.1 中码字 $\boldsymbol{c}_1^N$ 经信道传输，得到接收序列 $\boldsymbol{y}_1^N$。

步骤 2：对 $\boldsymbol{y}_1^N$ 进行 PCA-SCL 译码[7]（具体可参照 4.1 节），得到 L 条译码候选路径。

步骤 3：对步骤 2 中 L 条译码路径进行 CRC 校验。若 L 条路径中存在满足 CRC 校验的路径，则将满足 CRC 校验且度量值最可靠路径对应的信息序列作为最终的译码结果输出；否则，直接根据路径度量值输出最可靠路径对应的信息序列。

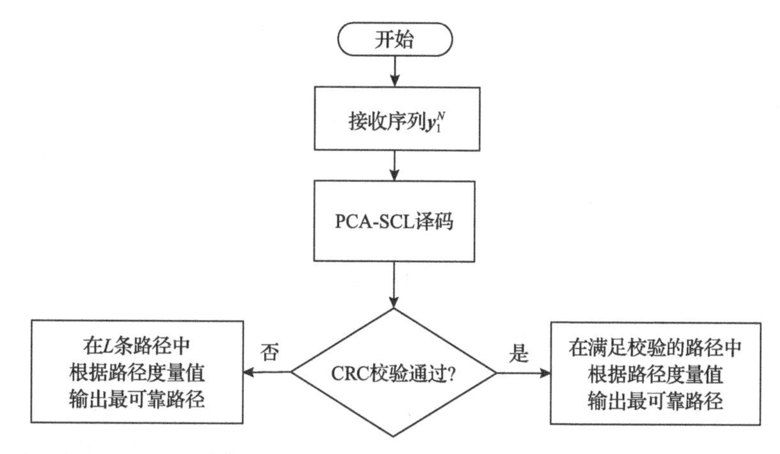

图 6.3.2　CRC 和 PCA-SCL 译码流程

6.3.3　公用外编码器编码

尽管 CRC-PCC 极化码编码方案可以显著提升传统极化码的纠错性能，然而该方案需要两个外编码器分别编码，级联码结构复杂。因此，本节进一步提出公用外编码器的 CRC-PCC 极化码[8,9]，仅使用一个改进的 CRC 编码器（公用外编码器），便可同时获得 CRC 比特和校验比特，编码结构简单，更利于硬件实现。

图 6.3.3 描述了公用外编码器的 CRC-PCC 极化码编码流程，具体步骤如下。

步骤 1：获取映射序列 $\boldsymbol{s}_1^N$。将 $\boldsymbol{v}_1^K$ 中 K 个信息比特映射至容量高的比特信道，其余比特信道置 0，形成映射序列 $\boldsymbol{s}_1^N$。

步骤 2：获取 CRC 比特和校验比特。步骤 1 获得的序列 $\boldsymbol{s}_1^N$ 利用公用 CRC-PCC 编码器获取 CRC 比特和校验比特。

步骤 3：获取极化码输入序列 $\boldsymbol{u}_1^N$。根据映射序列 $\boldsymbol{s}_1^N$、CRC 比特和校验比特形成输入序列 $\boldsymbol{u}_1^N$。

步骤 4：极化码编码。对输入序列 $\boldsymbol{u}_1^N$ 进行极化码编码获得码字 $\boldsymbol{c}_1^N$。

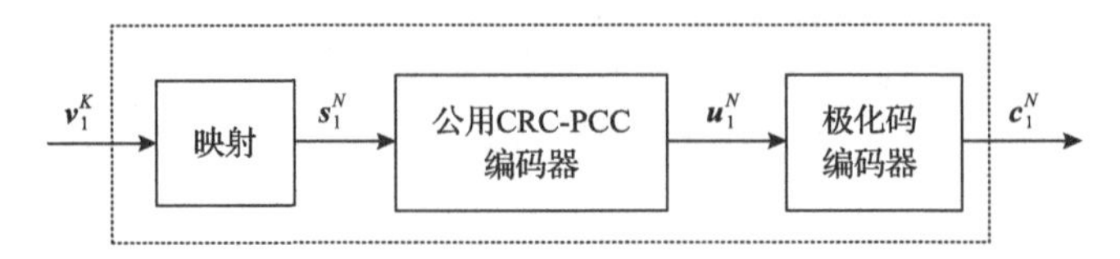

图 6.3.3　公用外编码器的 CRC-PCC 极化码编码流程

为便于读者理解，图 6.3.4 展示了公用外编码器结构，主要包含 Z 个移位寄存器、CRC 多项式系数及模 2 加法器。

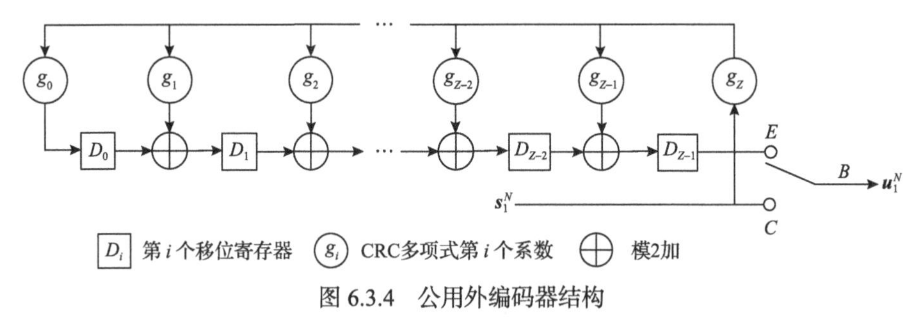

图 6.3.4　公用外编码器结构

公用外编码器进行 CRC 编码和校验编码的流程如下。

步骤 1：初始化输入，令 $i=1$。

步骤 2：判断 $i \leqslant N$ 是否成立。若是，执行步骤 3；否则，执行步骤 7。

步骤 3：判断 s_i 是否为信息比特或者冻结比特。若 s_i 为信息比特或冻结比特，执行步骤 4；若 s_i 既不是信息比特也不是冻结比特，执行步骤 5。

步骤 4：连接 B 端与 C 端，将 s_i 的值赋给 u_i，即 $u_i = s_i$，并执行步骤 6。

步骤 5：连接 B 端与 E 端，将移位寄存器 D_{Z-1} 的值赋给 u_i，即 $u_i = D_{Z-1}$，并执行步骤 6。

步骤 6：更新移位寄存器 $D_j\,(j = Z-1, Z-2, \cdots, 1)$ 的值：$D_j = D_{j-1} \oplus (g_Z g_{j-1} s_i)$，$D_0 = g_0 g_Z s_i$。完成更新后执行步骤 2。

步骤 7：外编码结束，并输出公用外编码器结果 $\boldsymbol{u}_1^N$。

6.3.4　公用外编码器辅助译码

公用外编码器辅助的 SCL 译码与 6.3.2 节所述 CRC 和校验辅助的 SCL 译码算法相似之处在于：两者信息比特均是根据 SCL 译码判决获得。不同之处在于：前者校验比特通过图 6.3.4 所示的公用外编码器得到，后者根据相应的校验方程判决得到[10]。此外，基于公用外编码器辅助的 SCL 译码结束后，不再单独进行 CRC 校验。

公用外编码器辅助的 SCL 译码算法主要过程描述如下。

步骤 1：初始化输入，令 $i=1$ 。

步骤 2：判断 $i \leqslant N$ 是否成立。若是，执行步骤 3；否则，执行步骤 11。

步骤 3：判断 u_i 是否为冻结比特。若是，则执行步骤 4；否则，执行步骤 5。

步骤 4：将列表路径中的 u_i 判决值设置为 0，并执行步骤 8。

步骤 5：判断 u_i 是否为校验比特。若是，则执行步骤 6；否则，执行步骤 7。

步骤 6：将当前所有路径上的 u_i 判决值设置为 $\hat{u}_i = D_{Z-1}$，并执行步骤 8，其中，D_{Z-1} 为每一条路径对应的公用编码器第 $Z-1$ 个移位寄存器的值。

步骤 7：统计当前路径数 L' ，并进行路径分支扩展。此处，$\hat{u}_i = 0$ 或 1，故扩展所得路径共有 $2L'$ 条。若 $2L' \leqslant L$ ，则保留所有 $2L'$ 条路径；否则，根据路径度量值保留最可靠的 L 条路径，执行步骤 9。

步骤 8：令所有路径对应的公用编码器输入 $s_i = 0$ ，并执行步骤 10。

步骤 9：令所有路径对应的公用编码器输入 $s_i = \hat{u}_i$ ，并执行步骤 10。

步骤 10：更新移位寄存器的值。j 从 $Z-1$ 到 1，依次更新所有路径对应公用编码器移位寄存器的值 $D_j = D_{j-1} \oplus (g_Z g_{j-1} s_i)$ ，其中 $D_0 = g_0 g_Z s_i$ 。完成更新后执行步骤 2。

步骤 11：根据路径度量值，选取 L 条路径中最可靠路径对应的译码序列 $\hat{\boldsymbol{u}}_1^N$ ，译码结束。

可见，与传统 SCL 译码相比，基于公用外编码器辅助的 SCL 译码仅增加了利用改进的 CRC 编码器对 CRC 比特和校验比特译码的过程，增加的额外复杂度极低。同时，相比 CA-SCL 译码算法，该算法未在译码结束后对候选路径执行 CRC 校验，故两者复杂度相当。此外，在译码过程中，若信息比特 u_i 译码出错，该信息比特利用公用外编码器参与了校验编码和 CRC 编码，因此其被淘汰的概率增加，进而达到纠错的目的。

6.4　HARQ 中码率兼容 PCC 极化码

HARQ 技术是信道编码与自动重传请求相结合的一种传输机制，能够根据信道状态变化自适应调整传输速率，有效保障系统的传输效率[11]，被广泛地应用于实际通信系统中。增量冗余 HARQ（incremental redundancy HARQ，IR-HARQ）是 HARQ 的有效实现方案之一。在 IR-HARQ 传输中，发送端每次重传的数据不同，接收端按收发双方约定将多次接收的数据组合为更长的接收序列（对应更长的编码码字)，并进行译码。

目前，基于传统极化码的 IR-HARQ 传输方案主要通过打孔实现[12]。具体地，首先，构造一个编码参数(如信息比特索引集合)固定的极化码。其次，将极化码编码后的码字划分为两个子序列：基础序列和冗余序列。基础序列在第一次传输中被发送，而冗余序列在后续请求中按收发双方约定的顺序发送。显然，极化码的打孔操作容易使部分比特信道的容量降低为 0[13]。因此，在 IR-HARQ 传输中，这些比特信道传输的信息比特被译错的概率显著增加，造成 IR-HARQ 传输中灾难性的性能损失。

现有基于打孔构造的 IR-HARQ 传输方案[14]没有考虑打孔模式对信息比特信道容量的影响，在高码率(打孔比特数量较多)参数下的纠错性能损失显著。为了提升 IR-HARQ 系统的性能，本节设计码率兼容的 PCC 极化码，能有效应用于 IR-HARQ 传输[15]。在 PCC 极化码的 IR-HARQ 传输中，我们定义了非灾难性打孔模式，即打孔模式不会将信息比特信道的容量降低为 0。此外，本节还设计不同的 IR-HARQ 传输方案，避免灾难性的性能损失。下面详细介绍码率兼容 PCC 极化码设计，主要体现在打孔模式的构造和优化两个方面。

6.4.1　码率兼容 PCC 极化码设计

PCC 极化码的 IR-HARQ 传输系统如图 6.4.1 所示。在发送端，长度为 K 的信息序列 $\boldsymbol{v}_1^K$ 先经过 CRC 编码器，得到的码字输入至 PCC 极化码编码器得到级联码字 $\boldsymbol{c}_1^N$ 。CRC 极化码既用于 SCL 译码过程中辅助选择最终的译码结果，也用于译码数据的帧校验和 HARQ 传输控制。

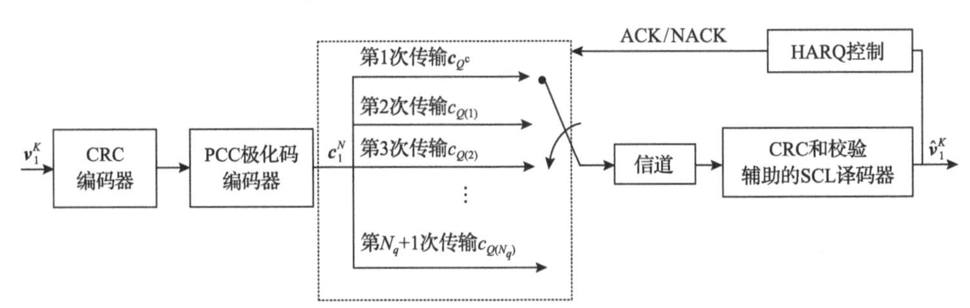

图 6.4.1　PCC 极化码的 IR-HARQ 传输系统

IR-HARQ 传输中的码字结构示意图如图 6.4.2 所示。如图 6.4.2(b)所示，级联码字 $\boldsymbol{c}_1^N$ 根据集合 $\mathcal{Q}$ 划分为两个子序列：基础序列 $\boldsymbol{c}_{\mathcal{Q}^c}=(c_i,i\in\mathcal{Q}^c)$ 和冗余序列 $\boldsymbol{c}_{\mathcal{Q}}=(c_i,i\in\mathcal{Q})$ ，其中，集合 $\mathcal{Q}$ 的维度记为 $|\mathcal{Q}|=N_q$ ，集合 $\mathcal{Q}^c$ 为集合 $\mathcal{Q}$ 的补集，即 $\mathcal{Q}^c=\{1,2,\cdots,N\}\backslash\mathcal{Q}$ ，且有 $|\mathcal{Q}^c|=N-N_q$ 。

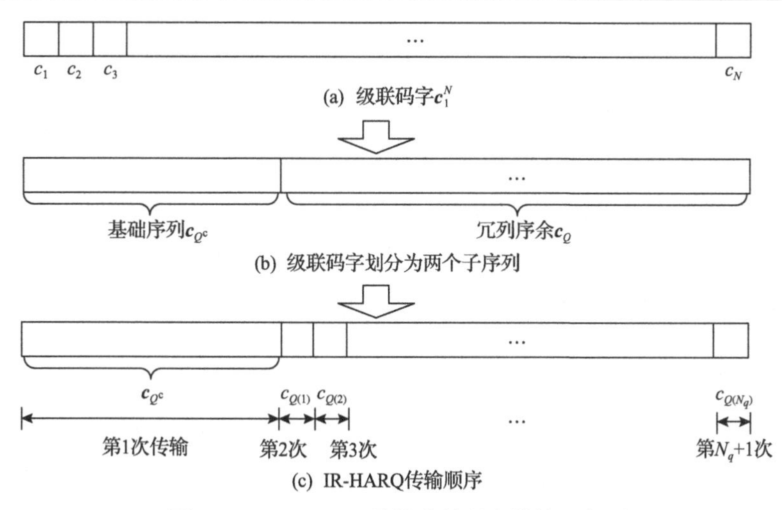

图 6.4.2　IR-HARQ 传输中的码字结构示意图

如图 6.4.2(c)所示，在传输过程中，码字 $\boldsymbol{c}_1^N$ 中的比特按 $\boldsymbol{c}_{Q^c}, c_{Q(1)}, \cdots, c_{Q(N_q)}$ 的顺序依次发送，其中，$Q(i)$ 表示集合 Q 的第 i 个元素。具体地，在第 $k(k=1, 2,\cdots,N_q+1)$ 次传输后，若译码结果满足 CRC 校验，则接收端通过反馈链路向发送端发送确认(acknowledgment，ACK)信息，根据收到的 ACK 信息，发送端会编码和传输下一帧数据。若译码结果不满足 CRC 校验，则接收端发送未确认(negative ACK，NACK)信息，并请求传输下一个编码比特 $c_{Q(k)}$。在实际的 IR-HARQ 传输系统中，请求发送的冗余数据不一定为单个比特，也可以为比特序列。在本章所述的 IR-HARQ 传输系统中，在确定冗余序列 $\boldsymbol{c}_Q$ 中每个比特的传输顺序之后，也可根据该顺序传输比特序列。

在接收端，译码器将没有接收到的比特视为打孔比特，并将已接收的数据输入至 CRC 和校验辅助的 SCL 译码器进行译码。具体地，在第 $k(k=1,2,\cdots,N_q+1)$ 次传输之后，接收端将接收到 $N-N_q+k-1$ 个编码比特，而当前未接收到的比特视为打孔比特，并记打孔模式(打孔比特在码字 $\boldsymbol{c}_1^N$ 中的索引集合)为 Q_k。根据图 6.4.2(c)所示的 $\boldsymbol{c}_1^N$ 中比特的传输顺序，在第 k 次传输之后对应的打孔模式 Q_k 为

$$Q_k=\{Q(k),Q(k+1),\cdots,Q(N_q)\} \tag{6.4.1}$$

式中，Q_k 的维度为 $|Q_k|=N_q-k+1$，且有 $Q_{k=N_q+1}=\varnothing$。在第 N_q+1 次传输之后，一个完整的码字 $\boldsymbol{c}_1^N$ 被发送和接收。因此，第 N_q+1 次传输对应的打孔模式 Q_{N_q+1} 应为空集。第 $k+1$ 次传输对应的打孔模式为 $Q_{k+1}=\{Q(k+1),Q(k+2),\cdots,Q(N_q)\}$。显

然，在该 IR-HARQ 传输方案中，打孔模式满足如下链式包含关系：

$$\mathcal{Q}_1 \supseteq \mathcal{Q}_2 \supseteq \cdots \mathcal{Q}_k \supseteq \mathcal{Q}_{k+1} \cdots \mathcal{Q}_{N_q} \supseteq \mathcal{Q}_{N_q+1} = \varnothing \tag{6.4.2}$$

在 PCC 极化码的 IR-HARQ 传输方案中，主要考虑式(6.4.2)中 N_q+1 个具有链式包含关系的打孔模式 $\mathcal{Q}_k(k=1,2,\cdots,N_q+1)$ 的构造。在给定 PCC 极化码编码参数 $(N,\mathcal{I},\mathcal{P},\{\mathcal{T}_m \mid m=1,2,\cdots,M\})$ 的条件下，根据构造得到 N_q+1 个具有链式包含关系的打孔模式，可实现 PCC 极化码的 IR-HARQ 传输。

6.4.2　传统打孔模式构造

由图 6.4.2 可知，构造式(6.4.2)中的 N_q+1 个打孔模式 $\mathcal{Q}_k(k=1,2,\cdots,N_q+1)$ 等效于确定冗余比特的传输顺序。显然，全局优化这 N_q+1 个打孔模式所需的搜索复杂度为 $O(N_q!)$。根据式(6.4.2)中打孔模式的不同构造顺序，本节主要介绍两类基于贪婪算法的构造方案。

1. 打孔模式的降序构造

顾名思义，降序构造就是根据式(6.4.2)按照从右至左的顺序依次构造打孔模式 $\mathcal{Q}_{N_q+1},\mathcal{Q}_{N_q},\cdots,\mathcal{Q}_1$。打孔模式 $\mathcal{Q}_{k-1}$ 由打孔模式 $\mathcal{Q}_k$ 构造得到。根据式(6.4.2)的包含关系 $\mathcal{Q}_{k-1} \supseteq \mathcal{Q}_k$ 及二者的维度关系 $|\mathcal{Q}_{k-1}|=|\mathcal{Q}_k|+1$，从集合 $\{1,2,\cdots,N\}\setminus\mathcal{Q}_k$ 中选择一个最佳元素，添加至 $\mathcal{Q}_k$ 中，即获得打孔模式 $\mathcal{Q}_{k-1}$。以此类推，完成所有打孔模式的构造。

在降序构造的方案中，集合 $\{1,2,\cdots,N\}\setminus\mathcal{Q}_k$ 的维度为 $N-|\mathcal{Q}_k|=N-N_q+k-1$，其中，$N_q$ 为集合 $\mathcal{Q}_1$ 的维度(即冗余序列的长度)。因此，打孔模式 $\mathcal{Q}_{k-1}$ 的搜索空间维度为 $N-|\mathcal{Q}_k|=N-N_q+k-1$，完成式(6.4.2)中 N_q+1 个具有链式包含关系的打孔模式构造的复杂度为 $N+(N-1)+\cdots+(N-N_q+1)=(2N-N_q+1)N_q/2$。

2. 打孔模式的升序构造

类似地，升序构造就是根据式(6.4.2)中按照从左至右的顺序依次构造打孔模式 $\mathcal{Q}_1,\mathcal{Q}_2,\cdots,\mathcal{Q}_{N_q+1}$。打孔模式 $\mathcal{Q}_{k+1}$ 根据 $\mathcal{Q}_k$ 构造得到。根据式(6.4.2)的包含关系 $\mathcal{Q}_k \supseteq \mathcal{Q}_{k+1}$ 及二者的维度关系 $|\mathcal{Q}_{k+1}|=|\mathcal{Q}_k|-1$，从集合 $\mathcal{Q}_k$ 中选择一个最佳元素并去除，即获得打孔模式 $\mathcal{Q}_{k+1}$。

在升序构造的方案中，集合 $\mathcal{Q}_k$ 的维度为 N_q-k+1。因此，打孔模式 $\mathcal{Q}_{k+1}$ 的搜索空间维度为 N_q-k+1。完成式(6.4.2)中 N_q+1 个具有链式包含关系的打孔模式构造的搜索复杂度为 $N_q+(N_q-1)+\cdots+1=(N_q+1)N_q/2$。由于冗余序列的维度 N_q 满足 $N_q<N$，基于升序构造的搜索复杂度低于降序构造。

考虑到复杂度因素，接下来主要介绍基于升序构造的打孔模式。在基于升序构造的打孔模式中，$\mathcal{Q}_1$ 的选择至关重要。考虑到打孔模式对信息比特信道容量的影响，打孔模式 $\mathcal{Q}_1$ 选择为信息比特索引集合 $\mathcal{I}$ 的非灾难性打孔模式。通过这种构造方式，打孔模式 $\mathcal{Q}_1$ 不会将信息比特索引 $\mathcal{I}$ 对应信道的容量降低为 0。下面进一步证明该方法构造的 N_q+1 个具有链式包含关系的打孔模式具备同样的功能，从而避免 IR-HARQ 传输中灾难性的性能损失。

6.4.3　非灾难性打孔模式构造

1. 非灾难性打孔模式定义

下面定义极化码的非灾难性打孔模式，并证明非灾难性打孔模式的子集仍然为非灾难性打孔模式。

显然，对极化码进行打孔操作容易造成极化后某些比特的信道容量降低为 0。为分析打孔模式对信息比特信道容量的影响，定义极化码的非灾难性打孔模式，即不会将信息比特信道容量降低为 0 的打孔模式。

定义 6.4.1　给定信息比特索引集合 $\mathcal{I}$ 和打孔模式 $\mathcal{Q}$，若对于任意 $i\in\mathcal{I}$，比特信道容量 $I(W_N^{(i)},\mathcal{Q})\neq 0$，则打孔模式 $\mathcal{Q}$ 称为信息比特索引集合 $\mathcal{I}$ 的非灾难性打孔模式，其中，$I(W_N^{(i)},\mathcal{Q})$ 表示比特信道 $W_N^{(i)}$ 在打孔模式 $\mathcal{Q}$ 下的容量。

明显地，关于极化码的非灾难性打孔设计需要解决两个难题。

难题 1：给定一个打孔模式 $\mathcal{Q}$，怎样判断 $\mathcal{Q}$ 是否为信息比特索引集合 $\mathcal{I}$ 的非灾难性打孔模式？

难题 2：给定信息比特索引集合 $\mathcal{I}$，怎样得到 $\mathcal{I}$ 的非灾难性打孔模式？

难题 1 的本质在于怎样建立从打孔模式到容量为 0 的比特信道索引之间的映射关系。如果容量为 0 的比特信道索引不属于集合 $\mathcal{I}$，则打孔模式 $\mathcal{Q}$ 为集合 $\mathcal{I}$ 的非灾难性打孔。

为了建立从打孔模式到容量为 0 的比特信道索引之间的映射关系，从码长 $N=2$ 的特例开始说明。图 6.4.3 为信道容量状态转移图。

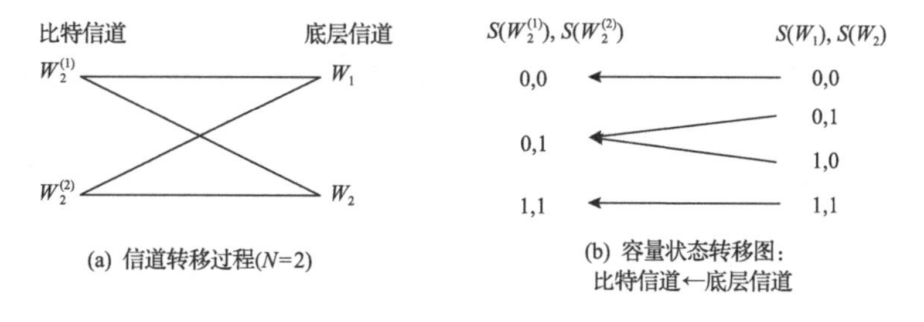

(a) 信道转移过程(N=2)　(b) 容量状态转移图：比特信道←底层信道

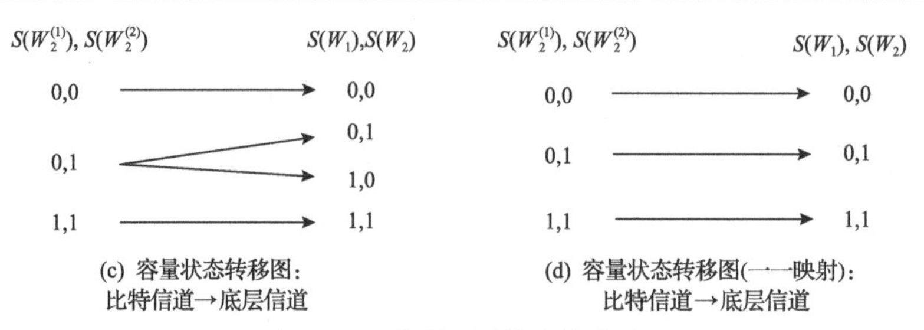

图 6.4.3　信道容量状态转移图

如图 6.4.3(a)所示，两个底层信道 W_1 和 W_2 被极化为两个比特信道 $W_2^{(1)}$ 和 $W_2^{(2)}$。根据文献[13]，可得四个信道之间的容量关系，即

$$\begin{aligned}&I(W_2^{(1)})\leqslant\min\{I(W_1),I(W_2)\}\\&I(W_2^{(2)})\geqslant\max\{I(W_1),I(W_2)\}\\&I(W_2^{(1)})+I(W_2^{(2)})=I(W_1)+I(W_2)\end{aligned}\tag{6.4.3}$$

图 6.4.3(b)展示了底层信道 (W_1,W_2) 至极化后的比特信道 $(W_2^{(1)},W_2^{(2)})$ 之间的容量状态转移图，其中，信道 W 的容量状态 $S(W)=0$ 和 $S(W)=1$ 分别表示信道容量 $I(W)=0$ 和 $I(W)>0$。

根据第 2 章所述的信道极化的递推过程，长度为 N 的信道极化由 $N=2$ 的基本极化结构组成。因此，N 个底层信道的容量状态 $S(W_i)(i=1,2,\cdots,N)$ 可以通过递推得到 N 个极化后比特信道的容量状态 $S(W_N^{(i)})(i=1,2,\cdots,N)$。具体地，给定打孔模式 $\mathcal{Q}$ 时，可求得 N 个底层信道的容量状态，即

$$S(W_i)=\begin{cases}0, & i\in\mathcal{Q}\\1, & i\notin\mathcal{Q}\end{cases}\tag{6.4.4}$$

在式(6.4.4)中，打孔比特对应信道的容量为 0。根据图 6.4.3(b)的映射关系，在得到极化的比特信道容量状态 $S(W_N^{(i)})(i=1,2,\cdots,N)$ 后，若对于任意 $i\in\mathcal{I}$ 都有状态 $S(W_N^{(i)})=1$，则打孔模式 $\mathcal{Q}$ 为信息比特索引集合 $\mathcal{I}$ 的非灾难性打孔模式。

针对难题 2，需要设计打孔模式将冻结比特信道的容量降低为 0，而不是将信息比特信道的容量降低为 0。根据定义，该打孔模式为集合 $\mathcal{I}$ 的非灾难性打孔模式。

根据式(6.4.3)以及图 6.4.3(b)，建立由极化后的比特信道容量状态至底层信道容量状态的映射关系。如图 6.4.3(c)所示，极化后的比特信道容量状态 $\left(S(W_2^{(1)}),S(W_2^{(2)})\right)=(0,1)$ 可以“回溯”为两种可能的底层信道的容量状态，即 $\left(S(W_1),S(W_2)\right)=(0,1)$ 和 $\left(S(W_1),S(W_2)\right)=(1,0)$。为了建立一一映射关系，文献[11]

中按照图 6.4.3(d)所描述的方法，将状态 $\left(S(W_2^{(1)}),S(W_2^{(2)})\right)=(0,1)$ “回溯”为 $\left(S(W_1),S(W_2)\right)=(0,1)$。因此，针对给定 N 个极化后比特信道的容量状态 $S(W_N^{(i)})(i=1,2,\cdots,N)$，再根据图 6.4.3(d)的映射关系，得到 N 个底层信道的容量状态 $S(W_i)(i=1,2,\cdots,N)$。具体地，当给定信息比特索引集合 $\mathcal{I}$ 之后，N 个比特信道的容量状态 $S(W_N^{(i)})$ 为

$$S(W_N^{(i)})=\begin{cases}1, & i\in\mathcal{I}\\ 0, & i\notin\mathcal{I}\end{cases} \tag{6.4.5}$$

在得到 N 个底层信道的容量状态 $S(W_i)(i=1,2,\cdots,N)$ 之后，集合 $\mathcal{I}$ 的非灾难性打孔模式为

$$\mathcal{Q}=\{i\mid S(W_i)=0\} \tag{6.4.6}$$

为便于读者理解，再以码长 $N=8$ 为例详细介绍如何获得信息比特索引集合 $\mathcal{I}$ 的非灾难性打孔模式。图 6.4.4 展示了比特信道至底层信道的容量状态转移图，其中，极化码参数 $(N,K,\mathcal{I})=(8,4,\{4,6,7,8\})$。首先，根据式(6.4.5)将信息比特信道和冻结比特信道的容量状态分别标记为“1”和“0”，如图中最左侧(第 1 列)所示。其次，根据图 6.4.4 中第 1 列信道的容量状态和图 6.4.3(d)中的容量状态转移图，可依次得到第 2 列信道的容量状态，其中，虚线表示一个信道极化的基本结构。根据容量状态 $\left(S(W_8^{(5)}),S(W_8^{(6)})\right)=(0,1)$ 和图 6.4.3(d)的映射关系，获得容量

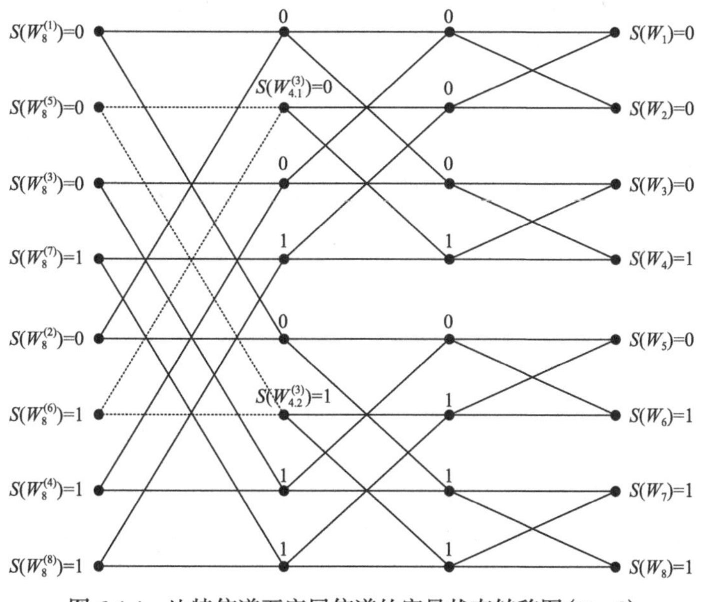

图 6.4.4 比特信道至底层信道的容量状态转移图($N=8$)

状态$\left(S(W_{4,1}^{(3)}),S(W_{4,2}^{(3)})\right)=(0,1)$。以此类推，可以获得第一列到最后一列的信道容量状态$S(W_i)$ $(i=1,2,\cdots,8)$。最后，根据式(6.4.6)，可得集合$\mathcal{I}$的非灾难性打孔模式$\mathcal{Q}=\{1,2,3,5\}$。

明显地，若$\mathcal{Q}$为集合$\mathcal{I}$的非灾难性打孔模式，则$\mathcal{Q}$的任意子集$\mathcal{Q}'\subseteq\mathcal{Q}$仍然为集合$\mathcal{I}$的非灾难性打孔模式。具体地，若式(6.4.2)中打孔模式$\mathcal{Q}_1$构造为集合$\mathcal{I}$的非灾难性打孔模式，则其余所有的打孔模式$\mathcal{Q}_k$ $(k=2,3,\cdots,N_q+1)$都为集合$\mathcal{I}$的非灾难性打孔模式。基于该性质，在 IR-HARQ 传输中，所有的打孔模式$\mathcal{Q}_k$ $(k=1,2,\cdots,N_q+1)$都不会将集合$\mathcal{I}$中对应的信息比特信道的容量降低为 0。

引理 6.4.1　给定信息比特索引集合$\mathcal{I}$及非灾难性打孔模式$\mathcal{Q}$，对任意子集$\mathcal{Q}'\subseteq\mathcal{Q}$，满足维度$|\mathcal{Q}'|=|\mathcal{Q}|-1$时，$\mathcal{Q}'$为集合$\mathcal{I}$的一个非灾难性打孔模式。

主要证明如下：

该证明过程的本质为判断给定的集合$\mathcal{Q}'$是否为集合$\mathcal{I}$的非灾难性打孔模式。

由于集合$\mathcal{Q}'\subseteq\mathcal{Q}$，且$\mathcal{Q}'$的维度为$|\mathcal{Q}'|=|\mathcal{Q}|-1$，则必然存在一个索引$i$满足$i\in\mathcal{Q}$且$i\notin\mathcal{Q}'$。根据式(6.4.4)，在打孔模式$\mathcal{Q}$下，由于$i\in\mathcal{Q}$，底层信道$W_i$的容量状态为$S(W_i)=0$。而在打孔模式$\mathcal{Q}'$下，由于$i\notin\mathcal{Q}'$，底层信道$W_i$的容量状态为$S(W_i)=1$。信道$W_i$存在的信道极化基本结构如图 6.4.5 所示。若$i$取值为奇数，如图 6.4.5(a)所示，在打孔模式$\mathcal{Q}$下，则有容量状态$\left(S(W_i),S(W_{i+1})\right)=(0,0)$或$\left(S(W_i),S(W_{i+1})\right)=(0,1)$。其中，状态$S(W_{i+1})$的取值可为 0 或 1。当打孔模式由$\mathcal{Q}$替换为$\mathcal{Q}'$时，容量状态$S(W_i)$转移为$S(W_i):0\to1$，即$\left(S(W_i),S(W_{i+1})\right):(0,0)\to(1,0)$或$\left(S(W_i),S(W_{i+1})\right):(0,1)\to(1,1)$。如图 6.4.3(b)所示，比特信道$W_2^{(1)}$和$W_2^{(2)}$的容量状态转移为$\left(S(W_2^{(1)}),S(W_2^{(2)})\right):(0,\underline{0})\to(0,\underline{1})$或$\left(S(W_2^{(1)}),S(W_2^{(2)})\right):(\underline{0},0)\to(\underline{1},1)$。下划线标记的容量状态变化表明，在打孔模式由$\mathcal{Q}$替换为$\mathcal{Q}'$时，比特信道$W_2^{(1)}$或$W_2^{(2)}$的容量状态将由 0 转移为 1。若$i$取值为偶数，该现象仍然存在。

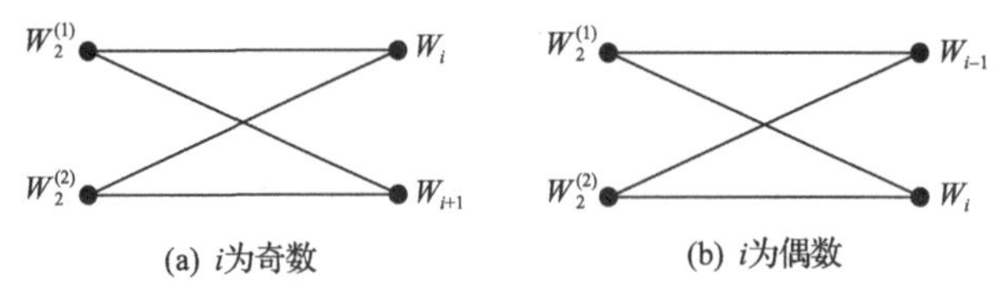

图 6.4.5　信道 W_i 存在的信道极化基本结构

因此，如果打孔模式由$\mathcal{Q}$替换为$\mathcal{Q}'$，则必然存在一个比特信道$W_2^{(j)}$，其容量状态将由 0 转移为 1。根据该性质及信道极化的递推特征，如果打孔模式由$\mathcal{Q}$替换为$\mathcal{Q}'$，则必然存在一个极化的比特信道$W_N^{(j)}$，其容量状态由 0 转移为 1。由于$\mathcal{Q}$为集合$\mathcal{I}$的非灾难性打孔模式，对于任意$i\in\mathcal{I}$，有$S(W_N^{(j)})=1$。当打孔模式由

$\mathcal{Q}$ 替换为 $\mathcal{Q}'$ 之后，由于比特信道的容量只会由 0 转移为 1，对于任意 $i \in \mathcal{I}$，$S(W_N^{(j)})=1$ 也仍然成立，即 $\mathcal{Q}'$ 仍然为集合 $\mathcal{I}$ 的非灾难性打孔模式。

证明完毕。

此外，引理 6.4.1 可被推广为更一般的情形，即定理 6.4.1。

定理 6.4.1　给定信息比特索引集合 $\mathcal{I}$ 及非灾难性打孔模式 $\mathcal{Q}$，集合 $\mathcal{Q}$ 的任意一个子集仍然为集合 $\mathcal{I}$ 的非灾难性打孔模式。

定理 6.4.1 表明，如果将式(6.4.2)中的打孔模式 $\mathcal{Q}_1$ 构造为集合 $\mathcal{I}$ 的非灾难性打孔模式，根据式(6.4.2)的链式包含关系，在 IR-HARQ 传输中，这些具有链式包含关系的打孔模式 $\mathcal{Q}_k\,(k=1,2,\cdots,N_q+1)$ 均为集合 $\mathcal{I}$ 的非灾难性打孔。

2. 基于非灾难性打孔的传输方案构造

1) 基于比特错误概率最小构造

基于 6.4.2 节的升序构造方法，建立 N_q+1 个打孔模式 $\mathcal{Q}_k\,(k=1,2,\cdots,N_q+1)$ 的贪婪优化模型。其中，初始的打孔模式 $\mathcal{Q}_1$ 构造为信息比特索引集合 $\mathcal{I}$ 的非灾难性打孔模式。打孔模式对信息比特信道容量的影响，直接关联信息比特信道错误概率。因此，可以将最小化信息比特信道的错误概率之和作为优化目标，建立打孔模式的贪婪优化(优化构造)模型。假设第 k 个打孔模式为 $\mathcal{Q}_k$（$\mathcal{Q}_1$ 为初始构造的非灾难性打孔模式），则打孔模式 $\mathcal{Q}_{k+1}$ 的优化模型为

$$
\begin{aligned}
\min\quad & \sum_{i\in\mathcal{I}} P_{\mathrm{e}}(W_N^{(i)},\mathcal{Q}_{k+1}) \\
\text{s.t.}\quad & \mathcal{Q}_{k+1}=\mathcal{Q}_k \setminus \{t\},\quad t\in\mathcal{Q}_k
\end{aligned}
\tag{6.4.7}
$$

式中，$P_{\mathrm{e}}(W_N^{(i)},\mathcal{Q}_{k+1})$ 为比特信道 $W_N^{(i)}$ 在打孔模式 $\mathcal{Q}_{k+1}$ 下的错误概率。

算法 6.4.1 给出了 N_q+1 个打孔模式的构造流程。

算法 6.4.1　基于比特错误概率最小的非灾难性打孔模式构造

输入：冗余序列的长度 N_q，信息比特索引集合 $\mathcal{I}$，非灾难性打孔模式 $\mathcal{Q}_1$，AWGN 信道噪声方差 σ^2

输出：N_q+1 个打孔模式 $\mathcal{Q}_k\,(k=1,2,\cdots,N_q+1)$

1. for $k=2$ to N_q
2. 　初始化向量 $\boldsymbol{H}$ 为 $1\times|\mathcal{Q}_{k-1}|$ 的全 0 向量；
3. 　for $j=1$ to $|\mathcal{Q}_{k-1}|$

4. 　　令元素 t 为 $\mathcal{Q}_{k-1}$ 的第 j 个元素，即 $t=\mathcal{Q}_{k-1}(j)$；

5. 　　按照高斯近似法，估计打孔模式 $\mathcal{Q}_{k-1}\setminus\{t\}$ 下比特信道的错误概率；

6. 　　令 $H(j)=\sum_{i\in\mathcal{I}}P_{\rm e}(W_N^{(i)},\mathcal{Q}_{k-1}\setminus\{t\})$；

7. 　end for

8. 　　确定向量 $\boldsymbol{H}$ 的最小元素的序号 j^*，则第 k 个打孔模式为

　　$\mathcal{Q}_k=\mathcal{Q}_{k-1}\setminus\{\mathcal{Q}_{k-1}(j^*)\}$；

9. end for

10. 令第 N_q+1 个打孔模式为 $\mathcal{Q}_{N_q+1}=\varnothing$。

在复杂度比较方面，文献[16]以最小化信息比特信道的错误概率之和为目标，其搜索复杂度为 $N+(N+1)+\cdots+(N-N_q+1)=(2N-N_q+1)N_q/2$。算法 6.4.1 的搜索复杂度为 $N_q+(N_q-1)+\cdots+1=(N_q+1)N_q/2$。显然，冗余序列的维度 N_q 满足 $N_q<N$。因此，算法 6.4.1 的复杂度要低于文献[16]中的构造方法。

2) 低复杂度启发式构造

尽管基于比特错误概率最小的非灾难性打孔模式构造复杂度相对较低，但是，该方案仍然需要计算所有候选打孔模式对应的 N 个比特信道的错误概率，并且计算的总次数为 $(N_q+1)N_q/2$，运算复杂度仍然较高。为了进一步降低构造复杂度，本节提出一种启发式构造算法[3]，即无须计算打孔极化码的比特信道错误概率，进而以更低的运算复杂度确定冗余比特的传输顺序。

在基于非灾难性打孔的 IR-HARQ 传输中，已知初始的打孔模式 $\mathcal{Q}_1$ 为非灾难性打孔模式，且对应的冻结比特信道的索引集合为 $\mathcal{F}_1$。根据引理 6.4.1，当打孔模式由 $\mathcal{Q}_1$ 变为 $\mathcal{Q}_2$ ($\mathcal{Q}_2\subseteq\mathcal{Q}_1$ 且 $|\mathcal{Q}_2|=|\mathcal{Q}_1|-1$) 时，$\mathcal{F}_1$ 中存在一个冻结比特信道的容量状态由 0 变为 1。当打孔模式从 $\mathcal{Q}_2$ 变换到 $\mathcal{Q}_1$ 时，冗余比特 $c_t\,(t=\mathcal{Q}_1\setminus\mathcal{Q}_2)$ 被传输。因此，每传输一个冗余比特，$\mathcal{F}_1$ 中将有一个冻结比特信道的容量状态由 0 变为 1。基于此，若能确定 $\mathcal{F}_1$ 中冻结比特信道的容量状态由 0 转变为 1 的优先级顺序，则可根据 $\mathcal{F}_1$ 与 $\mathcal{Q}_1$ 的对应关系，得到 $\mathcal{Q}_1$ 对应的冗余比特的传输顺序，即确定式(6.4.2)中具有链式包含关系的 N_q+1 个打孔模式。

可见，确定 $\mathcal{F}_1$ 中冻结比特信道容量状态由 0 变为 1 的优先级顺序至关重要。明显地，错误概率越高的信息比特在译码过程中被误判的概率越高。因此，在 $\mathcal{F}_1$ 中某个固定比特信道的容量状态由 0 变为 1 的过程中，应当有效提升这些高错误概率的信息比特信道的可靠性。基于此，我们按照如下原则确定 $\mathcal{F}_1$ 中的冻结比特信道的容量状态变化优先级：对于 $\mathcal{F}_1$ 中的冻结比特信道

$W_N^{(f)}(f \in \mathcal{F}_1)$，若距离 $W_N^{(f)}$ 最近的一个信息比特信道 $W_N^{(i)}(i > f)$ 的错误概率越高，那么 $W_N^{(f)}$ 的容量状态由 0 变为 1 的优先级越高。具体步骤如下。

步骤 1：在打孔模式 $\mathcal{Q}_1$ 下，估计 N 个比特信道的错误概率 $P_e(W_N^{(i)}, \mathcal{Q}_1)$ $(i = 1,2,\cdots,N)$，并从信息比特索引集合 $\mathcal{I}$ 中确定错误概率最高的 N_s 个信息比特位置，记为集合 $\mathcal{S}$。

步骤 2：针对 $\mathcal{F}_1$ 中每个冻结比特信道 $W_N^{(f)}(f \in \mathcal{F}_1)$，记录集合 S 中索引大于 f 且距离 f 最近的信息比特位置 s，以及该信息比特信道 $W_N^{(s)}$ 的错误概率 $P_e(W_N^{(s)}, \mathcal{Q}_1)$。

步骤 3：根据 $\mathcal{F}_1$ 中每个元素 f 对应的信息比特位置 s 以及错误概率 $P_e(W_N^{(s)}, \mathcal{Q}_1)$，索引距离 $s - f$ 越小且错误概率 $P_e(W_N^{(s)}, \mathcal{Q}_1)$ 越大的冻结比特信道 $W_N^{(f)}$，其容量状态由 0 变为 1 的优先级越高。

根据上述步骤完成集合 $\mathcal{F}_1$ 中的冻结比特信道的索引排序，记索引向量为 $\boldsymbol{V}$。其中，越靠前的元素，优先级越高。算法 6.4.2 阐述了启发式非灾难性打孔模式构造流程。

算法 6.4.2　启发式非灾难性打孔模式构造

输入：打孔模式 $\mathcal{Q}_1$，$\mathcal{Q}_1$ 的维度 N_q，向量 $\boldsymbol{V}$

输出：$N_q + 1$ 个打孔模式 $\mathcal{Q}_k (k = 1,2,\cdots,N_q + 1)$

1. for $k = 2$ to N_q
2. 　初始化向量 $\boldsymbol{H}$ 为 $1 \times |\mathcal{Q}_{k-1}|$ 的全 0 向量；
3. 　for $j = 1$ to $|\mathcal{Q}_{k-1}|$
4. 　　令元素 t 为 $\mathcal{Q}_{k-1}$ 的第 j 个元素，即 $t = \mathcal{Q}_{k-1}(j)$；
5. 　　当传输冗余比特 c_t 之后，根据打孔模式与容量为 0 的比特信道之间的映射关系，得到容量状态由 0 变为 1 的冻结比特信道索引，记为 f，并将 f 在向量 $\boldsymbol{V}$ 中的索引存储至 $H(j)$；
6. 　end for
7. 　确定向量 $\boldsymbol{H}$ 的最小元素的序号 j^*，则第 k 个打孔模式为 $\mathcal{Q}_k = \mathcal{Q}_{k-1} \setminus \{\mathcal{Q}_{k-1}(j^*)\}$；
8. end for
9. 令第 $N_q + 1$ 个打孔模式为 $\mathcal{Q}_{N_q+1} = \varnothing$。

显然，算法 6.4.2 启发式构造充分利用了“非灾难性打孔模式中，传输冗余（打孔）比特将改变冻结比特信道的容量状态”这一现象，通过确定冻结比特信道容量状态的顺序，得到冗余比特的传输顺序，从而避免了估计 $(N_q+1)N_q/2$ 次的比特信道的错误概率。因此，能显著降低运算复杂度。

为便于读者理解，下面举例说明。给定极化码码长 $N=32$，信息比特数 $K=16$，信息比特索引集合 $\mathcal{I}=\{12,14,15,16,20,22,23,24,25,26,27,28,29,30,31,32\}$，非灾难性打孔模式 $\mathcal{Q}_1=\{1,2,3,5,6,7,9,10,11,13,17,18,19,21,25,29\}$。图 6.4.6 给出了打孔模式 $\mathcal{Q}_1$ 下，32 个比特信道的错误概率，其中底层信道为 AWGN 信道，噪声方差为 $\sigma^2=0.63$，比特信道的错误概率按照文献[17]的方法估计得到。明显地，非灾难性打孔模式 $\mathcal{Q}_1$ 对应的冻结比特信道的错误概率接近 0.5，对应的信息比特信道的错误概率小于 0.5，验证了 $\mathcal{Q}_1$ 为信息比特索引集合 $\mathcal{I}$ 的非灾难性打孔模式。

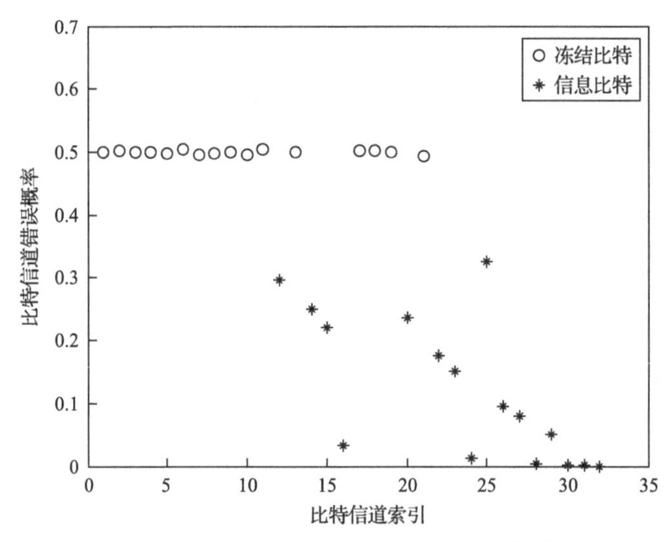

图 6.4.6　打孔模式 Q_1 下 32 个比特信道的错误概率

在启发式构造之前，首先确定 $\mathcal{Q}_1$ 对应的集合 $\mathcal{F}_1$ 中的冻结比特信道由容量状态 0 变为 1 的顺序，其中集合 $\mathcal{F}_1=\{1,2,3,4,5,6,7,8,9,10,11,13,17,18,19,21\}$。首先，将错误概率最高的 5 个信息比特索引记为集合 $\mathcal{S}=\{12,14,15,20,25\}$。由图 6.4.6 可知，集合 $\mathcal{F}_1$ 中的冻结比特信道 $W_{32}^{(1)}$ 距离 $\mathcal{S}$ 中最近的信息比特信道 $W_{32}^{(12)}$ 的索引距离为 $12-1=11$，且信道 $W_{32}^{(12)}$ 的错误概率为 $P_e(W_{32}^{(12)},\mathcal{Q}_1)=0.30$；类似地，可以得到 $\mathcal{F}_1$ 中每个冻结比特信道距离 $\mathcal{S}$ 中最近的信息比特信道的索引距离，以及信道的错误概率。然后，按照步骤 3 中索引距离越小、错误概率越大对应的冻结比特优先级越高的原则，确定集合 $\mathcal{F}_1$ 中冻结比特信道由容量状态 0 变为 1 的顺序，记为向量 $\boldsymbol{V}=(11,13,19,18,17,21,10,9,8,7,6,5,4,3,2,1)$。已知向量 $\boldsymbol{V}$ 之后，根据算法 6.4.2 可

得到 17 个具有链式包含关系的打孔模式。具体地，在打孔模式 $\mathcal{Q}_1$ 构造 $\mathcal{Q}_2$ 的过程中，若传输冗余比特 c_1（对应 $\mathcal{Q}_1$ 的第一个元素），根据打孔模式与容量为 0 的比特信道之间的关系，冻结比特信道 $W_{32}^{(21)}$ 的容量状态将由 0 变为 1；若传输冗余比特 c_{11}（对应 $\mathcal{Q}_1$ 的第 11 个元素），冻结比特信道 $W_{32}^{(11)}$ 的容量状态将由 0 变为 1。根据向量 $\boldsymbol{V}$，比特信道 $W_{32}^{(11)}$ 的优先级最高，应传输冗余比特 c_{11}，即 $\mathcal{Q}_2=\mathcal{Q}_1\setminus\{11\}=\{1,2,3,5,6,7,9,10,13,17,18,19,21,25,29\}$。以此类推，可以获得剩余 15 个打孔模式。

6.5 实验分析

6.5.1 编码性能

本节比较了不同级联极化码的误帧率性能。在 CRC-RC 极化码中，CRC 校验长度为 $L_{\text{CRC}}=19$，CRC 生成多项式为 $g(x)=x^{19}+x^{16}+x^{14}+x^{13}+x^{12}+x^{10}+x^{8}+x^{7}+x^{4}+x^{3}+1$。$K+L_{\text{CRC}}$ 个错误概率最低的信道索引被确定为集合 $\mathcal{I}$。根据集合 $\mathcal{I}$，从第一个信息比特后的所有冻结比特中，选出错误概率最低的 M 个比特信道对应的索引组成集合 $\mathcal{R}$。若第一个信息比特之后的所有冻结比特全部设定为重复比特，则这种结构称为全校验形式的 CRC-RC 极化码。重复关系即校验方程的设计根据算法 6.1.1 构造。仿真系统采用 BPSK 调制和 AWGN 信道，信道噪声方差为 $\sigma^2=1/(2RE_{\text{b}}/N_0)$，$E_{\text{b}}/N_0$ 表示信噪比，码率 $R=K/N$ 或 $R=K/N_{\text{p}}$，N_{p} 为打孔极化码的码长，SCL 译码器列表大小设定为 $L=8$。

$\sigma^2=1/(2RE_{\text{b}}/N_0)$，$E_{\text{b}}/N_0$ 表示信噪比，码率 $R=K/N$ 或 $R=K/N_{\text{p}}$，

图 6.5.1 比较了非打孔情况下不同级联极化码的误帧率性能，包括 CRC 极化

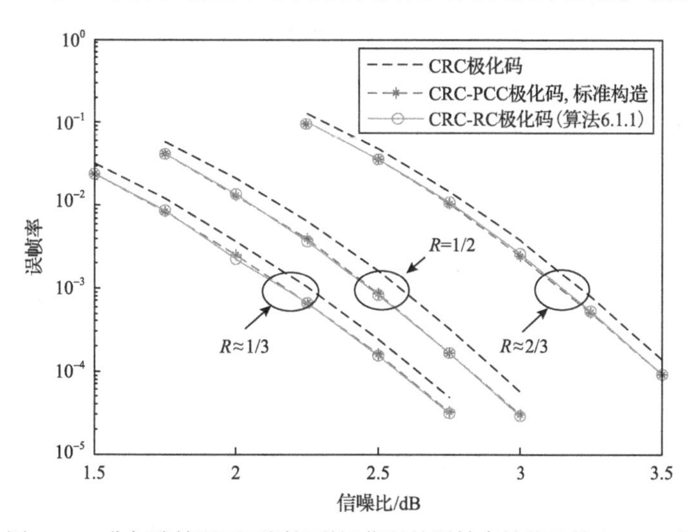

图 6.5.1　非打孔情况下不同级联极化码的误帧率性能比较（$N=512$）

码、CRC-PCC极化码及CRC-RC极化码，其中，极化码码长$N=512$，码率分别为$R=171/512\approx1/3$、$R=256/512=1/2$、$R=341/512\approx2/3$，且CRC-PCC极化码的校验方程按照5G标准采用5位循环移位寄存器进行构造。仿真结果表明，当误帧率为1×10^{-3}时，在不同码率参数下，CRC-PCC极化码与CRC-RC极化码纠错性能相当，相比传统CRC极化码均有近0.1dB的编码增益。此外，上述结果也表明在CRC辅助译码的情况下，复杂的校验关系简化为重复关系不造成纠错性能损失。

图6.5.2和图6.5.3分别为截短打孔[18]和块打孔情况下不同级联极化码的误帧

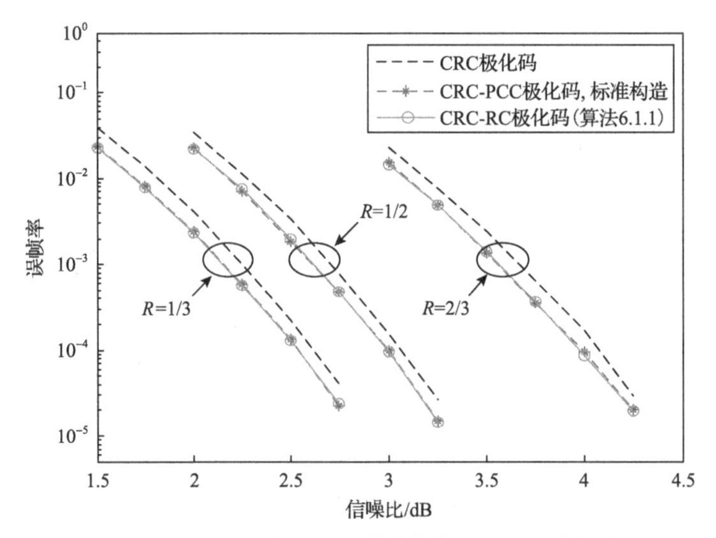

图 6.5.2　不同级联极化码的误帧率性能（K=240，截短打孔）

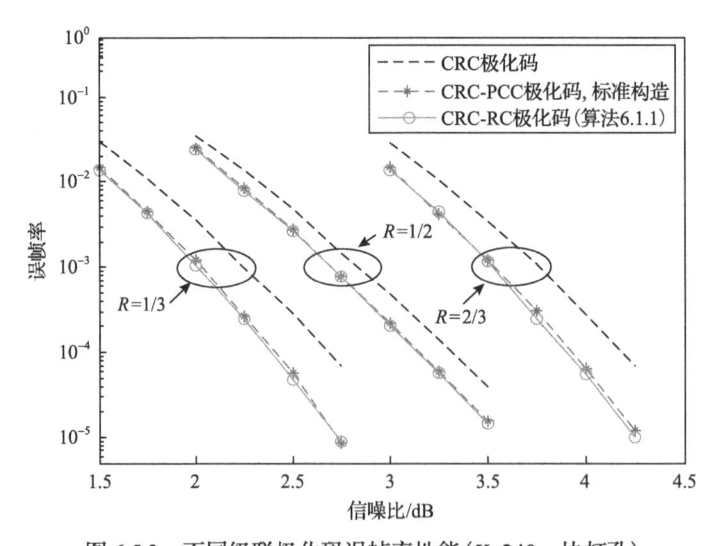

图 6.5.3　不同级联极化码误帧率性能（K=240，块打孔）

率性能比较，其中码率 R 分别为$1/3$、$1/2$、$2/3$。截短打孔下，序列 $\boldsymbol{u}_1^N$ 中索引 $\{\text{BitRev}(N_\text{p},N)+1,\text{BitRev}(N_\text{p}+1,N)+1,\cdots,\text{BitRev}(N-1,N)+1\}$ 对应的比特全设定为 0，其中，N_p 表示打孔后的码长，函数 $\text{BitRev}(i,N)$ 表示 i 的比特翻转映射函数，i 的二进制表示长度为 $\log_2 N$，如 $\text{BitRev}(6,8)=3$。在块打孔下，极化码编码后的码字 $\boldsymbol{c}_1^N$ 中索引 $\{1,2,\cdots,N-N_\text{p}\}$ 对应的比特被打孔除去。在截短打孔下，码字 $\boldsymbol{c}_1^N$ 中索引 $\{N_\text{p}+1,N_\text{p}+2,\cdots,N\}$ 对应的比特取值为 0。

图 6.5.2 和图 6.5.3 的仿真结果表明在多种打孔模式、码长、码率等参数下，CRC-PCC 极化码与 CRC-RC 极化码纠错性能相当，均显著超越传统的 CRC 极化码。特别地，在块打孔模式下，信息比特长度 $K=240$，码率 R 分别为 $1/3$、$2/3$，当误帧率为 1×10^{-3} 时，CRC-PCC 极化码与 CRC-RC 极化码的性能相比传统 CRC 极化码有近 0.25dB 的编码增益。该现象表明，在 PCC 极化码的校验方程中，仅需保留“最关键的一个信息比特”，而其他非关键的信息比特可以不参与校验。这种简化的校验关系经过优化构造不会造成性能损失。

不同重复比特数量下 CRC-RC 极化码的误帧率性能如图 6.5.4 所示，信息比特数量 $K=240$，码率 $R=2/3$，打孔模式为块打孔。图 6.5.4 同时展示了随机构造的 CRC-RC 极化码的误帧率性能。在随机构造中，每一个重复比特等概率地随机匹配一个索引序号小于该重复比特的信息比特。仿真结果表明，随着重复比特数 M 的增加，CRC-RC 极化码的误帧率性能显著提升，且当 $M=15$ 时，CRC-RC 极化码接近“全校验”形式下的误帧率性能。这表明在实际应用中，仅需在 CRC 极化码中添加少量的重复比特构成 CRC-RC 极化码，即可显著改善传统 CRC 极

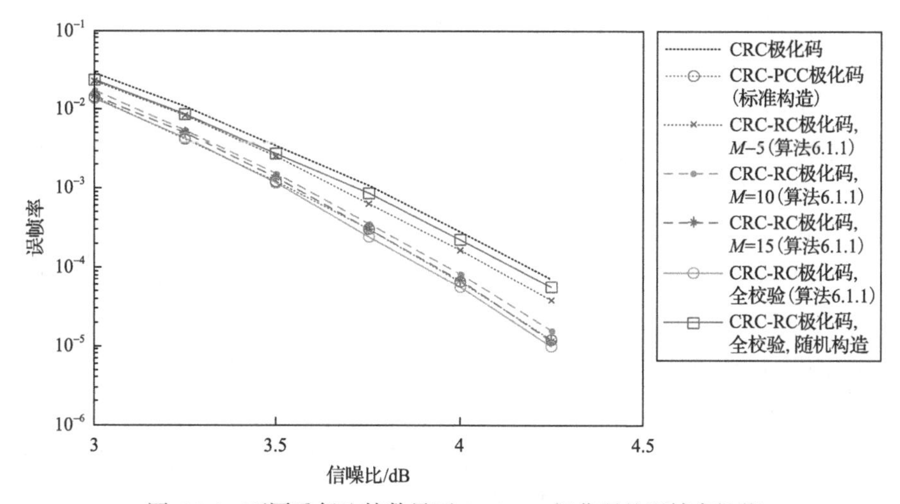

图 6.5.4　不同重复比特数量下 CRC-RC 极化码的误帧率性能

化码的误帧率性能。少量的重复比特意味着外编码器具有更简单的编码形式，以及更低的运算和硬件实现复杂度。此外，在 CRC-RC 极化码中，CPEP 最小构造的重复关系对应的误帧率性能显著超越随机构造的重复关系。

图 6.5.5 展示了 CRC-RC 极化码不可检测错误率(undetectable error rate，UER)性能，其中，$L=8$，$L_{\mathrm{CRC}}=19$，且每个 UER 的仿真帧数为1×10^{7}。结果表明在不同打孔模式、码长、码率等参数条件下，CRC-RC 极化码在低信噪比下的 UER 接近1.5×10^{-5}。这表明 6.1 节中 CPEP 最小构造的重复关系并不影响 CRC 码的帧校验能力。

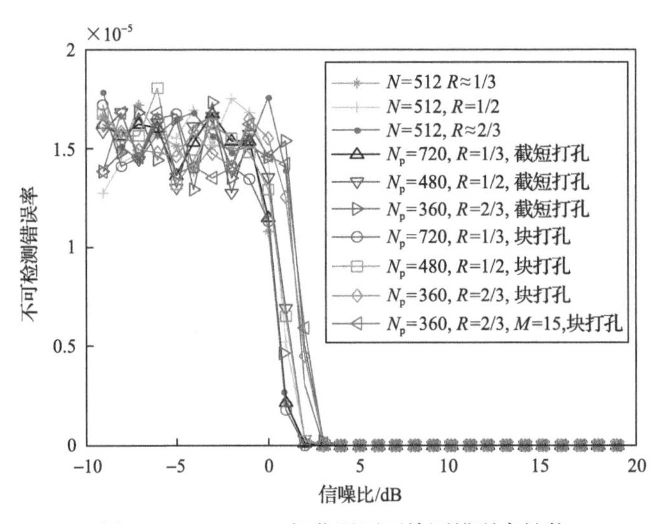

图 6.5.5　CRC-RC 极化码不可检测错误率性能

6.5.2　在 IR-HARQ 传输中的性能

本节对 BPSK 调制下码率兼容的 PCC 极化码在 IR-HARQ 传输中的误帧率和吞吐率性能进行比较。仿真采用 AWGN，信道噪声方差为$\sigma^2=1/(2RE_{\mathrm{b}}/N_0)$，其中$E_{\mathrm{b}}/N_0$为信噪比，$R$ 为码率，CRC 码的校验比特长度$L_{\mathrm{CRC}}=19$，多项式为$g(x)=x^{19}+x^{16}+x^{14}+x^{13}+x^{12}+x^{10}+x^{8}+x^{7}+x^{4}+x^{3}+1$。PCC 极化码$(N,\mathcal{I},\mathcal{P},\{\mathcal{T}_m\mid m=1,2,\cdots,M\})$按照算法 3.3.1 构造为全校验形式。具体地，比特信道错误概率最低的$K+L_{\mathrm{CRC}}$个索引构成集合$\mathcal{I}$，其中K为信息比特长度，第一个信息比特之后的所有冻结比特设定为校验比特。在 IR-HARQ 传输中，冗余序列的长度设定为$N_q=N-K-L_{\mathrm{CRC}}$。因此，码率 R 的变化范围为$K/(K+L_{\mathrm{CRC}})\sim K/N$。选取集合$\mathcal{I}$中错误概率最高的25%比特索引构成集合$\mathcal{S}$。接收端译码器采用 CRC 和校验辅助的 SCL 译码器，列表大小为$L=8$。

1. 误帧率性能

图 6.5.6 和图 6.5.7 分别展示了不同参数下码率兼容的 PCC 极化码误帧率性能。其中，图 6.5.6 采用参数为：码长 $N=256$，信息比特数量 $K=109$；图 6.5.7 采用参数为：$N=512$，$K=237$。文献[19]采用了准均匀打孔，未考虑打孔模式对信息比特信道容量的影响，属于灾难性打孔。明显地，当码率 R 约等于 $5/8$、$3/4$ 时，文献[19]中的构造方法误帧率接近 1。文献[16]的构造方法也属于非灾难性打孔模式，从全集 $\{1,2,\cdots,N\}$ 开始优化构造 N_q+1 个打孔模式，在较广的码率范围内均呈现出最优的误帧率性能。基于算法 6.4.1 的非灾难性打孔构造方法在多种码率下的误帧率性能与文献[16]接近。该算法冗余序列的长度 $N_q=N-K-L_{\mathrm{CRC}}=N/2$，相比文献[16]，可降低 66%的构造复杂度。

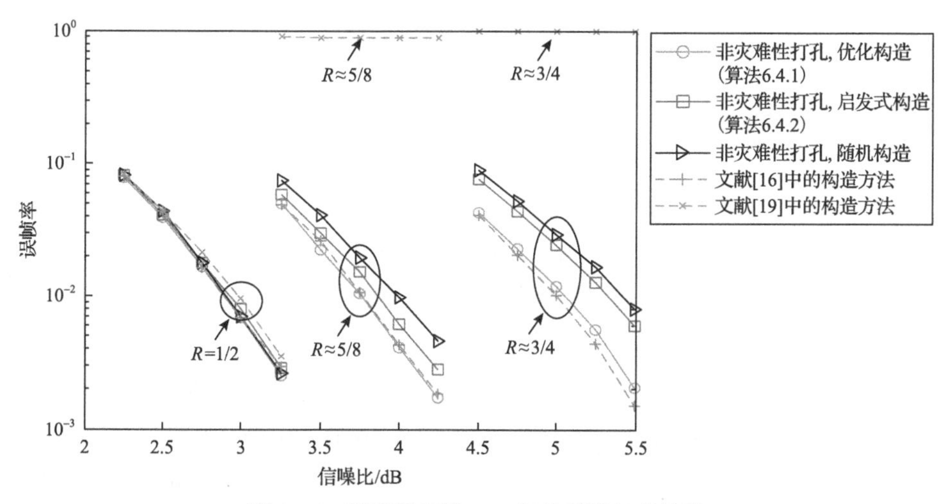

图 6.5.6　码率兼容的 PCC 极化码误帧率性能

N=256，K=109，R=109/218=1/2，R=109/174≈5/8，R=109/145≈3/4

图 6.5.6 和图 6.5.7 也分别呈现了算法 6.4.2 启发式构造和随机构造对应的误帧率性能。当误帧率为 1×10^{-2} 时，在避免计算大约 $3N^2/8+N/4$ 次比特信道错误概率的情况下，启发式构造相比文献[16]方法性能损失不超过 0.3dB。因此，当码长 N 取值较大时，低复杂度启发式构造具有重大意义。在随机构造中，已知非灾难性打孔模式 $\mathcal{Q}_1$，从 $\mathcal{Q}_1$ 中随机去除一个元素构造打孔模式 $\mathcal{Q}_2$。以此类推，随机构造出 N_q+1 个具有链式包含关系的打孔模式。尽管随机构造得到的 N_q+1 个打孔模式仍然是非灾难性打孔，但是其性能相比优化构造和启发式构造仍然存在差距。因此，在非灾难性打孔模式构造中，优化冗余比特的传输顺序可以显著提升系统的纠错性能。

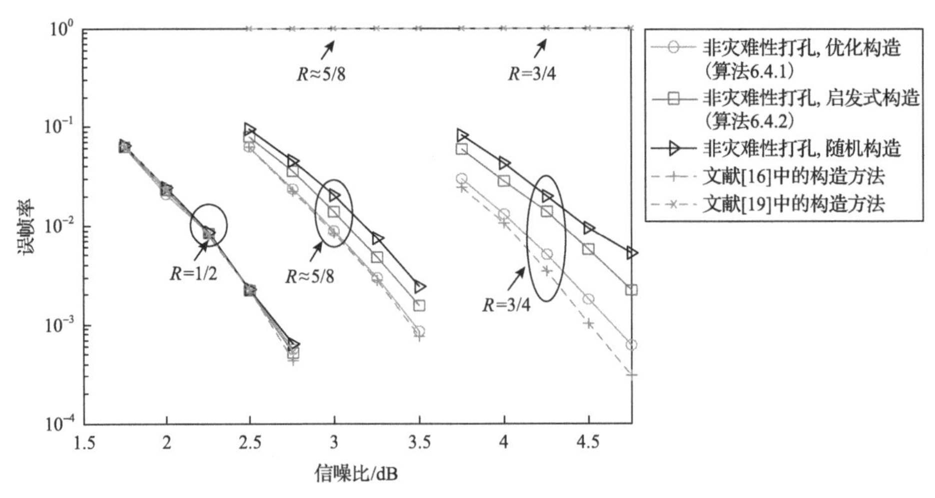

图 6.5.7　码率兼容的 PCC 极化码误帧率性能

N=512，K=237，R=237/474=1/2，R=237/379≈5/8，R=237/316=3/4

2. 吞吐率性能

根据文献[3]，吞吐率定义为

$$\eta = \frac{\text{正确传输的信息比特数量}}{\text{已传输的信息比特总数}} \tag{6.5.1}$$

图 6.5.8 展示了不同构造方法下的 PCC 极化码 IR-HARQ 传输系统的吞吐率，其中，码长 $N = 256$，信息序列长度 $K = 109$。显然，在高信噪比 (> 4dB) 时，非灾难性打孔模式下的优化构造和启发式构造的 IR-HARQ 传输系统吞吐率可达 $\eta = K / (K + L_{\text{CRC}}) = 109 / 128 \approx 0.852$。在低信噪比 (< –2dB) 时，不同构造方法下的 IR-HARQ 传输系统的吞吐率均较低。其主要原因在于系统所支持的最低码率为 $R = 1/2$，当信道容量低于最低码率时，纠错码会产生译码错误，从而使得系统吞吐率显著低于信道容量。因此，未来可以开展冗余比特传输的扩展算法研究，提升低信噪比范围内的系统吞吐率[16]。

由图 6.5.6 可知，算法 6.4.1 设计的优化构造与文献[16]具有近似的误帧率性能。因此，两者的吞吐率性能也接近，如图 6.5.8 所示。另外，图 6.5.8 中还比较了两类没有考虑打孔模式非灾难特性的构造方法[14,19]。在文献[14]中，编码比特按照比特信道错误概率的增序传输，即若比特信道错误概率 $P_e(W_N^{(i)}) < P_e(W_N^{(j)})$，则编码比特 c_i 在 c_j 之前传输，可见未考虑打孔模式对信息比特信道容量的影响，在较高信噪比时会呈现严重的吞吐率性能损失。因此，在 IR-HARQ 传输系统中，基于打孔模式的非灾难特性对于保证系统的吞吐率性能具有重要意义。

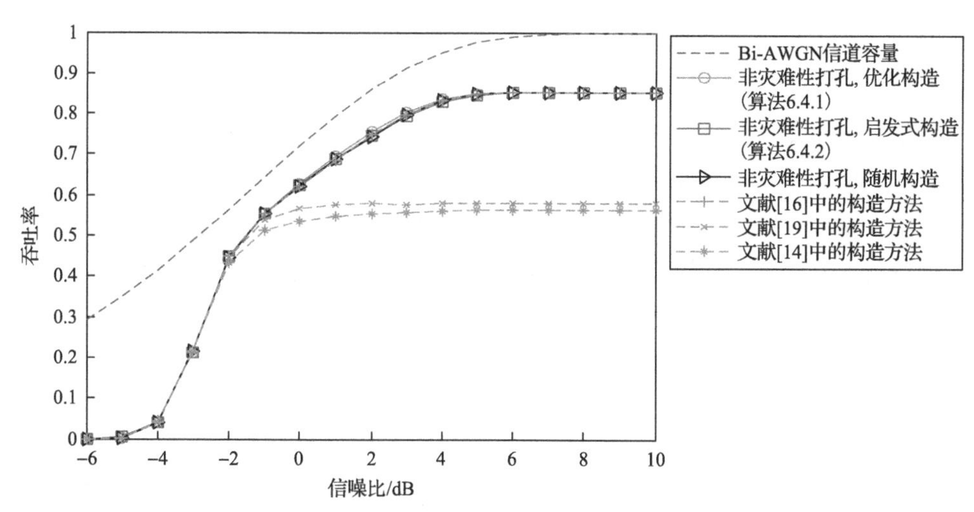

图 6.5.8　不同构造方法下 PCC 极化码 IR-HARQ 传输系统的吞吐率

图 6.5.9 给出了多种码长 N、信息序列长度 K 参数下，基于非灾难性打孔模式的 PCC 极化码 IR-HARQ 传输系统的吞吐率性能。结果表明，随着码长 N 和信息序列长度 K 的增加，PCC 极化码 IR-HARQ 传输系统吞吐率性能显著提升。例如，当 $N=1024$、$K=493$ 时，吞吐率性能相比 AWGN 信道容量仅有不到 1dB 差距。此外，算法 6.4.1 设计的优化构造与低复杂度启发式构造在吞吐率性能上近似，后者可避免估计 $N^2/8+N/4$ 次的比特信道错误概率，复杂度更低。

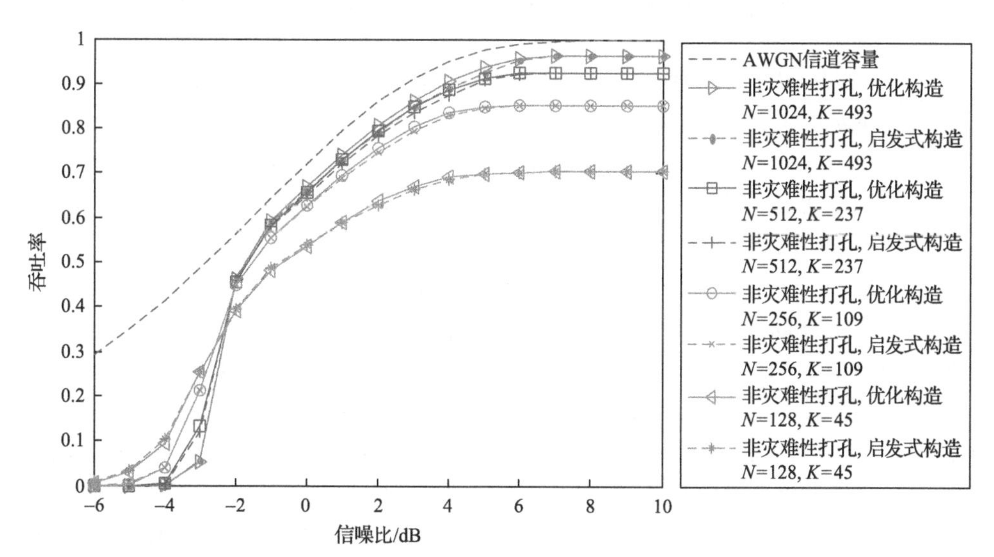

图 6.5.9　基于非灾难性打孔的 PCC 极化码 IR-HARQ 传输系统的吞吐率

6.6 本章小结

本章详细介绍了PCC极化码的几种演进形式，包括RC极化码、CRC-RC极化码、CRC-PCC极化码和HARQ中码率兼容PCC极化码，并在不同仿真参数下对比了上述PCC极化码的纠错性能。结果表明，演进PCC极化码在纠错性能或实现复杂度上具备一定优势，在实际应用中可根据需求选择合适的PCC极化码。

参考文献

[1] 屈代明，王涛，江涛. 一种极化码与重复码级联的纠错编码方法：CN106452460A[P]. 2017-02-22.

[2] Wang T, Qu D, Jiang T. Polar codes with repeating bits and the construction by cluster pairwise error probability[J]. IEEE Access, 2019, 7: 71627-71635.

[3] 王涛. 校验级联极化码及其构造[D]. 武汉：华中科技大学, 2019.

[4] 江涛, 王涛, 屈代明, 等. 极化码与奇偶校验码的级联编码：面向5G及未来移动通信的编码方案[J]. 数据采集与处理, 2017, 32(3): 463-468.

[5] 王涛, 屈代明, 江涛. 降低SCL译码错误的级联极化码[J]. 中兴通讯技术, 2019, 25(1): 5-11.

[6] Tal I, Vardy A. How to construct polar codes[J]. IEEE Transactions on Information Theory, 2013, 59(10): 6562-6582.

[7] Wang T, Qu D, Jiang T. Parity-check-concatenated polar codes[J]. IEEE Communications Letters, 2016, 20(12): 2342-2345.

[8] 蔡鑫伟. 共用外编码器的混合CRC和校验级联极化码[D]. 武汉：华中科技大学, 2020.

[9] Cai X, Wang T, Qu D, et al. Hybrid CRC and parity-check-concatenated polar codes with shared encoder[C]. Computing, Communications and IoT Applications, Shenzhen, 2019: 288-292.

[10] 屈代明，王涛，江涛. 一种极化码和多比特奇偶校验码级联的纠错编码方法：CN105680883A[P]. 2016-05-15.

[11] Yue G, Wang X, Madihian M. Design of rate-compatible irregular repeat accumulate codes[J]. IEEE Transactions on Communications, 2007, 55(6): 1153-1163.

[12] Li B, Tse D, Chen K, et al. Capacity-achieving rateless polar codes[C]. IEEE International Symposium on Information Theory, Barcelona, 2016: 46-50.

[13] Shin D M, Lim S C, Yang K. Design of length-compatible polar codes based on the reduction of polarizing matrices[J]. IEEE Transactions on Communications, 2013, 61(7): 2593-2599.

[14] Saber H, Marsland I. An incremental redundancy hybrid ARQ scheme via puncturing and extending of polar codes[J]. IEEE Transactions on Communications, 2015, 63(11): 3964-3973.

[15] Wang T, Qu D, Jiang T. An incremental redundancy hybrid ARQ scheme with non-catastrophic puncturing of polar codes[C]. The 12th International ITG Conference on Systems, Communications and Coding, Rostock, 2019: 1-6.

[16] El-Khamy M, Lin H P, Lee J, et al. HARQ rate-compatible polar codes for wireless channels[C]. IEEE Global Communications Conference, San Diego, 2015: 1-6.

[17] Wu D, Li Y, Sun Y. Construction and block error rate analysis of polar codes over AWGN channel based on Gaussian approximation[J]. IEEE Communications Letters, 2014, 18(7): 1099-1102.

[18] Wang R, Liu R. A novel puncturing scheme for polar codes[J]. IEEE Communications Letters, 2014, 18(12): 2081-2084.

[19] Schnelling C, Rothe M, Mathar R, et al. Rateless codes based on punctured polar codes[C]. The 15th International Symposium on Wireless Communication Systems, Lisbon, 2018: 1-5.

第7章　PCC极化码应用与展望

本书第 1～6 章依次介绍了信道编码发展历程、极化码基本原理、PCC 极化码编码译码方案、硬件实现思路以及现有演进形式。然而，作为一种新兴的信道编码方案，PCC 极化码在其他通信场景中的应用尚处于起步阶段，且其编码构造还存在较大的优化空间。本章简要介绍 5G 标准中的 PCC 极化码及其潜在的应用场景，并展望 PCC 极化码未来的研究方向。

7.1　5G 标准中应用简介

在具备多用户接入能力的通信系统中，按传输信息类型可将信道分为控制信道和数据信道。控制信道主要负责传输信令、同步数据等控制信息，承担用户接入管控、通信模式调整等功能。因此，控制信道主要传输短数据包，其信道编码方案需在码长较短时仍具备较高的纠错性能，以满足高可靠传输需求。相比传统极化码及其他信道编码，PCC 极化码在中短码长时具有明显的纠错性能和实现复杂度优势，被成功应用于 5G 增强移动宽带场景控制信道中。

TS 38.212 协议规定了 5G 极化码编码方案[1]。其中，下行通信链路的控制信道采用了分布式 CRC 极化码；上行控制信道主要采用了 CRC-PCC 极化码。分布式 CRC 极化码是 PCC 极化码思想的具体应用[2]，为便于读者更好地理解，下面介绍两种编译码基本流程。

7.1.1　编译码基本流程

1. 分布式 CRC 极化码

图 7.1.1 展示了 5G 标准中的分布式 CRC 极化码编译码基本流程，具体步骤如下。

步骤 1：发送端生成由 K 个信息比特 $v_k(k=1,2,\cdots,K)$ 组成的信息序列 $\boldsymbol{v}_1^K$ 。

步骤 2：分布式 CRC 编码。其中，L_{CRC} 个 CRC 比特 $a_i(i=1,2,\cdots,L_{\mathrm{CRC}})$ 分散于整个编码序列中。

步骤 3：将步骤 2 中的编码序列添加冻结比特，得到极化码输入序列。

步骤 4：极化码编码。

步骤 5：信号调制并由无线信道传输。

步骤 6：接收端对接收序列 $\boldsymbol{y}$ 进行解调。

步骤 7：利用分布式 CRC 辅助的 SCL 译码器进行译码，恢复出原始信息序列 $\hat{\boldsymbol{v}}_1^K$ 。

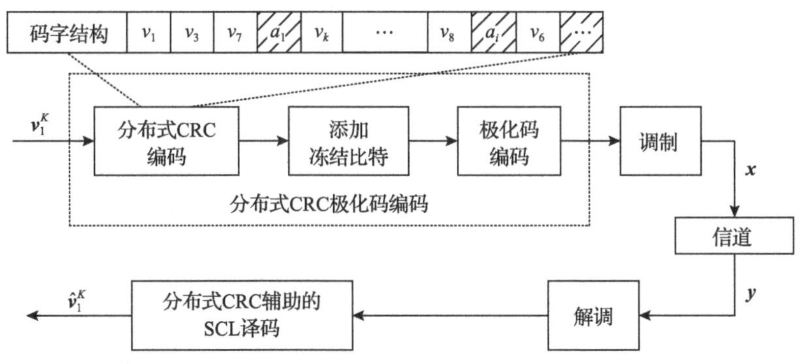

图 7.1.1　分布式 CRC 极化码编译码基本流程

在分布式 CRC 极化码中，CRC 比特不再集中于序列尾部，而是分散于码字当中。当译码遇到 CRC 比特时，可对当前路径中已经译出的信息比特进行校验，若存在校验成功的路径，则保留所有路径并参与后续译码，否则译码失败。

明显地，分布式 CRC 极化码的思想与 PCC 极化码一样，两者仅在校验比特位置和值的获取方式上略有差异，7.1.2 节将具体讨论。

2. CRC-PCC 极化码

图 7.1.2 展示了 5G 标准中的 CRC-PCC 极化码编译码基本流程，具体步骤如下。

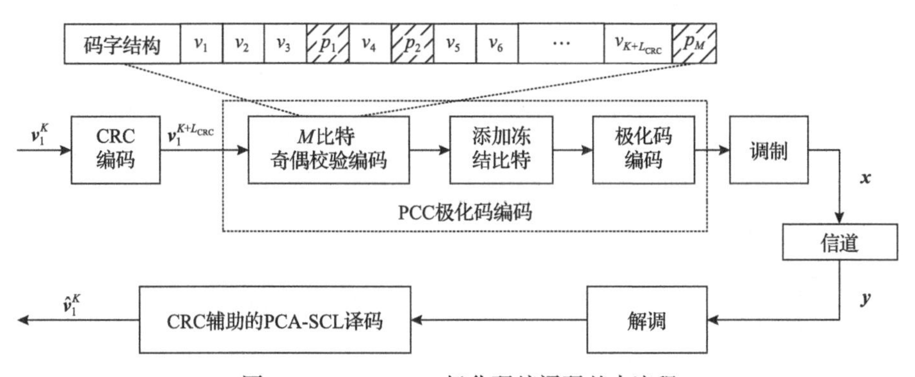

图 7.1.2　CRC-PCC 极化码编译码基本流程

步骤 1：发送端生成信息序列 $\boldsymbol{v}_1^K$ 。

步骤 2：对信息序列 $\boldsymbol{v}_1^K$ 进行集中式 CRC 编码得到序列 $\boldsymbol{v}_1^{K+L_{\text{CRC}}}$ 。其中，L_{CRC} 个 CRC 比特位于信息序列 $\boldsymbol{v}_1^K$ 的末尾。

步骤 3：根据 3.1 节所述进行 PCC 极化码编码。其中，M 个校验比特

$p_i(i=1,2,\cdots,M)$的位置选择与校验关系的设计将在7.1.2节详细介绍。

步骤4：信号调制并由无线信道传输。

步骤5：接收端对接收序列$\boldsymbol{y}$进行解调。

步骤6：利用CRC辅助的PCA-SCL译码器进行译码，恢复出原始信息序列$\hat{\boldsymbol{v}}_1^K$。

7.1.2　校验比特设计

在5G标准中，分布式CRC极化码的CRC比特位置通过交织器获得；CRC比特的值根据生成矩阵$\boldsymbol{G}_{\text{CRC}}$获取，其中生成矩阵$\boldsymbol{G}_{\text{CRC}}$与采用的生成多项式相关，与PCC极化码的校验比特的位置和具体值的获取略有不同。详细介绍如下。

1. 校验比特位置获取

如图7.1.2所示的PCC极化码编码中，在序列$\boldsymbol{v}_1^{K+L_{\text{CRC}}}$中添加$M$个校验比特。其中，校验比特位置的获取分为两部分来设计：第一部分M'个校验比特放置在非冻结比特信道中最不可靠的M'个位置上；第二部分$M-M'$个比特置于非冻结比特信道中最可靠的$K+L_{\text{CRC}}$个索引对应的极化码生成矩阵行重最小的位置。如果行重最小的行对应的比特位置个数大于$M-M'$，则选择最可靠的$M-M'$个比特信道置放校验比特。

为便于读者理解，接下来以码长$N=16$、序列长度$K+L_{\text{CRC}}=8$、校验比特个数$M=3$为例，对上述校验比特位置选取思想进行介绍，如图7.1.3所示，具体步骤如下。

结构	p_1	p_2	v_1	v_2	v_3	v_4	v_5	p_3	v_6	v_7	v_8
索引	4	6	7	8	10	11	12	13	14	15	16
可靠性	2.189	2.414	2.603	3.603	2.682	2.871	3.871	3.096	4.096	4.285	5.285
行重	4	4	4	8	4	4	8	4	8	8	16

图7.1.3　校验比特位置选择

步骤1：根据极化权重构造方法，获取比特信道的可靠性排序，其中，$M+K+L_{\text{CRC}}$个非冻结比特信道索引集合为$\mathcal{A}=\{4,6,7,8,10,11,12,13,14,15,16\}$。

步骤2：将M个校验比特分为M'和$M-M'$两部分。这里假设$M'=2$，

$M-M'=1$。

步骤 3：根据集合 $\mathcal{A}$ 中元素对应的可靠性值，确定最不可靠的 $M'=2$ 个比特信道集合。如图 7.1.3 所示，该集合为 $\{4,6\}$，则 $M'=2$ 个校验比特 p_1、p_2 分别放置于索引为 4 和 6 的比特信道上。

步骤 4：寻找高可靠的比特信道集合 $\{8,10,11,12,13,14,15,16\}$ 对应的极化码生成矩阵 $\boldsymbol{G}_N$ 中行重最小的为比特信道集合。如图 7.1.3 所示，该集合为 $\{10,11,13\}$。

步骤 5：寻找集合 $\{10,11,13\}$ 中可靠性最高的 $M-M'$ 个比特信道。如图 7.1.3 所示，索引 13 的比特信道可靠性最高，则利用该比特信道放置剩余的 $M-M'=1$ 个校验比特 p_3。

步骤 6：集合 $\mathcal{A}$ 剩余的比特信道用于传输序列 $\boldsymbol{v}_1^8=(v_1,v_2,\cdots,v_8)$。

2. 校验比特值的计算

在 5G 标准中，校验比特通过长度为 5、初值为 0 的循环移位寄存器计算得到。每个校验比特由其前面的信息比特进行异或操作获取。为便于读者理解，接下来介绍在给定信息比特索引集合 $\mathcal{I}$、校验比特索引集合 $\mathcal{P}$ 的情况下，校验关系在 5G 标准中的构造思想。

图 7.1.4 展示了 5G 标准中 PCC 极化码的校验关系实现方法。其基本思想为：在给定信息比特序列 $\boldsymbol{u}_{\mathcal{I}}$ 之后，极化码输入序列 $\boldsymbol{u}_1^N$ 中校验比特按照图 7.1.4 所示的循环移位寄存器对信息序列进行随机校验得到。具体地，在每一个时刻 i，5 位循环移位寄存器中的存储值 $D_i(i=1,2,3,4,5)$ 进行一次循环移位。如图 7.1.4(a) 所示，若当前比特 u_i 为信息比特，则该信息比特 u_i 与最左侧寄存器存储值进行异或，所得结果存储至该寄存器中。如图 7.1.4(b) 所示，若当前比特 u_i 为校验比特，则最左侧寄存器的存储值作为校验比特 u_i 的值进行输出。如图 7.1.4(c) 所示，若当前比特 u_i 为冻结比特，则 u_i 被直接赋值为 0。

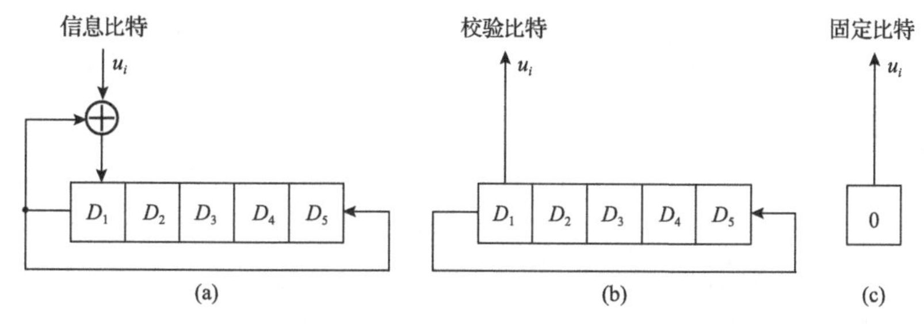

图 7.1.4　基于 5 位循环移位寄存器实现的 PCC 极化码校验关系

明显地，PCC 极化码不仅硬件实现简单，而且可以充分利用分散的校验比特进行实时校验并删除译码列表中的错误路径，有效提升纠错性能。由于 PCC 极化码校验比特可以分散于码字中，且校验比特的值可以通过校验关系来灵活获取。因此，5G 标准中的 PCC 极化码编码设计还可以进一步优化，7.3 节将具体讨论。

7.2　其他场景的潜在应用

PCC 极化码在中短码长时纠错性能优异，且编译码实现复杂度低，已成功应用于 5G 信道编码标准。然而，因发展历程较短，PCC 极化码在其他通信场景中的应用探索并不多见。作者基于近几年的理论研究与科研工作，初步将 PCC 极化码应用到卫星互联网、无源背向散射通信、多机器人通信及地下磁感应通信等场景中。

7.2.1　卫星互联网

众所周知，现有边远地区、海洋覆盖、崇山峻岭等区域无法部署地面通信基础设施。因此，仅靠陆地移动通信很难实现远距离通信与广域覆盖，卫星通信将成为扩展地面通信网络的有效手段，实现全球无缝覆盖。

卫星通信经过几十年的发展，有效载荷和卫星组网技术都取得了很大进步，也逐渐由政府行业应用扩大到普通大众，特别是近几年 Starlink、OneWeb 等低轨卫星物联网星座的飞速发展，无论是对通信速率还是网络性能都提出了更高的要求。信道编码技术在卫星通信中发挥举足轻重的作用，而 PCC 极化码由于其自身的优势，可在卫星通信等领域广泛应用。

目前，较为成熟的卫星网络都采用单层卫星。随着卫星通信的发展，由高、中、低轨卫星构成的立体化多层卫星网络将成为主流趋势，且与地面移动网络的深度融合也成为未来卫星通信的重要组成部分。为地面移动终端提供实时接入服务的低轨卫星已成为卫星通信的研究热点。低轨卫星通信面临移动速度快、多普勒频移高、信号同步难、星间干扰严重等挑战。

此外，随着相控阵等新型载荷技术在卫星上的应用，卫星对地面的覆盖将不再是传统的固定区域，而是可以根据用户分布以及当前的用户通信需求进行动态调度，提升卫星通信系统的效能。但是，新载荷的应用也给用户的接入控制带来挑战，需要通过设计信令波束来实现用户的按需接入。此时，PCC 极化码优异性能在信令信道的设计中就凸显出来。Starlink 在俄乌战争中的应用，也给卫星系统的发展提供了很好的例证。抗干扰、抗截获性能成为卫星系统设计的重要指标。

传统卫星通信采用依托导频、训练序列等同步传输方案。在受到雨衰和人为干扰时，接收机同步模块易失效，通信链路中断率高。由于用于同步的导频内容固定，且重复发送，通信信号易被监听截获，亟须发展新型高可靠传输技术。免同步传输通过采用自同步能力的编码、译码，可以有效改善同步模块失效而产生的链路中断。同时，可将节省的信道资源进一步用来提升编码纠错性能，提高通信可靠性。此外，免同步不传输重复固定的同步信号，信号被侦破的难度大大提高。因此，具备抗截获性能的免同步传输将在未来卫星通信中扮演着至关重要的角色。

图 7.2.1 展示了低轨卫星中基于 PCC 极化码的免同步传输架构。信号经过 PCC 极化码编码调制后由卫星信道传输。接收机设计具有自同步能力的低复杂度译码算法。首先，根据采样点、载波频率和相位偏移等校正参数，解调生成多组同步参数的候选序列。其次，在不需要导频的情况下，根据可信度指标，完成精准同步，简化接收机，降低通信链路时延。

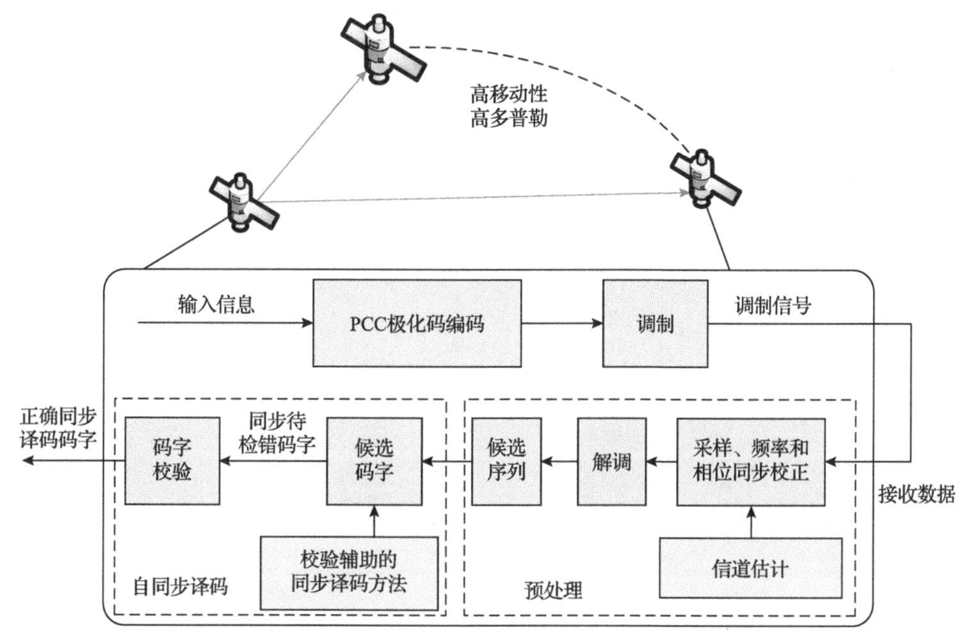

图 7.2.1　低轨卫星中基于 PCC 极化码的免同步传输架构

7.2.2　无源背向散射通信

无源背向散射通信是近些年兴起的变革性通信范式。该技术摒弃传统高功耗模拟器件，通过汲取环境中主动通信信号能量为自身供能，实现可控的被动式通信。典型的无源背向散射通信系统包括发射机、背向散射标签和接收机三部分。发射机发送射频信号作为激励。背向散射标签通过背向散射调制，将自身信息搭载到环境中的激励信号上。接收机则对背向散射信号进行解调、译码。标签自身不生成射频信号。因此，无源背向散射具有超低功耗和超低成本的优势，被视为最具潜力的物联网通信解决方案之一。

业界对无源背向散射通信系统已经展开了广泛研究，但至今仍缺乏有效的实施方案来保障广域无源背向散射通信的性能。主要原因有两个：①由于标签对环境射频信号的散射作用，背向散射信号将遭受发射机—标签信道以及标签—接收机信道级联双衰落[3-5]。随着传输距离的增长，级联信道衰落愈发严重，导致传输可靠性急剧降低。②远距离通信信号的符号周期通常长达数毫秒，相邻数据帧之间的信道剧烈变化，需要自适应机制来保障有效的信息传输。

PCC极化码极有潜力解决上述广域无源背向散射通信面临的两大挑战：一方面，PCC极化码具有较强的纠错性能，有助于对抗严重的级联双衰落，在极低信噪比时仍能保障一定的纠错成功率，进而提升广域无源背向散射通信的可靠性。另一方面，通过信道极化，PCC极化码能够利用高可靠的比特信道来承载信息比特和校验比特，并灵活调控码率来匹配信道变化，以充分利用信道容量。此外，PCC极化码具有较低的编译码复杂度，适合硬件资源受限的背向散射标签。

图7.2.2展示了基于PCC极化码的广域无源背向散射实验，用于验证PCC极化码的可靠性优势。

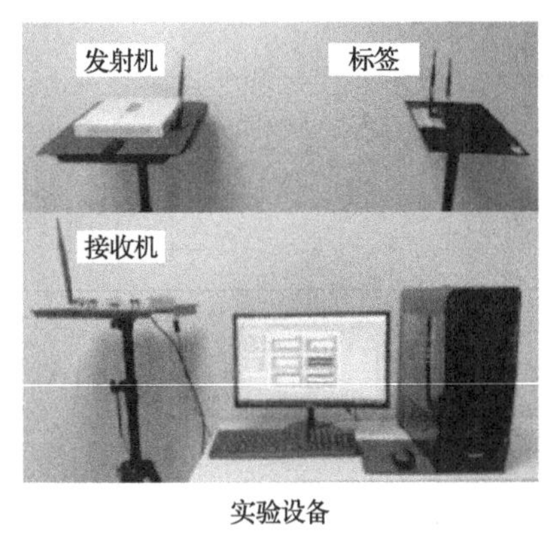

实验设备

图7.2.2　基于PCC极化码的广域无源背向散射实验

该实验测试了基于码长为256、码率约为1/3的PCC极化码和码率为4/7的汉明码的背向散射通信性能。发射机发送线性调频扩频信号作为激励，其扩频因子为7，带宽为500kHz。标签将待发送数据进行编码后，根据编码所得信息比特序列进行开关键控移频调制，即发送比特“1”时对激励信号进行移频，发送比特“0”时停止移频。在收到背向散射信号后，接收机进行解调译码。该实验在室内环境下进行，接收机采用两个衰减器(共60dB的衰落)来模拟广域无源背向散射通信下极低的信噪比。从图7.2.2中可以看出，即使在极低信噪比下，PCC极化码也能实现较低的误码率，大幅提升背向散射传输的可靠性。

进一步，提出一种码率自适应的广域无源背向散射通信系统，如图7.2.3所示[6]。具体而言，在第一阶段，标签根据预设的高码率对发送数据进行PCC极化码编码，并通过背向散射调制后发送给接收机。接收机对背向散射信号解调译码后再进行帧校验。若译码结果通过帧校验，则本次传输结束；否则，计算冻结比特的误码率并据此选择第二阶段的码率。在第二阶段，标签按照接收机反馈的码率增加校验比特和冻结比特后，进行 PCC 极化码编码并发送，从而实现对信道质量的自适应调整。此外，针对标签硬件资源受限的实际条件，还设计了低开销的编码硬件实现方案。针对广域背向散射信号强度极其微弱的特性，结合激励信号特征，实现了极低信噪比下的 LLR 准确估计。

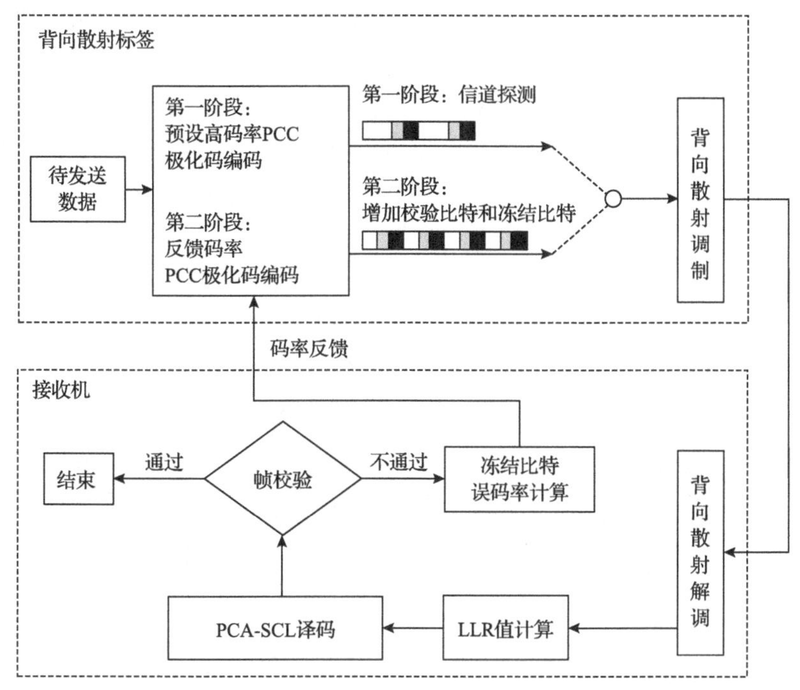

图 7.2.3　码率自适应的广域无源背向散射通信系统

7.2.3　多机器人通信

多机协作是新一代机器人基础能力建设的重点，相比单体机器人在效率、鲁棒性、成本等方面有着巨大优势。当面临大范围险恶或未知的环境，人们通常倾向于使用多机器人协作系统代替人力完成任务[7]。多机器人协作系统由机器人远程监控中心以及多个同构或者异构的机器人组成。机器人与机器人之间以及机器人与远程中心之间可以智慧交互、智能协作，进而高效完成资源勘探、抢险救灾、环境监测等多种烦琐危险的任务[8]。

然而，由于多机器人系统往往需要大范围跨场景执行任务，且通常处于高速移动状态，无线信号传输会遭受严重的多径衰落、阴影效应、噪声以及障碍物空间遮挡等影响，难以保证通信链路的稳定性与可靠性[9]。这使得机器人有时会错误接收或者无法接收数据，进而出现错误决策以及动作失误，降低多机器人的协同性能以及遥操作场景下远程监控端对机器人任务执行的控制效果[10]。为了尽可能持续满足多机器人作业时对通信系统的性能需求，亟须设计高效可靠的通信技术，保证机器人在复杂动态环境下的可靠交互。

PCC 极化码纠错性能优，硬件实现成本低，构造灵活且易级联，将其与中继协作通信[11]联合，可以进一步构建极化编码协作多机器人通信系统。该系统利用 PCC 极化码保障多机协作系统中的信息进行高精度传输，并利用中继手段突破空间障碍物约束，极大延展了通信距离。两者的结合可使系统同时获得编码增益与分集增益，保证移动机器人在动态复杂环境下维持高可靠通信。

图 7.2.4 展示了一种基于 PCC 极化码的协作多机器人通信系统的应用场景。远程监控终端可以通过多机中继节点高效、可靠地将控制指令发送至执行端的机械臂，进而辅助多机系统高效完成任务[9]。在该场景下，多机器人系统主要传输的是机器臂控制指令，其包长较短，速率要求相对较低而对传输可靠性的要求相对较高。因此，可以很好地利用 PCC 极化码中短码长下强纠错性能优势。

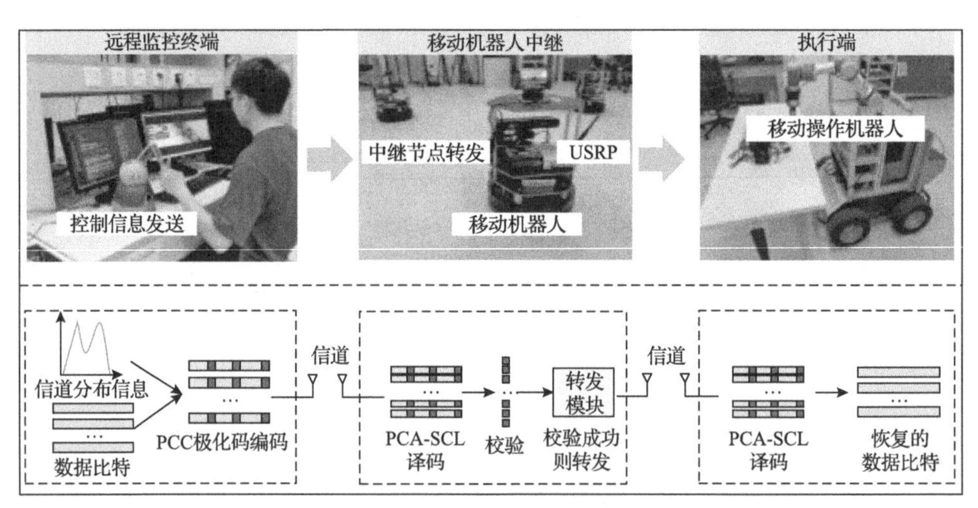

图 7.2.4　基于 PCC 极化码的协作多机器人通信系统应用场景

USRP (universal software radio peripheral) 表示通用软件无线电外设

利用多机器人信道分布信息进行信道极化，设计适应该场景的 PCC 极化码。传输过程中，部分机器人可作为中继节点辅助消息传输，并在中继转发过程中对信息进行译码，且根据 PCC 极化码的校验比特判决结果决定是否转发信息到目的节点。在执行端对接收到的信息进行译码恢复出原始数据信息，完成目标动作。实际应用中，如何根据实际的多机器人协作通信场景构造出最佳的 PCC 极化码是主要难点，也是未来的主要研究方向。

7.2.4　地下磁感应通信

随着现代工业与城市建设的快速发展，人们对地表以下空间的利用需求日益增大。地下无线通信具有巨大的社会价值和实用前景，在矿产资源开采、地下人员营救、环境监测等方面都发挥着十分重要的作用[12]。常用的地下无线信号传输方式主要包括声波、光波、电磁波和磁感应(magnetic induction，MI)。其中，声波的目标识别能力强，但是数据速率较低，且抗干扰能力差，仅可用于特定区域内的地下物体探测和土壤湿度检测。光通信数据速率高，但是无法穿透土壤和地层，一般可用于地下空间通信和地下矿产开采。电磁波信号绕障能力差，在非均匀地下环境中面临严重的多径效应，现有的中高频通信技术直接用于地下无法获得较好的通信效果。同时，电磁波通信系统收发天线长度与波长成正比，在低频地下通信的要求下，电磁波天线长度过长，不易布设。相比以上三种方式，MI 通信在地下环境中有较为稳定的频率响应，且天线尺寸小、成本低，易于大规模部署[13]。因此，MI 通信在地下短距离传输及地下传感器网络中应用广泛。

然而，在复杂异构的地下环境中，MI 信号的发射及传输面临诸多问题，至今尚未得到充分研究和有效解决。地下环境中不仅存在非导电的土壤和空气介质，在灾后等复杂环境中还存在大量的导电物质，如钢筋、埋地金属和生物组织等。当 MI 发射线圈加载交变电流/电压信号后，会在地下空间中激发变化的磁场，处于该磁场内的高电导率物体中会产生感应电流，变化的电流又会在空间中激发新的磁场[14]。由于磁场相位的随机性，当不同物体产生的磁场叠加并共同作用于接收线圈时，就会出现随机的信号增强或减弱效果。这种与周围介质分布相关的随机信号衰落通常被等效为频率选择性衰落。此外，由于 MI 线圈的谐振传输设计，信号的可用带宽极其有限。因此，地下 MI 通信系统通常具有低数据率的特征。综上所述，为了保证地下 MI 通信系统实现可用带宽内的可靠数据传输，亟须设计码长较短且纠错能力较强的信道编码方案。

PCC 极化码在中短码长时具备优异的纠错性能，并且硬件实现复杂度较低，方便搭载在 MI 收发线圈上，易于在复杂异构的地下环境中进行实际部署。使用基于 PCC 极化码的 MI 编码设计，不仅可以保证地下 MI 通信方案的有效信道容量，而且可以利用 PCC 极化码外码的校验能力，有效对抗复杂地下环境中 MI 信道的频率选择性，极大地提升数据传输的可靠性。

图 7.2.5 展示了基于 PCC 极化码的地下 MI 通信实验。针对地下 MI 通信系统中由频率选择性衰落等因素引起的连续性突发错误，引入 PCC 极化码方案，基于 LabView 开发平台，实现了多码长码率下的地下 MI 通信 PCC 极化码编码器和 PCA-SCL 译码器。从实验结果可以看出，采用 PCC 极化码编码后的地下 MI 通信系统误码率更低。相较于未编码的地下 MI 通信系统，加入 PCC 极化码可以降低

2～3 个数量级的误码率，有效提升地下 MI 通信系统的可靠性。

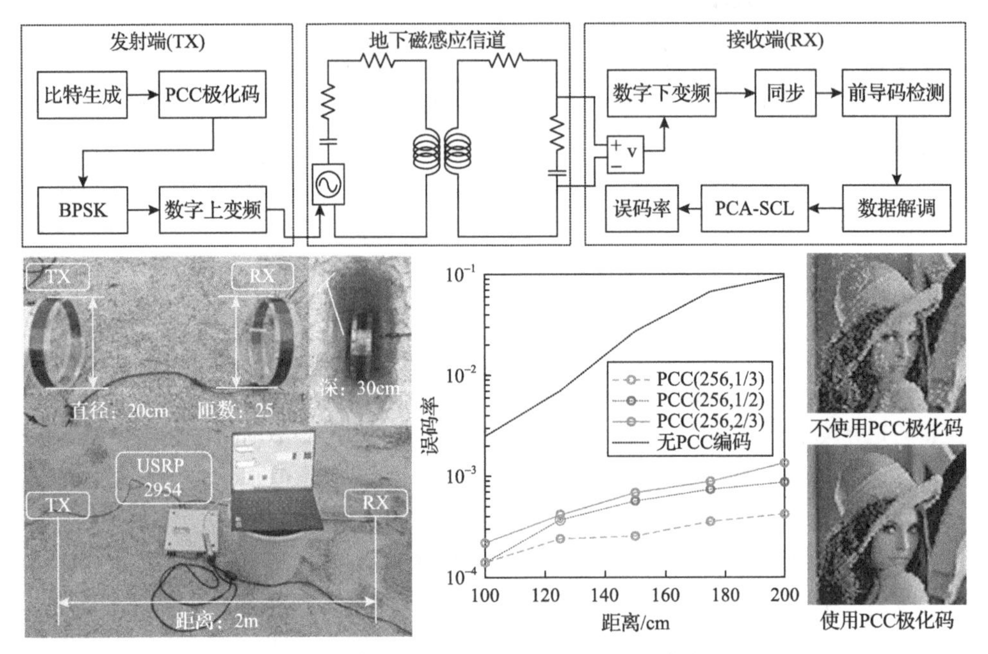

图 7.2.5　基于 PCC 极化码的地下 MI 通信实验

7.3　PCC 极化码技术展望

未来移动通信将呈现泛在化、社会化、智能化等显著特征，其信道传播环境具有超大带宽、高中低多频段、空天地海全覆盖等特点，使得现有空口链路传输技术很难满足需求。因此，亟须发展包括信道编码在内更高效的空口技术。PCC 极化码作为目前先进的信道编码方案，特别是它的构造编码原理对信息论有较强的理论指导意义，为编码的设计指出了努力方向，其自身的发展和演进必将在未来通信中扮演至关重要的作用。本节主要对 PCC 极化码的构造、译码、级联方式、物理层技术融合等方面进行初步展望。

7.3.1　高性能编码构造

如 3.4 节所述，PCC 极化码构造灵活，可根据不同的目标需求进行优化。常见的构造方式包括随机构造、基于比特信道错误概率的启发式构造以及 CPEP 最小构造等。其中，CPEP 代表了正确路径相对错误路径的竞争力，以 CPEP 为度量准则，减少 SCL 译码消失错误为目标构造的 PCC 极化码具有更好的鲁棒性。

然而，SCL 译码的消失错误与列表大小 L、信道噪声、编码参数等诸多因素有关，这使得 SCL 译码消失错误率的精确解析表达式难以获得。而且现有 CPEP 最小构造只考虑了消失错误，未考虑选择错误。因此，PCC 极化码的编码构造还存在较大的优化空间。图 7.3.1 展示了联合选择错误和消失错误的 PCC 极化码构造。根据精确(或近似)SCL 消失错误率与选择错误率的解析表达式，进一步优化 PCC 极化码的校验位置和校验关系，以更大程度地提升纠错性能。

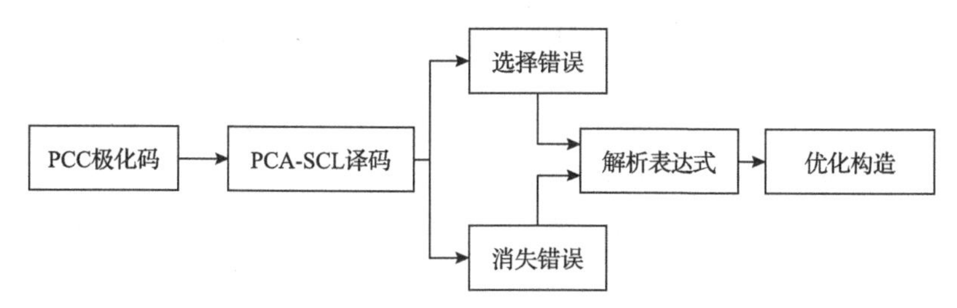

图 7.3.1　联合选择错误和消失错误的 PCC 极化码构造

7.3.2　低复杂度译码

在实际应用中，PCC 极化码的纠错性能还受限于不同类型的译码算法。图 7.3.2 总结了现有 PCC 极化码译码算法的优缺点，并展望了低复杂度译码的基本思路。由图可见，PCA-SCL 和 PCA-SC-Flip 译码纠错性能虽然较为可观，但受限于 SC 类算法固有的串行特性，仍然存在译码时延过高的缺陷。而 PCA-BPL 作为一种迭代译码算法，虽然具备实现高吞吐率的能力，但是由于没有充分利用 PCC 的校验能力，其译码纠错性能与 PCA-SCL 和 PCA-SC-Flip 算法相比，存在一定差距。

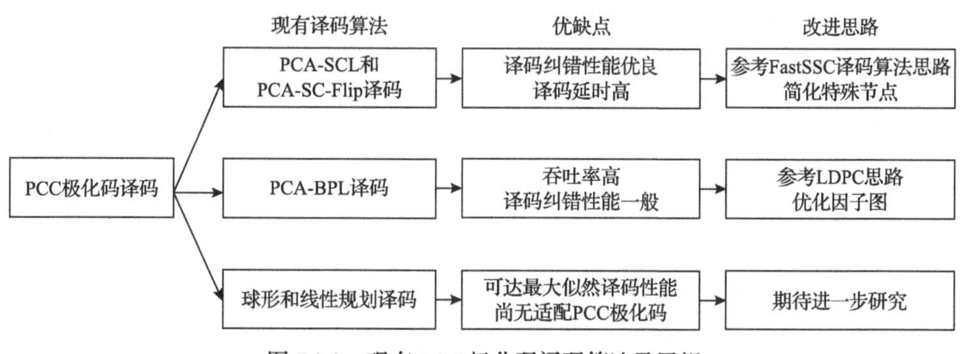

图 7.3.2　现有 PCC 极化码译码算法及展望

为了降低译码时延，可借鉴 Fast-SSC 译码算法简化特殊节点的译码思想，挖掘 PCC 极化码在低延时场景下的应用潜力。为了提高 PCA-BPL 的纠错性能，可参考 LDPC 码研究中有关环长、度分布等设计方法，优化 PCA-BPL 译码中的极化码因子图，并根据 PCA-BPL 译码特性辅助优化 PCC 极化码构造，最终达到改善 PCA-BPL 译码性能的目的。此外，球形和线性规划译码算法具有可达最大似然译码性能，但将该类算法适配于 PCC 极化码的相关研究仍处于空白阶段，存在较大的优化空间。

7.3.3 级联优化

PCC 极化码因其编码特性在有限码长下可以获得较好的纠错性能，尤其在与其他编码方案级联后，性能优势更为突出。第 6 章介绍了 PCC 极化码的几种级联形式。为便于读者更深入地理解 PCC 极化码演进，表 7.3.1 总结了目前极化码及 PCC 极化码的级联现状。很明显，极化码与其他信道编码方案级联较为成熟，包括 CRC 极化码[15]、CRC-PCC 极化码[16]、RS 极化码[17]、卷积码极化码[18]、BCH 极化码[19]、喷泉码极化码[20]、LDPC 极化码[21]、CRC-Hash 极化码[22]及 LDPC-CRC 极化码[23]。PCC 极化码由于发展历程较短，目前只与 CRC 编码进行了级联。相比经典极化码，PCC 极化码纠错性能强，且保留了易级联的优势，不仅可以替换现有极化码形成新的基于 PCC 极化码的级联方案，还可以充分结合现有信道编码和 PCC 极化码特征，构造出高性能级联编码方案。

表 7.3.1　级联极化码研究现状

级联方式	与极化码级联	与 PCC 极化码级联
二级级联	CRC 极化码	CRC-PCC 极化码
	RS 极化码	无
	卷积码极化码	无
	BCH 极化码	无
	喷泉码极化码	无
	LDPC 极化码	无
三级级联	CRC-Hash 极化码	无
	LDPC-CRC 极化码	无

7.3.4 融合新兴物理层技术

如 7.3.3 节所述，现有 5G 空口技术很难满足 6G 系统的需求，亟须研发新兴物理层空口技术。信道编码作为移动通信关键技术，与新兴物理层技术的融合也是未来主要的研究方向。接下来，从星座调制、波形调制及多址技术三个角度展望与 PCC 极化码的融合。

1. 星座调制

星座调制是移动通信的基础，其中正交幅度调制(quadrature amplitude modulation,

QAM）因其性能优异被广泛应用。然而，QAM 星座点形状对称且星座阶数为 2 的幂次方，设计灵活性欠缺。黄金角调制[24]是一种新颖的、形状特殊的星座调制方案，与文献[25]原理类似，可以增强互信息，降低峰值平均功率比。此外，黄金角星座阶数可以不满足 2 的幂次方，设计更为灵活，是未来具有前景的星座调制技术[26]。

PCC 极化码与黄金角调制结合，可以利用星座分布特点进一步优化编码结构。此外，黄金角调制星座阶数灵活的特性有望解决 PCC 极化码码率适配的问题。

2. 波形调制

下一代移动通信系统拟支持高频段、高移动性场景下的无线信号可靠传输，为无人机、高铁和低轨卫星等在内的高移动性设备提供高质量的通信服务。然而，在高频段、高移动性无线信道下，传统 OFDM 调制信号会受到严重的多普勒扩展影响，产生载波间干扰，严重影响通信性能。因此，亟须设计高效编码调制技术，保障高频段、高移动性场景下的可靠信息传输。其中，正交时频空（orthogonal time frequency space，OTFS）调制、频域循环前缀（frequency domain cyclic prefix，FDCP）及超奈奎斯特（fast-than-Nyquist，FTN）都是潜在的波形技术。

1）基于 PCC 极化码的 OTFS 传输

作为下一代无线通信系统中极具潜力的候选波形技术，OTFS 在时延-多普勒域调制信息比特，利用其频率扩展特性可将时-频域的高移动性信道变为时延-多普勒域的缓慢准静态信道，从而克服多普勒频移。相较于传统 OFDM 技术，OTFS 技术对频率偏移更具鲁棒性，更适合需要兼容高频段、高移动性场景的下一代无线通信系统[27,28]。在 OTFS 系统中设计可靠编码方案，有效对抗时频双选信道中的多普勒效应，支持高移动性场景下的无线通信传输，对提升通信性能具有重大意义。目前，文献[29]和文献[30]已经对比了卷积码、Turbo 码、LDPC 码及极化码结合 OTFS 的传输性能。

PCC 极化码对于中短码长信息纠错性能优，构造灵活，可以有效地对抗高移动性信道下的双选衰落，提升数据传输的可靠性。图 7.3.3 展示了基于 PCC 极化码的 OTFS 系统架构。现有研究表明 OTFS 系统的编码性能与码字间的欧几里得距离密切相关，其分集增益与编码方案的编码增益之间也相互影响。因此，如何最大化码字欧几里得距离，平衡 OTFS 系统分集增益与编码增益，利用外部信息传递图等分析工具设计高性能 PCC 极化码-OTFS 发射机、低复杂度 Turbo 均衡接收机是未来的研究关键。

2）基于 PCC 极化码的 FDCP 传输

为了进一步提升时变信道中的 OFDM 传输性能，基于 FDCP 的多载波技术被提出，通过引入频域对偶方案，设计基于频域循环前缀的调制系统，可以有效对

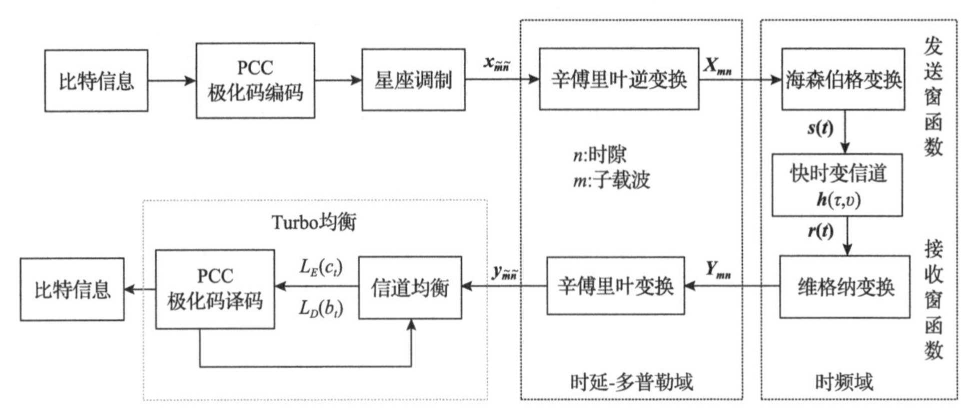

图 7.3.3　基于 PCC 极化码的 OTFS 系统架构

抗多普勒频移[31]。FDCP 技术不仅可以有效对抗水声信道中高多普勒扩散和低延迟扩散的问题，还可以有效对抗毫米波信道中的相位噪声难题。由于 FDCP 发展历程较短，尚未有融合 PCC 极化码的研究。图 7.3.4 描述了基于 PCC 极化码的 FDCP 多载波传输，其中 TDCP 为时域循环前缀(time domain cyclic prefix)，通过联合优化 PCC 极化码和 FDCP 技术，有望提升未来高移动、高频段通信场景下的传输性能。

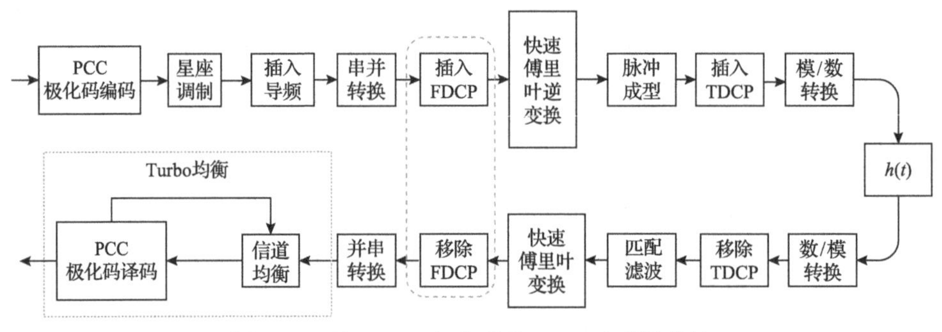

图 7.3.4　基于 PCC 极化码的 FDCP 多载波传输

3)基于 PCC 极化码的 FTN 传输

FTN 技术通过采用几倍于奈奎斯特采样速率的传输信号，可以获得更高的传输速率[32]。然而，信号脉冲间正交性被破坏，会产生码间串扰带来性能损失。如何消除码间串扰一直是 FTN 技术中的研究热点。众所周知，信道编码是一种有效对抗干扰的通信技术。目前，文献[33]～[36]分别对比了卷积码、Turbo 码、LDPC 码和极化码在 FTN 中的传输性能，且基于极化码的 FTN 传输性能更优。PCC 极化码相比经典极化码具备更强的纠错性能，与 FTN 技术融合后，有望进一步解决码间串扰难题，提升通信传输速率。

3. 多址技术

稀疏码本多址接入(sparse code multiple access，SCMA)是一种新型非正交多址接入技术，通过设计稀疏性码本复用多用户，可以有效增加用户接入数量。在SCMA 传输中，原本承载在单个符号上的信息被扩散到稀疏码字，各个用户可以获得额外的分集增益。由于结合信道编码有助于提高信号传输的可靠性，目前，文献[37]～[42]已经研究了 Turbo 码、LDPC 码及极化码在 SCMA 中的传输性能。然而，目前的研究主要是简单应用，未考虑联合优化。

PCC 极化码在中短码长下纠错性能优异，并且构造灵活，可以支持在多址接入过程中不同用户对于数据率以及可靠性的差异化需求。图 7.3.5 展示了 PCC 极化码与 SCMA 技术联合优化结构，通过集成编码、信号与用户三级极化结构，有效提升多址接入信道容量及用户传输可靠性，并基于不同构造提供分级式的服务质量。

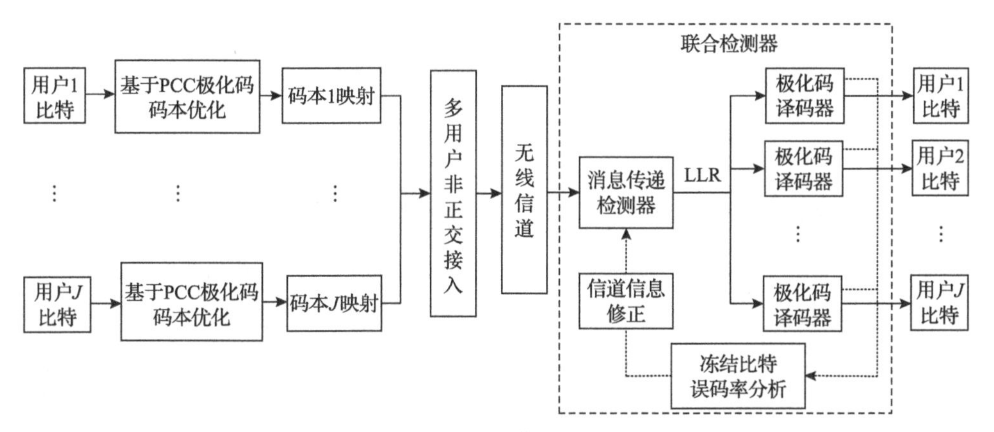

图 7.3.5　基于 PCC 极化码的 SCMA 系统

7.3.5　AI 编译码

1. 基于 AI 的编码

如 3.3 节所述，在 PCC 极化码的编码构造中，信息比特位置、校验比特位置及校验关系的获取是核心。现有的 PCC 极化码构造方案主要采用独立构造方式，依赖数学模型，而模型的解析表达式通常难以精确获取。相比之下，AI 具有极强的自学习能力，能充分挖掘不同参数间的内在联系，如何利用 AI 优化 PCC 极化码最佳编码参数值得深入研究。

近年来，已有学者提出利用强化学习和深度学习的方法来优化极化码中的冻结比特位置[43-45]。因此，完全可以利用现有的神经网络来设计智能 PCC 极化码编码方案。如图 7.3.6 所示，通过对信道容量、巴氏参数、概率密度等输入数据进行特征提取，探明 AI 驱动编码与 PCC 校验比特索引、冻结比特索引等参数的映射机理，利用大量的标签样本训练学习，合理推断出最优的 PCC 极化码构造方式。

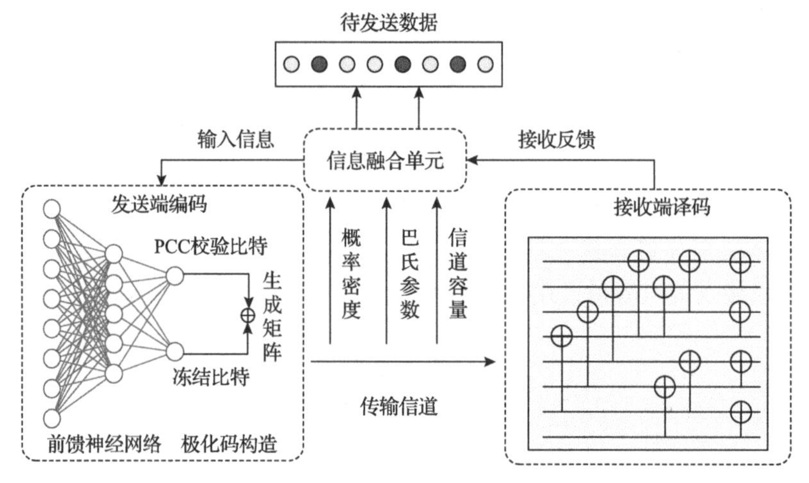

图 7.3.6　PCC 极化码智能编码构造方案

2. 基于 AI 的译码

为了进一步探索极化码纠错性能，已有学者展开了基于 AI 的极化码译码研究。文献[46]提出了基于数据驱动的译码方案，通过大量带标签的训练数据辅助神经网络从接收码字中恢复出原始信息。但是，该方案训练数据多、复杂度高，难以完成码长较长的信息译码任务。为了降低复杂度，基于模型驱动的极化码译码被提出[47]，主要思想是利用神经网络来优化传统算法中的参数，以显著提升译码精度。相较于数据驱动，模型驱动方法训练数据更少，模型更为轻量，利于实际部署运行。

将基于模型驱动的深度学习用于 PCC 极化码译码，可以进一步提高译码精度，实现长码长时的快速准确译码。图 7.3.7 展示了基于 AI 的 PCC 极化码译码模型。首先，构建加入 PCC 极化码自身校验节点的 BP 译码因子图；其次，使用神经网络编码器对相关输入信息进行特征编码，提取特征信息；然后，利用图神经网络强大的非线性表征能力和高效的关系推理性能，对接收信息进行聚合、迭代和更新；最后，使用神经网络近似推理出发送信息的联合概率分布模型，并对输出特征进行译码，在有效降低译码误差的同时提升 PCC 极化码的译码吞吐率。

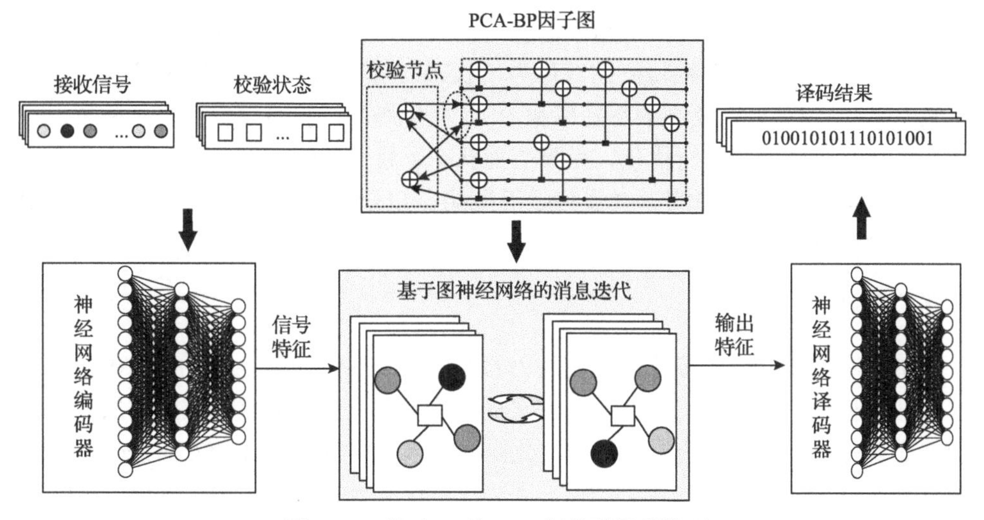

图 7.3.7　基于 AI 的 PCC 极化码译码模型

3. 基于多维感知的码率自适应编码

高可靠、高吞吐自适应编码传输是实现 AI 内生智能传输架构的关键。目前，国内外对于智能编译码的研究包括基于长短期记忆(long short-term memory，LSTM)网络的速率自适应方案[48]、基于探针或带内采样的强化学习码率自适应方法[49]等。然而，这些自适应方案主要针对单一维度的信道信息进行调控，无法应对环境、资源的动态变化，编码速率与纠错性能往往难以兼顾，且泛化能力较差。

为了进一步扩大 PCC 极化码应用场景，研究多维感知信息的 PCC 极化码速率自适应方案具有非常重要的意义。图 7.3.8 展望了基于多维感知的码率自适应传

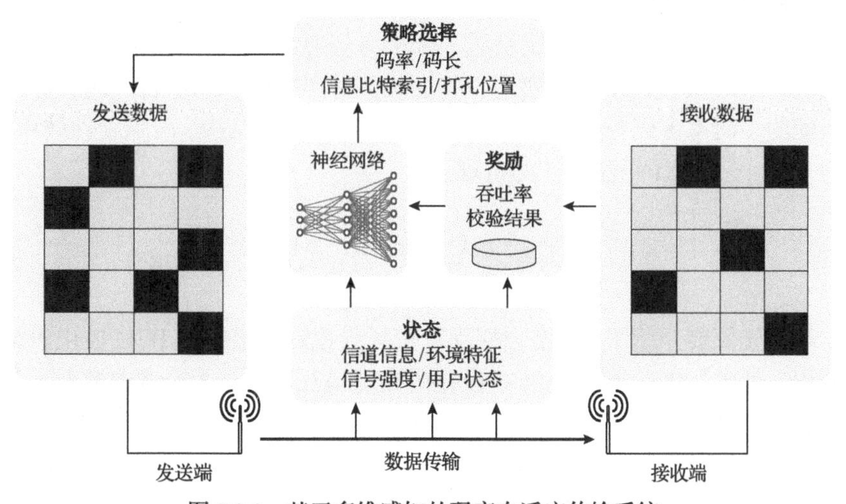

图 7.3.8　基于多维感知的码率自适应传输系统

输系统。首先，利用神经网络提取信道信息、用户状态、地理环境等多维特征信息；其次，将生成的多维特征信息称为“状态”，将待选的码率\码长等参数作为“策略”，并将最终接收端的吞吐率和PCC极化码的校验结果作为奖励函数，输入至强化学习模型中进行优化，得到当前状态下最优的码率组合。这样，将整个过程整合成一个端到端的深度强化学习网络，以获取适配不同信道传输条件的PCC极化码参数。

7.3.6 高效率硬件实现

第5章主要介绍了极化码主流编码器与译码器的设计思路、硬件架构，并对PCC极化码的编码、译码硬件实现方案进行了阐述，但落脚点在于搭建从算法到硬件实现的桥梁，许多内容还存在优化空间，未来将从如下几个方面进行改进或探索。

(1)在电路实现过程中，通常采用有限精度的数值表征和计算方法，对于数据的量化及误差的处理将直接影响算法实现后性能的退化程度。从这个角度来说，针对PCC极化码不同的编码译码实现架构，聚焦计算单元的硬件利用效率、存储单元的读写冲突避免，将算法电路实现相较于算法浮点性能的损失控制在0.1dB以内，是非常具有挑战性也是非常必要的。

(2)在目前基站和移动台实现中，前向纠错技术通常以硬件加速器的形式存在。硬件加速器主要用于保存译码过程中产生的中间信息，存储开销巨大。因此，在平衡译码器性能的同时，大幅降低存储器资源开销对于PCC极化码的泛化应用至关重要。因此，未来将重点考虑以LLR值量化、译码过程中信息计算与传递方式为切入点，力求译码性能与资源消耗之间的平衡。

(3)基于编码调制的自适应传输是未来无线通信发展的趋势所在。考虑到PCC极化码所具备的优异性能与发展潜质，未来有望得到更大规模的推广与使用。但与此同时，PCC极化码的硬件实现也将面临多种码率码长的组合问题。如何设计与之匹配的多码率多码长兼容译码电路，优化并行译码结构，破除硬件效率瓶颈，将成为PCC极化码译码器设计的重难点。

7.4 本章小结

本章首先简要介绍了5G增强移动宽带场景控制信道中的PCC极化码编译码基本流程。其次，初步介绍了PCC极化码在卫星互联网、无源背向散射通信、多机器人通信和地下磁感应通信等场景中的潜在应用。最后，围绕高性能编码构造、低复杂度译码、级联优化、融合新兴物理层技术、AI编译码以及高效率硬件实现六个方面对PCC极化码的发展趋势进行了初步展望。

参 考 文 献

[1] 3GPP TS 38.212 V15.0.0-2017. 3rd Generation Partnership Project; Technical specification group radio access network; Multiplexing and channel coding (Release15) [S]. Valbonne: 3GPP, 2017.

[2] Chen J, Chen Y, Jayasinghe K, et al. Distributing CRC bits to aid polar decoding[C]. IEEE Globecom Workshops, Singapore, 2017: 1-6.

[3] Alhassoun M, Durgin G D. A theoretical channel model for spatial fading in retrodirective backscatter channels[J]. IEEE Transactions on Wireless Communications, 2019, 18(12): 5845-5854.

[4] Ma W, Wang W, Jiang T. Joint energy harvest and information transfer for energy beamforming in backscatter multiuser networks[J]. IEEE Transactions on Communications, 2020, 69(2): 1317-1328.

[5] Niu Z, Ma W, Wang W, et al. Spatial modulation-based ambient backscatter: Bringing energy self-sustainability to massive internet of everything in 6G[J]. China Communications, 2020, 17(12): 52-65.

[6] 王巍, 宋国超, 江涛. 一种基于极化码的背向散射通信方法, 装置及系统: ZL201911267694.4[P]. 2021-08-31.

[7] Jiang T, Shi X, Cheng S, et al. Human-cyber-physical ubiquitous intelligent communication: System architecture, key technologies, and challenges[J]. IEEE Communications Magazine, Doi: 10.1109/MCOM.001.2200105.

[8] Li S, He S, Zhang Y, et al. Edge intelligence enabled heterogeneous multi-robot networks: Hybrid framework, communication issues, and potential solutions[J]. IEEE Network, Doi: 10.1109/MNET.106.2100465, 2022.

[9] He S, Wang W, Yang H, et al. State-aware rate adaptation for UAVs by incorporating on-board sensors[J]. IEEE Transactions on Vehicular Technology, 2019, 69(1): 488-496.

[10] Shi X, Feng M, He G, et al. A versatile experimental platform for tactile internet: Design guidelines and practical implementation[J]. IEEE Network, Doi: 10.1109/MNET.116.2200033, 2022.

[11] Jiang B, Yang S, Bao J, et al. Optimized polar coded selective relay cooperation with iterative threshold decision of pseudo posterior probability[J]. IEEE Access, 2019, 7: 53066-53078.

[12] Liu G, Sun Z, Jiang T. Joint time and energy allocation for QoS-aware throughput maximization in MIMO-based wireless powered underground sensor networks[J]. IEEE Transactions on Communications, 2018, 67(2): 1400-1412.

[13] Zhang Y, Chen D, Jiang T. Robust beamforming design for magnetic MIMO wireless power transfer systems[J]. IEEE Transactions on Signal Processing, 2021, 69: 5066-5077.

[14] Zhang Y, Chen D, Liu G, et al. Performance analysis of two-hop active relaying for dynamic magnetic induction based underwater wireless sensor networks[J]. IEEE Transactions on Communications, Doi: 10.1109/TCOMM.2022.3199348, 2022.

[15] Tal I, Vardy A. List decoding of polar codes[J]. IEEE Transactions on Information Theory, 2015, 61(5): 2213-2226.

[16] Cai X, Wang T, Qu D, et al. Hybrid CRC and parity-check-concatenated polar codes with shared encoder[C]. Computing, Communications and IoT Applications, Shenzhen, 2019: 288-292.

[17] Mahdavifar H, El-Khamy M, Lee J, et al. Performance limits and practical decoding of interleaved Reed-Solomon polar concatenated codes[J]. IEEE Transactions on Communications, 2014, 62(5): 1406-1417.

[18] Rowshan M, Burg A, Viterbo E. Polarization-adjusted convolutional (PAC) codes: Sequential decoding vs list decoding[J]. IEEE Transactions on Vehicular Technology, 2021, 70(2): 1434-1447.

[19] Wang Y, Narayanan K R, Huang Y C. Interleaved concatenations of polar codes with BCH and convolutional codes[J]. IEEE Journal on Selected Areas in Communications, 2015, 34(2): 267-277.

[20] 蒋良茂. 基于 LT 码的无码率极化码的设计与实现[D]. 武汉: 华中科技大学, 2019.

[21] Zhang Y, Liu A, Gong C, et al. Polar-LDPC concatenated coding for the AWGN wiretap channel[J]. IEEE Communications Letters, 2014, 18(10): 1683-1686.

[22] Chen P, Xu M, Bai B, et al. Design and performance of polar codes for 5G communication under high mobility scenarios[C]. IEEE 85th Vehicular Technology Conference, Sydney, 2017: 1-5.

[23] 尹超, 潘志文, 刘楠, 等. LDPC-CRC-极化码级联码及其比特翻转译码算法[J]. 无线电通信技术, 2021, 47(1): 73-79.

[24] Larsson P. Golden angle modulation[J]. IEEE Wireless Communications Letters, 2017, 7(1): 98-101.

[25] Li C, Jiang T, Zhou Y, et al. A novel constellation reshaping method for PAPR reduction of OFDM signals[J]. IEEE Transactions on Signal Processing, 2011, 59(6): 2710-2719.

[26] Larsson P. Golden angle modulation: Geometric-and probabilistic-shaping[J]. arXiv preprint arXiv:1708.07321, 2017.

[27] Xiao L, Li S, Qian Y, et al. An overview of OTFS for internet of things: Concepts, benefits and challenges[J]. IEEE Internet of Things Journal, 2022, 9(10): 7596-7618.

[28] Wei Z, Yuan W, Li S, et al. Orthogonal time-frequency space modulation: A promising next-generation waveform[J]. IEEE Wireless Communications, 2021, 28(4): 136-144.

[29] Anwar W, Krause A, Kumar A, et al. Performance analysis of various waveforms and coding schemes in V2X communication scenarios[C]. IEEE Wireless Communications and Networking Conference, Seoul, 2020: 1-8.

[30] Li S, Yuan J, Yuan W, et al. Performance analysis of coded OTFS systems over high-mobility channels[J]. IEEE Transactions on Wireless Communications, 2021, 20 (9) : 6033-6048.

[31] Dean T, Chowdhury M, Goldsmith A. A new modulation technique for Doppler compensation in frequency-dispersive channels[C]. IEEE 28th Annual International Symposium on Personal Indoor and Mobile Radio Communications, Montreal, 2017: 1-7.

[32] Mazo J E. Faster-than-Nyquist signaling[J]. The Bell System Technical Journal, 1975, 54 (8) : 1451-1462.

[33] Wang K, Liu A, Liang X, et al. A faster-than-Nyquist（FTN）-based multicarrier system[J]. IEEE Transactions on Vehicular Technology, 2018, 68 (1) : 947-951.

[34] Kang D, Oh W. Faster than Nyquist transmission with multiple turbo-like codes[J]. IEEE Communications Letters, 2016, 20 (9) : 1745-1747.

[35] Bocharova I E, Kudryashov B D, Johannesson R. Searching for binary and nonbinary block and convolutional LDPC codes[J]. IEEE Transactions on Information Theory, 2015, 62 (1) : 163-183.

[36] Caglan A, Cicek A, Cavus E, et al. Polar coded faster-than-Nyquist（FTN）signaling with symbol-by-symbol detection[C]. IEEE Wireless Communications and Networking Conference, Seoul, 2020: 1-5.

[37] Xiang L, Liu Y, Xu C, et al. Iterative receiver design for polar-coded SCMA systems[J]. IEEE Transactions on Communications, 2021, 69 (7) : 4235-4246.

[38] Pan Z, Li E, Zhang L, et al. Design and optimization of joint iterative detection and decoding receiver for uplink polar coded SCMA system[J]. IEEE Access, 2018, 6: 52014-52026.

[39] Jiao J, Liang K, Feng B, et al. Joint channel estimation and decoding for polar coded SCMA system over fading channels[J]. IEEE Transactions on Cognitive Communications and Networking, 2020, 7 (1) : 210-221.

[40] Wu X, Wang Y, Li C. Low-complexity CRC aided joint iterative detection and SCL decoding receiver of polar coded SCMA system[J]. IEEE Access, 2020, 8: 220108-220120.

[41] Liu Y, Xiang L, Maunder R G, et al. Hybrid iterative detection and decoding of near-instantaneously adaptive Turbo-coded sparse code multiple access[J]. IEEE Transactions on Vehicular Technology, 2021, 70 (5) : 4682-4692.

[42] Sun W C, Su Y C, Ueng Y L, et al. An LDPC-coded SCMA receiver with multi-user iterative detection and decoding[J]. IEEE Transactions on Circuits and Systems I: Regular Papers, 2019, 66 (9) : 3571-3584.

[43] Huang L, Zhang H, Li R, et al. Reinforcement learning for nested polar code construction[C]. IEEE Global Communications Conference, Waikoloa, 2019: 1-6.

[44] Huang L, Zhang H, Li R, et al. AI coding: Learning to construct error correction codes[J]. IEEE Transactions on Communications, 2019, 68(1): 26-39.

[45] Liao Y, Hashemi S A, Cioffi J M, et al. Construction of polar codes with reinforcement learning[J]. IEEE Transactions on Communications, 2021, 70(1): 185-198.

[46] O'shea T, Hoydis J. An introduction to deep learning for the physical layer[J]. IEEE Transactions on Cognitive Communications and Networking, 2017, 3(4): 563-575.

[47] Nachmani E, Marciano E, Burshtein D, et al. RNN decoding of linear block codes[J]. arXiv preprint arXiv:1702.07560, 2017.

[48] He S, Wang W, Yang H, et al. State-aware rate adaptation for UAVs by incorporating on board sensors[J]. IEEE Transactions on Vehicular Technology, 2019, 69(1): 488-496.

[49] Xu W, Guo S, Ma S, et al. Augmenting drive-thru internet via reinforcement learning-based rate adaptation[J]. IEEE Internet of Things Journal, 2020, 7(4): 3114-3123.